Spark

大数据技术基础与应用

Scala+Python 版

主　编◎林　徐　潘立琼　杨建柏

副主编◎谌婧娇　徐志鹏　姚丽莎　何姗姗　黄　锐

中国水利水电出版社
www.waterpub.com.cn
·北京·

内容提要

本书以 Scala 和 Python 两种编程语言为工具详细介绍了 Spark 的功能和技术，讲解了 Scala 和 Python 的语言基础；深入探讨了 Spark 的系统原理、系统架构和运行机理，并提供了详细的安装指南；在数据处理方面详细介绍了 Spark 的 RDD 编程、结构化数据处理和流数据处理；涉及 Spark 在机器学习和图计算领域的应用，包括 ML 库的使用、机器学习流水线的构建、GraphX 和 GraphFrames 的图计算操作；通过丰富的编程实例帮助读者深入理解 Spark 在大数据处理中的应用。

本书面向应用型本科高校数据科学与大数据技术专业的 Spark 相关课程教学，也可用于职业院校相应课程的教学，还可作为大数据行业从业人员及大数据技术爱好者的学习用书。

图书在版编目（CIP）数据

Spark 大数据技术基础与应用 ： Scala+Python 版 / 林徐， 潘立琼， 杨建柏主编． -- 北京 ： 中国水利水电出版社， 2025. 8. --（普通高等教育数据科学与大数据技术专业教材）． -- ISBN 978-7-5226-3536-1

Ⅰ． TP274

中国国家版本馆 CIP 数据核字第 2025P55W21 号

策划编辑：杜雨佳　　责任编辑：魏渊源　　封面设计：苏敏

书　　名	普通高等教育数据科学与大数据技术专业教材 Spark 大数据技术基础与应用（Scala+Python 版） Spark DASHUJU JISHU JICHU YU YINGYONG (Scala+Python BAN)
作　　者	主　编　林　徐　潘立琼　杨建柏 副主编　谌婧娇　徐志鹏　姚丽莎　何姗姗　黄　锐
出版发行	中国水利水电出版社 （北京市海淀区玉渊潭南路 1 号 D 座　100038） 网址：www.waterpub.com.cn E-mail：mchannel@263.net（答疑） sales@mwr.gov.cn 电话：（010）68545888（营销中心）、82562819（组稿）
经　　售	北京科水图书销售有限公司 电话：（010）68545874、63202643 全国各地新华书店和相关出版物销售网点
排　　版	北京万水电子信息有限公司
印　　刷	三河市德贤弘印务有限公司
规　　格	210mm×285mm　16 开本　15.25 印张　390 千字
版　　次	2025 年 8 月第 1 版　2025 年 8 月第 1 次印刷
印　　数	0001—2000 册
定　　价	49.00 元

前　言

Apache Spark 作为一款迅速崛起的大数据处理引擎，以卓越的性能、广泛的兼容性和高度的集成性，在大数据生态系统中占据举足轻重的地位。Spark 不仅提供丰富的 API 接口，支持 Scala、Java、Python、R 等编程语言，还以独特的魅力吸引不同背景的开发者和数据科学家，成为大数据处理领域的首选工具。

编者精心编纂本书，旨在为读者呈现一本全面、系统且实用的 Spark 学习指南，助力读者快速掌握 Spark 的基础知识和应用技能。全书逻辑清晰、结构严谨，从语言基础到系统原理，从 RDD 编程到结构化数据处理，从流数据处理到机器学习，再到图计算，层层递进，逐步引领读者进入 Spark 的广阔世界。

第 1 章聚焦 Scala 与 Python 在 Spark 中的应用基础，为后续学习奠定坚实的语言基础；第 2 章引领读者步入 Spark 的殿堂，全面了解其定义、起源、特点、优势，并与其他大数据处理工具进行对比分析，为读者提供宏观的视角和深入的理解；第 3 章至第 7 章是本书核心部分，深入剖析了 Spark 的各方面：第 3 章详细介绍 RDD 的编程模型，涵盖 RDD 的创建、转换、行动、持久化等核心概念，并通过生动的实例展现 RDD 编程的无限魅力；第 4 章聚焦 Spark 结构化数据处理，讲解 Spark SQL 和 DataFrame 的高效应用，帮助读者轻松应对结构化数据的处理与分析挑战；第 5 章转向流数据处理领域，介绍 Spark Streaming 和 Structured Streaming 的基本概念与操作，为读者打开了实时数据处理的神秘大门；第 6 章引领读者进入机器学习领域，深入剖析 Spark MLlib 库的功能与特点，并展示常用机器学习算法的实现过程；第 7 章聚焦图计算领域，介绍 GraphX 和 GraphFrames 库的基本操作与使用方法，拓展 Spark 的应用边界；第 8 章为读者提供一个针对实际问题的 Spark 综合应用案例。

在编写本书的过程中，编者充分考虑了不同读者的需求与背景，特别提供了 Scala 和 Python 两种主流语言来诠释各章内容，旨在让读者在体验两种语言相通之处的同时将学习重心聚焦 Spark 的核心功能。

本书兼顾普通高等教育与职业教育的需求，旨在打破二者间的壁垒，实现融合与互补。因此，本书不仅适用于应用型本科高校的 Spark 相关课程教学，还可作为职业院校 Spark 课程的教材。

为便于读者学习与实践，本书在相关章节介绍了 Spark 系统的安装与开发环境的配置方法，同时提供了 Windows 系统下单机简化版的大数据环境，读者可以不必因为大数据环境烦琐的安装步骤而耽误学习主要内容。读者可通过万水书苑（http://www.wsbookshow.com）中的本书版块获取该大数据环境及其他教学资源。

本书微课视频主要集中在各章案例部分，读者可以对照视频学习具体案例步骤。本书实验环节及综合案例主要由新道科技股份有限公司的青椒课堂平台（https://www.qingjiaoclass.com）提供，读者也可以使用该平台提供的实训环境学习和练习。

本书编写团队汇聚了安徽三联学院、安徽中医药大学、安徽新华学院的骨干教师及新道科技股份有限公司的资深工程师，其中林徐、潘立琼、杨建柏任主编，谌婧娇、徐志鹏、姚丽莎、何姗姗、黄锐任副主编，陈姗姗、解中华参与编写。在此，我们衷心感谢各院校、公司及中国水利水电出版社的大力支持和鼎力相助。

尽管我们已竭尽全力追求内容的完美与实用，但难免存在疏漏之处，在此诚挚邀请读者提出宝贵的意见和建议，以便我们不断改进与完善本书，为读者提供更好的学习体验。

编　者

2025 年 2 月

目　录

第1章 语言基础

本章将介绍Scala的安装与运行方法，Scala的常量和变量使用方法，以及Scala运算符和程序控制结构。要求掌握Scala的几种集合类型及其使用方法，以及Scala的函数和函数式编程方法、类与模式配方法。因为本书基于两种语言——Scala和Python，所以第1.6节介绍了Python的匿名函数、闭包和装饰器。

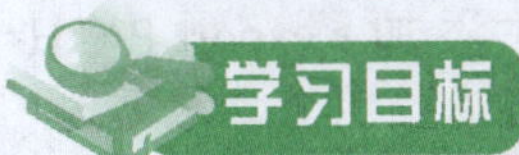

1. 掌握Scala常量和变量、集合类型。
2. 熟悉Scala函数和函数式编程方法。
3. 掌握Python匿名函数、闭包和装饰器的使用方法。

1.1 Scala的安装与运行

由于Scala运行在Java虚拟机（Java Virtual Machine，JVM）上，因此只要安装相应的JVM的操作系统就可以运行Scala程序，包括Windows、Linux、UNIX、Mac OS等。下面介绍Scala的安装与配置过程。在安装之前，保证已安装JVM。

1.1.1 Scala的下载与安装

Scala的下载与安装

1. 下载Scala安装包

首先，访问Scala的官方网站。在官网，选择适合的操作系统（Windows、Mac或Linux）的Scala版本，建议选择最新稳定版。

然后，下载安装包。根据选择，单击相应的下载链接。对于Windows系统，通常会提供.msi或.zip格式的安装包；对于Mac和Linux系统，可能会提供.tgz或.deb等格式的安装包。

2. 安装Scala

（1）Windows系统。如果下载.msi安装包，就直接双击运行并按照提示安装。在安装过程中，可以选择安装路径并接受许可协议。如果下载.zip安装包，就将压缩包解压到想要的安装路径。

（2）Mac和Linux系统。对于.tgz安装包，需要使用tar命令解压。例如，在Linux上，可以使用命令tar -xvf scala-xxxx.tgz -C /usr/local/将安装包解压到/usr/local/目录。对于.deb安装包（主要在Debian和Ubuntu系统上），可以使用dpkg或apt命令安装。

1.1.2 Scala 的编程环境配置

intellij idea scala 环境配置

1. Windows 系统

右击“此电脑”或“计算机”，在弹出的快捷菜单中选择“属性”命令，弹出“属性”对话框。单击“高级系统设置”选项卡，然后单击“环境变量”按钮。在“系统变量”区域选择“Path”变量，然后单击“编辑”按钮。

在“编辑环境变量”窗口中单击“新建”按钮，并添加 Scala 安装目录下的 bin 文件夹的路径。例如，如果将 Scala 安装在 C:\Program Files\Scala\ 中，则需要添加 C:\Program Files\Scala\bin。

可以选择创建一个新的系统变量（如 SCALA_HOME），并将其值设置为 Scala 的安装路径，然后在 Path 变量中添加 %SCALA_HOME%\bin。

2. Mac 和 Linux 系统

在 Linux 上，通常需要编辑 /etc/profile 或 ~/.bashrc 文件，并添加：export PATH=$PATH:/usr/local/scala/bin（假设将 Scala 解压到 /usr/local/scala/）。

在 Mac 上，可以编辑 ~/.bash_profile、~/.zshrc 或相应的 shell 配置文件，并添加类似的路径。

修改配置文件后，需要运行 source 命令重新加载配置文件，例如 source ~/.bash_profile。

3. 验证安装

打开命令行终端：在 Windows 上，可以使用 CMD 或 PowerShell；在 Mac 和 Linux 上，可以使用 Terminal。

输入验证命令：在命令行中输入 scala -version。

检查输出：如果安装成功，命令行就显示安装的 Scala 版本信息，如图 1.1 所示。

```
C:\Users\alan.lin>scala -version
Scala code runner version 2.12.11 -- Copyright 2002-2020, LAMP/EPFL and Lightbend, Inc.
```

图 1.1 验证 Scala 的安装

4. Scala REPL 环境的使用

Scala REPL（Read-Eval-Print Loop）环境是一个强大的交互式编程工具，允许开发者在命令行中即时输入、执行和查看 Scala 代码的结果。以下是使用 Scala REPL 环境进行交互式编程的方法。

（1）启动 Scala REPL 环境。Scala 安装完成后，可以通过以下方式启动 Scala REPL 环境：打开命令行工具（如 Windows 的 cmd、PowerShell，或 Linux/macOS 的终端）。输入 scala 命令，并按“回车”键。此时可以看到类似“Welcome to Scala xxx (OpenJDK xxx-Bit Server VM, Java xxx)”的欢迎信息，以及一个提示符（如 scala>），表示已经成功进入 Scala REPL 环境。在 Scala REPL 环境中，用户可以逐行输入 Scala 代码，并立即看到执行结果，如图 1.2 所示。

```
C:\Users\alan.lin>scala
Welcome to Scala 2.12.11 (Java HotSpot(TM) 64-Bit Server VM, Java 1.8.0_161).
Type in expressions for evaluation. Or try :help.

scala> print("Hello World")
Hello World
scala>
```

图 1.2 执行结果

（2）REPL 常用命令。

- 退出 REPL：输入 :quit 或 :q 退出 REPL。
- 粘贴代码：输入 :paste 进入粘贴模式，粘贴代码后按 Ctrl+D 组合键退出粘贴模式。
- 查看历史命令：输入 :history 查看之前输入的命令。

1.2 Scala 的语法基础

Scala 是一门类 Java 的多范式语言，它整合了面向对象编程和函数式编程的最佳特性。

Scala 运行于 JVM 之上，并且兼容现有的 Java 程序，可以与 Java 类进行互操作，包括调用 Java 方法、创建 Java 对象、继承 Java 类和实现 Java 接口。

Scala 是一门纯粹的面向对象的语言。在 Scala 语言中，每个值都是对象，每个操作都是方法调用。对象的数据类型以及行为由类和特质描述。类抽象机制的扩展有两种途径，一种途径是子类继承，另一种途径是灵活的混入（mixin）机制。这两种途径能避免多重继承的种种问题。

Scala 也是一门函数式语言。在 Scala 语言中，每个函数都是一个值，并且与其他类型（如整数、字符串等）的值处于同一地位。Scala 提供了轻量级的语法用以定义匿名函数，支持高阶函数，允许嵌套多层函数，并支持柯里化（curing）。

1.2.1 Scala 的常量与变量

在 Scala 中，常量和变量是编程中的基本概念，用于存储数据。下面详细解释 Scala 中常量与变量的声明与使用以及区别。

1. 常量的声明与使用

在 Scala 中，常量使用 val 关键字声明。一旦为常量赋值，其值就不能改变，类似于 Java 中的 final 变量。例如：

```
val constantName: DataType = value
```

其中，DataType 可以省略，Scala 的类型推断机制根据 value 自动确定数据类型。

以下是 Scala 常量声明示例。

```
val pi: Double = 3.14
val greeting: String = "Hello, Scala!"
```

在上述示例中，pi 是一个双精度浮点型常量，greeting 是一个字符串常量。由于使用了 val 关键字，因此这些常量的值在初始化后不能改变。

2. 变量的声明与使用

变量使用 var 关键字声明，其值在程序的生命周期内可以多次改变。例如：

```
var variableName: DataType = value
```

同样地，DataType 可以省略，Scala 的类型推断机制根据 value 自动确定数据类型。以下是 Scala 变量声明的示例。

```
var counter: Int = 0
var name: String = "Alice"
```

在上述示例中，counter 是一个整型变量，name 是一个字符串变量。由于使用了 var

关键字，因此这些变量的值可以在程序的生命周期多次改变。

3. 常量与变量的区别

（1）不可变性。常量使用 val 关键字声明，一旦赋值就不能改变；而变量使用 var 关键字声明，其值可以多次改变。

（2）类型推断。在 Scala 中，无论是常量还是变量都可以省略数据类型声明，由 Scala 的类型推断机制自动确定数据类型。

（3）使用场景。常量通常用于存储程序中的不变值，如数学常数、配置参数等；而变量用于存储需要在程序运行过程中改变的值。

4. 注意事项

（1）变量名必须以字母（A～Z 或 a～z）或下划线（_）开头，后续字符可以是字母、数字（0～9）或下划线。

（2）变量名不能是 Scala 的关键字。

（3）变量名应能清晰地表达用途或含义，避免使用模糊或无意义的名称。

（4）尽量避免使用单字符变量名，以提高代码的可读性。

（5）Scala 鼓励优先使用 val（常量），除非确实需要对其修改使用 var（变量）。

5. Scala 的数据类型

在 Scala 中，数据类型丰富多样，包括基本类型、集合类型以及特殊类型等。

（1）基本类型（表 1.1）。

表 1.1 基本类型

数据类型	说明
Byte	8 位有符号整数，取值范围为 -128～127
Short	16 位有符号整数，取值范围为 -32768～32767
Int	32 位有符号整数，取值范围为 -2147483648～2147483647
Long	64 位有符号整数，取值范围为 -9223372036854775808～9223372036854775807
Float	32 位单精度浮点数
Double	64 位双精度浮点数
Char	16 位无符号 Unicode 字符，取值范围为 U+0000～U+FFFF
String	表示字符序列
Boolean	表示真（true）或假（false）
Unit	表示无值，相当于 Java 中的 void

（2）集合类型（表 1.2）。

表 1.2 集合类型

数据类型	说明
List	不可变链表
Set	不可变集合
Map	不可变键值对集合
Array	可变数组
Tuple	包含不同类型元素的不可变容器

续表

数据类型	说明
Option	代表有可能含有值或为空的容器
Either	表示两种可能的值类型之一
Try	处理操作结果可能成功或失败的容器

（3）特殊类型（表 1.3）。

表 1.3　特殊类型

Nothing	表示无返回值类型，是所有类型的子类型
Any	所有类型的超类型
AnyRef	所有引用类型的超类
Null	表示所有引用类型的空值

Scala 数据类型的层次结构以 Any 为根，所有类型都继承于它。其中，AnyVal 表示值类型，包括如 Int、Double 等不可变的直接存储值的类型；AnyRef 表示引用类型，除值类型外的所有类型都继承于它，提供对 JVM 中对象引用的支持。此外，Null 是 AnyRef 的子类型，表示空引用；Nothing 是所有类型的子类型，表示不会正常返回的方法的返回类型。图 1.3 所示为 Scala 数据类型的层次结构。

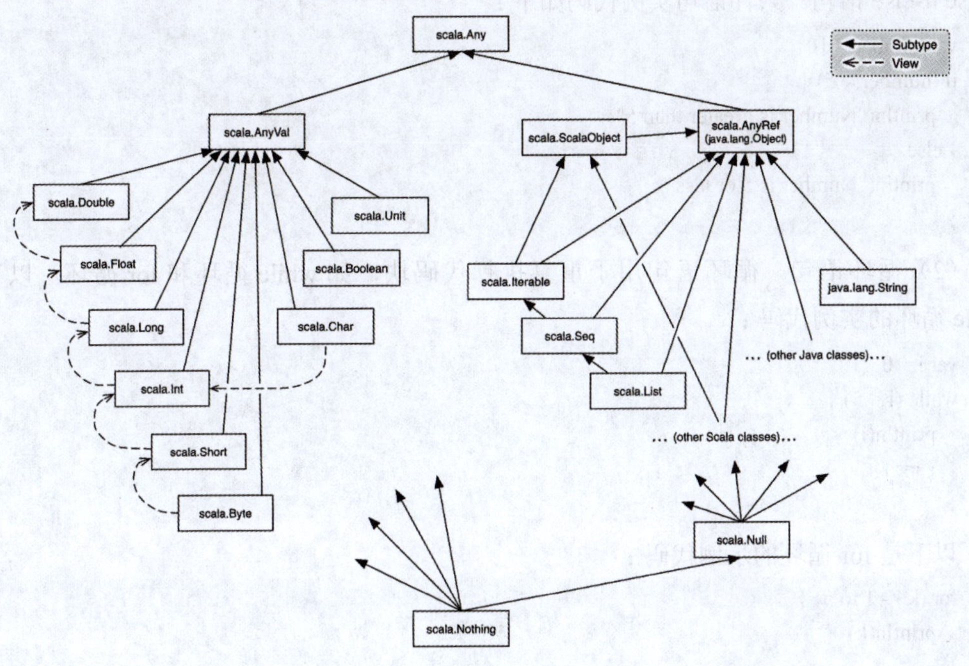

图 1.3　Scala 数据类型的层次结构

在图 1.3 中，虚线箭头代表视图转换（view bounds）。视图转换是 Scala 中的一种机制，允许一个类型的值在某些上下文中被隐式地转换为另一个类型。这种转换通常由编译器自动应用，以使代码更灵活、更通用。从 Scala 2.13 开始，在很多情况下视图边界和隐式转换已经被移除或替换为更明确的特性，例如扩展方法。由于本书不是 Scala 语言教材，读

者可以先将虚线箭头粗略地理解为类型 A 可以沿着箭头方向隐式转换到类型 B。如需对视图转换作进一步了解，请参看其他 Scala 语言相关书籍。此处不再赘述。

1.2.2 Scala 的运算符和程序控制结构

1. 运算符

一个运算符即一个符号，用于告诉编译器执行指定的数学运算和逻辑运算。Scala 含有丰富的内置运算符，包括数学运算符［加（+）、减（-）、乘（*）、除（/）、余数（%）］；关系运算符［大于（>）、小于（<）、等于（==）、不等于（!=）、大于等于（>=）、小于等于（<=）］；逻辑运算符［逻辑与（&&）、逻辑或（||）、逻辑非（!）］；位运算符［按位与（&）、按位或（|）、按位异或（^）、按位取反（~）等］以及赋值运算符（=）。操作符优先级是算术运算符 > 关系运算符 > 逻辑运算符 > 赋值运算符。

在 Scala 中使用运算符时，以运算符的形式调用方法，即运算符重载。因此，Scala 运算符有以下注意事项：

（1）a+b 等价于 a+(b)。

（2）scala 中没有 ++、--，但可以用 +=、-= 代替。

（3）运算符都是方法的重载，都是方法的调用。

2. 程序控制结构

（1）条件语句。条件语句用于根据条件执行不同的代码块，如 if 语句、if-else 语句、if-else if-else 语句。条件语句实例代码如下：

```
val number = 10
if (number > 5) {
  println("Number is greater than 5")
} else {
  println("Number is 5 or less")
}
```

（2）循环语句。循环语句用于重复执行代码块，如 while 循环和 for 循环。以下是 while 循环的实例代码：

```
var i = 0
while (i < 5) {
  println(i)
  i += 1
}
```

以下是 for 循环的示例代码：

```
for (k <- 1 to 5) {
  println(k)
}
```

符号“<-”通常用于 for 循环，表示遍历一个值的范围或集合。在 for 循环中，“<-”符号可以用于表示一个值的范围，通常与 to 或 until 方法一起使用。to 方法包含结束值，而 until 方法不包含结束值。“<-”符号还可用于遍历集合，如数组、列表、集合（Set）、映射（Map）等。这种用法类似于 Python 中 in 的作用。

以下示例说明运算符和程序控制结构的使用方法。该程序实现计算 1 ～ 10 的所有偶数的和，代码如下：

```
object EvenSum {
  def main(args: Array[String]): Unit = {
    // 初始化变量 sum 为 0，用于存储偶数的和
    var sum: Int = 0
    // 使用 for 循环遍历 1 ~ 10 的所有数字
    for (i <- 1 to 10) {
      // 使用关系运算符判断当前数字是否为偶数
      if (i % 2 == 0) {
        // 如果是偶数，就使用算术运算符将其加到 sum 中
        sum += i
      }
  }
    // 输出偶数的和
    println(s"The sum of even numbers between 1 and 10 is: $sum")
  }
}
```

程序的运行结果如下：

```
The sum of even numbers between 1 and 10 is: 30
```

1.3 Scala 的集合类型

集合有序列 Seq、集合 Set、映射 Map 三类。所有集合都扩展自 Iterable 特质，Scala 集合类层次结构如图 1.4 所示。对于几乎所有的集合类，Scala 都同时提供可变版本和不可变版本，分别在不可变集合（scala.collection.immutable）和可变集合（scala.collection.mutable）中。

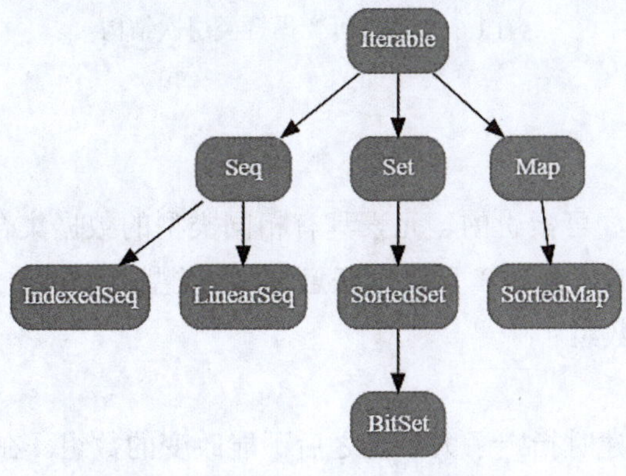

图 1.4 Scala 集合类层次结构

Scala 不可变集合是指该集合对象不可修改，每次修改都返回一个新对象，而不会修改原对象，类似于 Java 中的 String 对象；可变集合是指该集合可以直接对原对象，而不返回新的对象，类似于 Java 中的 StringBuilder 对象。这两个包的层次结构分别如图 1.5 和图 1.6 所示。

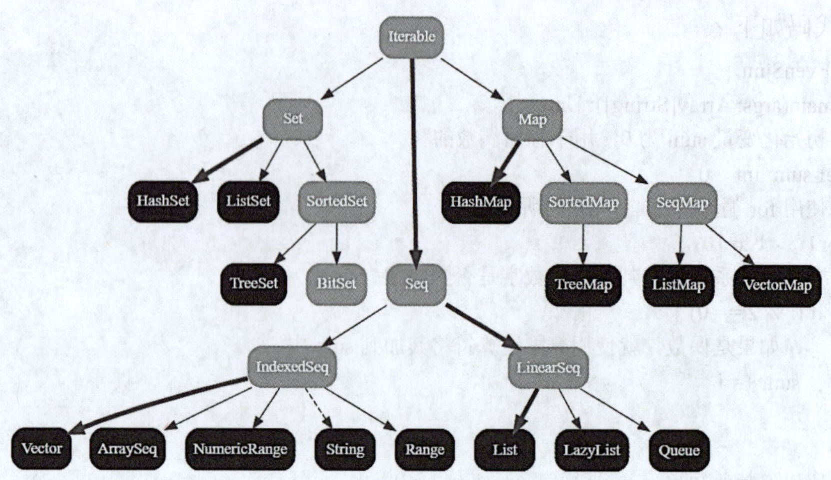

图 1.5 Scala 不可变集合类层次结构

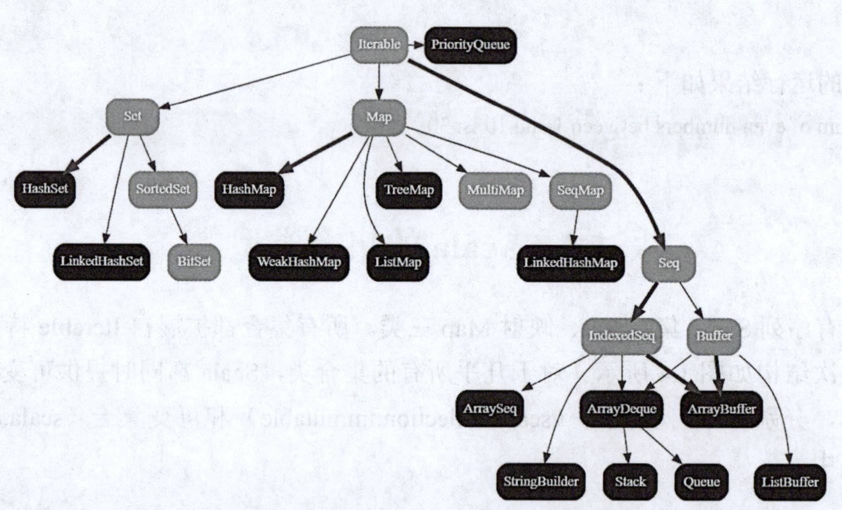

图 1.6 Scala 可变集合类层次结构

1.3.1 数组

数组是一种可变的、可索引的、元素具有相同类型的数据集合。Scala 提供参数化类型的通用数组类 Array[T]，其中 T 可以是任意 Scala 类型，可以通过显式指定类型或者通过隐式推断实例化一个数组。

1. 定长数组

定长数组是指在创建时指定了大小且之后不能改变的数组。在 Scala 中，定长数组是通过 Array 类或 new Array[T](size) 构造函数创建的。由于数组在内存中是连续存储的，因此定长数组访问元素时具有非常高的性能。

创建定长数组有如下两种方式：

（1）使用 Array 类的 apply 方法，代码如下：

```
val fixedArray = Array(1, 2, 3, 4, 5)          // 创建一个包含 5 个整数的定长数组
```

（2）使用 new 关键字和 Array 类的构造函数，代码如下：

```
val fixedArray2 = new Array[Int](5)            // 创建一个长度为 5 的整数定长数组，初始值为 0
fixedArray2(0) = 10                            // 设置第一个元素为 10
```

以下示例演示了 Scala 定长数组的使用方法。读者可以在常用的 IDE 中编写代码，后面章节相同。在一个新建项目的 src 下新建 arraytest 包，并在 arraytest 包下新建 ArrayDemo 对象，代码如下：

```
package arraytest

object ArrayDemo {
  def main(args : Array[String]){
    // 初始化一个长度为 8 的定长数组，所有元素都为 0
    val arr1 = new Array[Int](8)
    // 直接打印定长数组，内容为数组的 hashcode 值
    println(arr1)
    // 把数组转换成数组缓冲，可以看到原数据中的内容，toBuffer 会把数组转换成数组缓冲
    println(arr1.toBuffer)
    // 注意：如果不使用 new 获取数组，相当于调用数组的 apply 方法，直接为数组赋值
    // 初始化一个长度为 1、值为 10 的定长数组
    val arr2 = Array[Int](10)
    // 输出数组元素
    println(arr2.toBuffer)
    // 定义一个定长为 3 的数组
    val arr3 = Array("hadoop","scala","java")
    // 使用 () 访问元素
    println(arr3(2))
    // 包含 10 个整数的数组，初始值为 0
    val nums = new Array[Int](10)
    // 遍历数组
    for(i <- 0 until nums.length)
      print(s"$i:${nums(i)}")
    println()
    // 包含 10 个整数的数组，初始值为 null
    val strs0 = new Array[String](10)
    for(i <- 0 until strs0.length)
      print(s"$i:${strs0(i)}")
    println()

    // 赋初始值的字符串数组
    val strs1 = Array("hello","world")
    for(i <- 0 until strs1.length)
      print(s"$i:${strs1(i) }")
    println()

    // 访问并修改元素
    strs1(0) = "byebye"
    for(i <- 0 until strs1.length)
      print(s"$i:${strs1(i) }")
    println()
  }
}
```

运行结果如图 1.7 所示。

2. 不定长数组（可变数组）

不定长数组（又称可变数组）是指可以在创建后动态地添加和删除元素的数组。在

Scala 中，不定长数组通常是通过 ArrayBuffer 或 ListBuffer 等可变集合实现的。虽然它们不是严格意义上的数组，但提供类似于数组的功能，并且具有更高的灵活性。

```
[I@50b494a6
ArrayBuffer(0, 0, 0, 0, 0, 0, 0, 0)
ArrayBuffer(10)
java
0:01:02:03:04:05:06:07:08:09:0
0:null1:null2:null3:null4:null5:null6:null7:null8:null9:null
0:hello1:world
0:byebye1:world
```

图 1.7　Scala 定长数组运行结果

创建不定长数组有如下两种方式：

（1）使用 ArrayBuffer。

```
import scala.collection.mutable.ArrayBuffer
val mutableArray = ArrayBuffer[Int]()        // 创建一个空的可变整数数组
mutableArray += 1                            // 添加元素 1
mutableArray += (2, 3, 4, 5)                 // 批量添加元素 2, 3, 4, 5
```

（2）使用 ListBuffer。虽然 ListBuffer 看起来像一个链表，它是一个变长列表（可变列表）。但是，由于它可以使用索引更新元素并具备数组的各种操作性质，因此把它看作一种不定长数组。但它使用的例子仍然在列表部分展示。

```
import scala.collection.mutable.ListBuffer
val listBuffer = ListBuffer[Int]()           // 创建一个空的可变整数列表
listBuffer.append(1)                         // 添加元素 1
listBuffer.appendAll(List(2, 3, 4, 5))       // 批量添加元素 2, 3, 4, 5
```

以下示例演示了 Scala 不定长数组的使用方法。

```
package arraytest
import scala.collection.mutable.ArrayBuffer
object VarArrayDemo {
  def main(args: Array[String]){
    // 定义一个空的可变长 Int 型数组
    val nums =  ArrayBuffer[Int]()
    // 在尾端添加元素
    nums += 1
    // 在尾端添加多个元素
    nums += (2,3,4,5)

    // 使用 ++= 在尾端添加集合
    nums ++= Array(6,7,8)
    // 这些操作符，有相应的 -=、--= 可以做数组的删减，用法与 +=、++= 相同
    // 使用 append 追加一个或者多个元素
    nums.append(1)
    nums.append(2,3)
    // 在下角标 2 之前插入元素
    nums.insert(2,20)
    nums.insert(2,30,30)
    // 移除最后 2 元素
    nums.trimEnd(2)
    // 移除最开始的一个或者多个元素
    nums.trimStart(1)
```

```
    // 从下角标 2 处移除一个或者多个元素
    nums.remove(2)
    nums.remove(2,2)
    // 使用增强 for 循环遍历数组
    for(elem <- nums)
      println(elem+" ")
    // 基于下角标访问使用增强 for 循环遍历数组
    for(i <- 0 until nums.length)
      println(nums(i)+" ")
  }
}
```

运行结果如图 1.8 所示。

```
2 30 4 5 6 7 8 1
2 30 4 5 6 7 8 1
```

图 1.8　Scala 变长数组运行结果

3. 数组转换

在 Scala 中，yield 关键字通常与 for 循环结合使用，用于从循环中生成一个新集合。该新集合包含 for 循环体中每次迭代通过 yield 关键字产生的值。在数组转换中，yield 关键字非常有用，因为它允许转换数组中的元素，并将转换后的结果收集到一个新的数组中。

当只想转换数组中的某些元素时，yield 关键字还可以在 for 循环中使用 if 守卫过滤需要转换的元素。以下示例是 yield 关键字在数组转换中的使用方法。

```
package arraytest
object ArrayTransfer {
def main(args : Array[String]){
    // 使用 for 推导式生成一个新数组
    val a = Array(1,2,3,4,5,6,7,8,9)
    val res1 = for(ele <- a) yield 2 * ele
    for(res <- res1)
      print(res+" ")
    println()
    // 对原数组元素过滤后生成一个新数组
    // 将偶数取出乘以 10 后生成一个新数组
    val res2 = for(elem <- a if elem % 2==0)yield 2 * elem
    for(res <- res2)
      print(res+" ")
    println()
    // 使用 filter 和 map 转换成新数组，这个两个函数后面会学到，分别具有遍历和过滤的作用
    val res3 = a.filter(_ % 2==0).map(2 * _)
    for(res <- res3)
      print(res+" ")
    println()
  }
}
```

运行结果如图 1.9 所示。

```
2 4 6 8 10 12 14 16 18
4 8 12 16
4 8 12 16
```

图 1.9 Scala 数组转换的运行结果

1.3.2 元组

元组可以包含多个不同类型的值，它是不同类型的值的聚集。元组使用小括号将多个元素括起来，元素之间用逗号分隔，元素的类型和数目任意。

1. 创建元组

创建元组有两种形式，直接创建和参数形式创建。

```
val t = ("hadoop","spark",11)                  // 直接创建
val t1,(a,b,c) = ("hadoop","spark",11)         // 参数形式创建
```

参数形式创建元组结果如图 1.10 所示。

```
scala> val t1,(a,b,c) = ("hadoop","spark",11)
t1: (String, String, Int) = (hadoop,spark,11)
a: String = hadoop
b: String = spark
c: Int = 11
```

图 1.10 参数形式创建元组结果

2. 访问元组

可以使用下划线加下角标的形式（如 _1、_2 等）访问元组。元组的下角标是从 1 开始，而非从 0 开始；区别数组从 0 开始。

```
val t1 = t._1
val t_a = t._2
```

3. 元组类型

元组的实际类型取决于元素的类型，如 (99, "runoob") 为 Tuple2[Int, String]。('u', 'r', "the", 1, 4, "me") 为 Tuple6[Char, Char, String, Int, Int, String]。

Scala 支持的元组最大长度为 22。更大长度的元组可以使用集合或者扩展元组。

元组使用的简单的示例如下：

```
object TupleExample {
  def main(args: Array[String]): Unit = {
    // 创建一个包含不同类型元素的元组
    val personInfo = ("Alice", 30, "Engineer")

    // 访问元组中的元素
    println(s"Name: ${personInfo._1}")
    println(s"Age: ${personInfo._2}")
    println(s"Occupation: ${personInfo._3}")

    // 通过模式匹配的方式对元组解构，将元组中的元素分别赋值给变量 name、age 和 occupation
    val (name, age, occupation) = personInfo
    println(s"Name: $name, Age: $age, Occupation: $occupation")
  }
}
```

运行结果如图 1.11 所示。

```
Name: Alice
Age: 30
Occupation: Engineer
Name: Alice, Age: 30, Occupation: Engineer
```

图 1.11 元组的使用

在上述代码中，s 表达式（又称字符串插值）用于在字符串中嵌入变量或表达式的值。s 表达式的基本语法是在字符串前加上字母 s，然后在字符串中使用 ${} 或 $ 引用变量或表达式。

4. 遍历元组

可以通过以下方式对元组进行迭代表遍历。调用迭代器以及 foreach 函数，可以找到元组中的值。

```
val t = (4,3,2,1)
// 遍历 t 的 productIterator，并打印每个元素的值。t.productIterator 是对象 t 的字段迭代器
t.productIterator.foreach{
    i => println("value="+i)
}
def main(args: Array[String]): Unit = {
    // 声明元组的方式为 ( 元素 1, 元素 2, 元素 3)
    val tuple:(Int,String,Boolean) = (10,"hello",true)
    // 访问元组，调用方式为 _ 顺序号
    // 顺序号从 1 开始
    println(tuple._2) //hello

    // 通过索引访问元素
    // 索引从 0 开始
    println(tuple.productElement(0))

    // 通过迭代器访问数据
    for(x <- tuple.productIterator){
      println(x)
    }
}
```

5. 拉链操作

拉链操作即使用 zip 方法绑定元组的多个值。写法有如下两种：

```
val names = Array("tom","jerry")
val scores = Array(90,80)
names.zip(scores)
names zip scores
```

运行结果如图 1.12 所示。

6. 数据丢失

如果两个数组的元素数不一致，拉链操作后生成的数组的长度为较小的数组的元素数，从而造成数据丢失。

```
val arr1 = Array(1,2)
```

```
val arr2 = Array("x","y","z")
arr1 zip arr2
```

可见数据“z”丢失了。

```
scala> val names = Array("tom","jerry")
names: Array[String] = Array(tom, jerry)

scala> val scores = Array(90,80)
scores: Array[Int] = Array(90, 80)

scala> names.zip(scores)
res4: Array[(String, Int)] = Array((tom,90), (jerry,80))

scala> names zip scores
res5: Array[(String, Int)] = Array((tom,90), (jerry,80))
```

图 1.12 拉链操作

1.3.3 集合

Scala Set（集合）是没有重复的对象集合，所有元素都是唯一的。Scala 集合分为可变集合和不可变集合。在默认情况下，Scala 使用不可变集合，如果想使用可变集合，就需要引用 scala.collection.mutable.Set 包。

1. 不可变 Set

Set 是不重复元素的集合。下面示例展示了如何创建一个不可变的 Set，添加元素，检查元素是否存在以及移除元素。由于 Scala 的集合是不可变的，因此每次操作都会返回一个新的集合实例。

```
package aggregate
def main(args: Array[String]): Unit = {
  // 创建一个空的不可变 Set
  val emptySet: Set[Int] = Set()
  // 使用 apply 方法创建一个包含元素的不可变集合
  val numbers: Set[Int] = Set(1, 2, 3, 4, 5)
  // 添加元素到集合（由于是不可变的，因此返回一个新的集合）
  val newNumbers = numbers + 6
  // 打印集合的内容
  println("Original Set: " + numbers)                          // 输出 : Original Set: Set(5, 1, 2, 3, 4)
  println("New Set after adding element: " + newNumbers)       // 输出 : New Set after adding element:
                                                               // Set(5, 1, 2, 3, 4, 6)
  // 检查元素是否在集合中
  println("Does the set contain 3? " + numbers.contains(3))    // 输出 : Does the set contain 3? true
  println("Does the set contain 6? " + numbers.contains(6))    // 输出 : Does the set contain 6? false
  // 移除元素（同样返回一个新集合）
  val removedNumber = numbers - 4
  println("Set after removing element: " + removedNumber)      // 输出 : Set after removing element:
                                                               // Set(5, 1, 2, 3)
  }
}
```

运行结果如图 1.13 所示。

```
Original Set: Set(5, 1, 2, 3, 4)
New Set after adding element: Set(5, 1, 6, 2, 3, 4)
Does the set contain 3? true
Does the set contain 6? false
Set after removing element: Set(5, 1, 2, 3)
```

图 1.13 不可变集合的使用

2. 可变 Set

以下示例展示了如何创建一个可变集合，添加单个或多个元素，检查元素是否存在以及移除单个或多个元素。由于可变集合的特性，直接修改原集合实例。

```
package aggregate
// 导入可变集合
import scala.collection.mutable.Set
object MutableSetExample {
  def main(args: Array[String]): Unit = {
    // 创建一个空的可变集合
    val emptySet: Set[Int] = Set()
    // 使用 += 方法向集合中添加元素
    emptySet += 1
    emptySet += 2
    emptySet += 3
    emptySet += 4
    emptySet += 5
    // 打印集合的内容
    println("Initial Set: " + emptySet)    // 输出 : Initial Set: Set(5, 1, 2, 3, 4)
    // 添加多个元素
    emptySet ++= List(6, 7, 8)
    println("Set after adding multiple elements: " + emptySet)   // 输出 : Set after adding multiple elements:
                                                                 // Set(5, 1, 2, 3, 4, 6, 7, 8)
    // 检查元素是否存在集合中
    println("Does the set contain 3? " + emptySet.contains(3))   // 输出 : Does the set contain 3? true
    println("Does the set contain 9? " + emptySet.contains(9))   // 输出 : Does the set contain 9? false
    // 移除元素
    emptySet -= 4
    println("Set after removing element: " + emptySet)           // 输出 : Set after removing element:
                                                                 //  Set(5, 1, 2, 3, 6, 7, 8)
    // 移除多个元素
    emptySet --= List(1, 2)
    println("Set after removing multiple elements: " + emptySet)  // 输出 : Set after removing
                                                                  // multiple elements: Set(5, 3, 6, 7, 8)
  }
}
```

运行结果如图 1.14 所示。

```
Initial Set: Set(1, 5, 2, 3, 4)
Set after adding multiple elements: Set(1, 5, 2, 6, 3, 7, 4, 8)
Does the set contain 3? true
Does the set contain 9? false
Set after removing element: Set(1, 5, 2, 6, 3, 7, 8)
Set after removing multiple elements: Set(5, 6, 3, 7, 8)
```

图 1.14 可变集合的使用

总之，为不可变集合添加元素时原来的集合不变，生成一个新集合来保存原来添加的元素。

为可变集合添加元素时，不会新生成一个集合，而直接将元素添加到原来的集合中。

1.3.4 列表

Scala 列表类似于数组，所有元素的类型都相同。不同之处是列表默认不可变，一旦值被定义就不能改变；列表具有递归的结构（链接表结构）而数组不具有。列表的常用操作见表 1.4。

表 1.4 列表的常用操作

操作	说明
::	用于在列表头部添加元素。该操作符是右结合的，即从右到左评估。例如，1 :: 2 :: 3 :: Nil 创建列表 List(1, 2, 3)
:::	用于连接两个列表。该操作符是右结合的。例如，List(1, 2) ::: List(3, 4) 返回新的列表 List(1, 2, 3, 4)
++	用于连接两个列表，与 ::: 类似。例如，List(1, 2) ++ List(3, 4) 返回 List(1, 2, 3, 4)
head	用于获取列表的第一个元素。例如，List(1, 2, 3).head 返回 1
tail	用于获取列表除第一个元素外的其余部分。例如，List(1, 2, 3).tail 返回 List(2, 3)
isEmpty	用于判断列表是否为空。例如，List().isEmpty 返回 true
reverse	用于反转列表的元素顺序。例如，List(1, 2, 3).reverse 返回 List(3, 2, 1)
take	用于获取列表的前几个元素。例如，List(1, 2, 3, 4, 5).take(3) 返回 List(1, 2, 3)
drop	用于丢弃列表的前几个元素。例如，List(1, 2, 3, 4, 5).drop(2) 返回 List(3, 4, 5)
map	用于对列表的每个元素应用一个函数。例如，List(1, 2, 3).map(x => x * 2) 返回 List(2, 4, 6)
filter	用于根据给定条件过滤列表元素。例如，List(1, 2, 3, 4, 5).filter(x => x % 2 == 0) 返回 List(2, 4)
foreach	用于遍历列表并对每个元素执行某个操作。例如，List(1, 2, 3).foreach(println) 打印每个元素

1. 不可变列表

以下 Scala 代码展示了不可变列表的操作。具体步骤如下：创建一个不可变列表 list1；将 0 插入 list1 的前面，生成新的列表 list2、list3 和 list4；将 4 添加到 list1 的后面，生成新的列表 list6；创建另一个不可变列表 list0；将 list1 和 list0 合并，生成新的列表 list7 和 list8；将 list0 插入 list1 的前面，生成新的列表 list9 并打印。

```
package aggregate
object ImmutListDemo {
  def main(args: Array[String]) : Unit={
    // 创建一个不可变集合
    val list1 = List(1,2,3)
    // 把 0 插入 list1 的前面生成一个新的 list
    val list2 = 0::list1
    val list3 = list1.::(0)
    val list4 = 0 +: list1
    val list5 = list1.+:(0)
    // 把一个元素添加到 list1 的后面产生一个新集合
    val list6 = list1 :+ 4
    val list0 = List(4,5,6)
```

```
    // 把两个 list 合并成一个新的 list
    val list7 = list1 ++ list0
    val list8 = list1 ++: list0
    // 把 list0 插入 list1 前面生成一个新集合
    val list9 = list1.:::(list0)
    println(list9)
  }
}
```

运行结果如图 1.15 所示。

```
List(4, 5, 6, 1, 2, 3)
```

图 1.15 不可变列表运行结果

2. 可变列表

在 Scala 中，可变列表是一种可以动态修改的数据结构，支持添加、删除和修改元素。虽然可变列表具有更高的灵活性，但牺牲了不可变列表的一些优势，如线程安全性。可变列表适用于需要频繁修改的场景，但是在多线程环境中需要谨慎使用，以避免出现并发问题。在 Scala 中，可变列表是 scala.collection.mutable.ListBuffer，在使用前需要引入这个类。

以下 Scala 代码的功能是演示使用 ListBuffer 进行列表操作的方法。具体步骤如下：创建一个初始包含 1、2、3 的 ListBuffer list0; 创建一个空的 ListBuffer list1，并添加元素 4 和 5；将 list0 和 list1 合并为新的 ListBuffer list2；在 list0 的末尾添加元素 5，生成新的 ListBuffer list3；打印 list3 的内容。

```
package aggregate
import scala.collection.mutable.ListBuffer
object MutListDemo {
  def main(args: Array[String]) : Unit={
    val list0 = ListBuffer[Int](1,2,3)
    val list1 = new ListBuffer[Int]()
    list1 += 4
    list1.append(5)
    val list2 = list0 ++ list1
    val list3 = list0 :+ 5
    println(list3)
  }
}
```

运行结果如图 1.16 所示。

```
ListBuffer(1, 2, 3, 5)
```

图 1.16 可变列表运行结果

1.3.5 映射

Scala 中的映射（Map）是一种键值对的数据结构，类似于其他编程语言中的字典或哈希表。在 Scala 中，映射主要有两种实现：不可变的 HashMap（scala.collection.immutable.

HashMap）和可变的 HashMap（scala.collection.mutable.HashMap）。映射中的键是唯一的，而值可以重复。

1. 构建映射

（1）直接构建。

```
val scores = Map("A" -> 90,"B" -> 80)
```

定义 Map 时，需要为键值对定义类型。如果需要添加 key-value 对就可以使用 + 号。

```
A += ('I' -> 1)
A += ('J' -> 5)
A += ('K' -> 10)
A += ('L' -> 100)
```

（2）通过元组构建。

```
val scores = Map(("A",90),("B",80))
```

（3）构建可变映射。

```
val scores = scala.collection.mutbale.Map("A" -> 90,"B" -> 80)
```

2. 基本操作

例如，创建了一个映射 val colors = Map("red" -> "#EF4444", "blue" -> "#1A237E")。可以对该映射进行的基本操作见表 1.5。

表 1.5 映射的基本操作

操作	作用	使用
get 方法	获取值	colors.get("red") 返回 Some("#EF4444")
apply 方法［简写为 ()］	获取值	colors("red") 直接返回 #EF4444
contains 方法	检查键是否存在	colors.contains("red") 返回 true
对于可变映射，使用 += 操作	添加键值对	colors += ("green" -> "#11AA22")
更新现有键的值	更新键值对	colors("red") = "#EF4444"
对于可变映射，使用 -= 操作	删除键值对	colors -= "red"
遍历所有键值对	遍历映射	for ((k, v) <- colors) println(s" $ k: $ v")
只遍历键或值	遍历映射	for (k <- colors.keys) println(k) 或 for (v <- colors.values) println(v)

3. 映射的使用示例

以下代码的功能是演示使用可变映射进行操作的方法，包括添加、修改、删除键值对以及遍历映射。

（1）初始化映射。创建一个可变映射 scores，并初始化一些键值对。

（2）修改值。将键 "wangwu" 的值从 70 修改为 100。

（3）打印当前映射。将当前映射转换为缓冲区并打印。

（4）添加新键值对。添加键值对 "zhaoliu" -> 50 和 "A" -> 60, "B" -> 66。

（5）删除键值对。删除键 "zhangsan" 对应的键值对。

（6）遍历键集。获取映射的键集并逐个打印。

（7）遍历键值对。遍历映射的所有键值对并打印。

```
package mappedtest
object MappingDemo {
  def main(args : Array[String]){
    val scores = scala.collection.mutable.Map("zhangsan" -> 90,
        "lisi" -> 80,"wangwu" -> 70)
    scores("wangwu") = 100
    println(scores.toBuffer)
    scores("zhaoliu") = 50
    println(scores.toBuffer)
    scores += ("A" -> 60,"B" -> 66)
    println(scores.toBuffer)
    scores -= "zhangsan"
    println(scores.toBuffer)
    val res = scores.keySet
    for(elem <- res)
      println(elem+" ")
    println()
    for((k,v) <- scores)
      print(k+":"+v+" ")
  }
}
```

运行结果如图 1.17 所示。

```
ArrayBuffer((lisi,80), (zhangsan,90), (wangwu,100))
ArrayBuffer((lisi,80), (zhangsan,90), (zhaoliu,50), (wangwu,100))
ArrayBuffer((A,60), (lisi,80), (zhangsan,90), (zhaoliu,50), (B,66), (wangwu,100))
ArrayBuffer((A,60), (lisi,80), (zhaoliu,50), (B,66), (wangwu,100))
A
lisi
zhaoliu
B
wangwu

A:60 lisi:80 zhaoliu:50 B:66 wangwu:100
```

图 1.17　映射示例运行结果

1.4　Scala 的函数和函数式编程

Scala 有方法与函数，二者的语义区别很小。Scala 方法是类的一部分，而函数是一个对象，可以赋值给一个变量。换句话说，在类中定义的函数即方法。下面介绍 Scala 的函数定义和调用方法。

1.4.1　Scala 的函数定义和调用

Scala 作为一种强大的静态类型编程语言，不仅支持面向对象编程，还完美融合了函数式编程的特性。在 Scala 中，函数是一段可以被重复调用的代码块，它接受输入参数并返回结果。函数使得代码更加模块化和可重用。

1. 函数的定义

在 Scala 中，函数可以通过 def 关键字定义。函数的定义包括函数名、参数列表、返

回值类型以及函数体。

```
def add(a: Int, b: Int): Int = {
  a + b
}
```

在该示例中，add 是一个接受两个整数参数并返回其和的函数。Scala 允许省略函数体的花括号 {} 和 return 关键字，如果函数体只有一个表达式，就可以直接将该表达式作为函数的返回值。

2. 函数的调用

定义函数后，可以通过函数名和参数列表调用。

```
val result = add(3, 4)
println(result)          // 输出 7
```

在 Scala 中，调用函数时不需要指定参数的类型，因为编译器根据上下文自动推断。

3. 函数参数传递方式

在 Scala 中，函数参数的传递方式主要有两种：传值调用（Call-by-Value）和传名调用（Call-by-Name）。

（1）传值调用。传值调用是指调用函数时，首先计算参数表达式的值，然后将该值传递给函数内部。在函数内部，参数的值是不可变的，即函数不能修改接收的参数值（除非参数是可变的数据结构，如可变数组或可变对象）。传值调用的实例代码如下：

```
def addByValue(a: Int, b: Int): Int = a + b
val result = addByValue(2, 3 + 1)  // 先计算 3+1 得到 4，再调用 addByValue(2, 4)
```

（2）传名调用。传名调用是指调用函数时，将未计算的参数表达式直接传递给函数内部。在函数内部，每次使用该参数时，都重新计算参数表达式的值。这种方式允许函数在多次使用参数时获得不同的值，从而实现了某种程度的“延迟计算”。

```
def addByName(a: Int, b: => Int): Int = a + b
val result = addByName(2, { val x = 3; x + 1 })   // 调用 addByName(2, { val x = 3; x + 1 })
```

在该示例中，{ val x = 3; x + 1 } 是一个代码块，定义了一个局部变量 x 并返回 x + 1 的值。在 addByName 函数内部，每次使用 b 时都重新执行该代码块。

传名调用在 Scala 中使用 => 符号表示。此外，由于传名调用可能会导致多次计算参数表达式的值，因此使用时需要谨慎，以避免不必要的性能开销。

（3）无参函数。无参函数是指不接收任何参数的函数。在 Scala 中，无参函数可以使用 () 表示空参数列表。无参函数通常用于执行某些操作而不需要输入参数的情况。

```
def greet(): Unit = println("Hello, World!")
greet()   // 输出 Hello, World!
```

在该示例中，greet 是一个无参函数，它不接收任何参数并打印一条消息。

4. 函数返回值处理

在 Scala 中，处理函数返回值的方式有多种，主要包括隐式返回值、使用 return 关键字、使用 Option 类型处理可能的空值情况。

（1）隐式返回值。在 Scala 中，函数的返回值通常是隐式的，即函数最后一个表达式的值自动成为函数的返回值。这种方式符合函数式编程的风格，使得代码更加简洁和易读。

```
def add(a: Int, b: Int): Int = {
  a + b                  // 隐式返回值
}
```

在该示例中，add 函数的返回值是 a + b 的结果，而无须显式地使用 return 关键字。

（2）使用 return 关键字。尽管在 Scala 中不鼓励使用 return 关键字返回函数的值，但在某些情况下，它仍然是可用的。使用 return 关键字可以显式地从函数中返回一个值，并立即停止执行函数。

```
def multiply(a: Int, b: Int): Int = {
  return a * b           // 显式返回值
}
```

然而，过度使用 return 关键字可能会使代码难以理解和维护。因此，在 Scala 中，通常建议尽量使用隐式返回值的方式。

（3）使用 Option 类型处理可能的空值情况。在 Scala 中，Option 是一个容器类型，它可以表示一个可能存在或可能不存在的值。使用 Option 类型可以更好地处理可能的空值情况，从而使代码更加健壮和可靠。

```
def divide(a: Int, b: Int): Option[Int] = {
  if (b != 0) {
    Some(a / b)          // 如果除数不为 0，返回 Some( 结果 )
  } else {
    None                 // 否则返回 None
  }
}
```

在该示例中，divide 函数返回一个 Option[Int] 类型的值。如果除数 b 不为 0，则函数返回 Some(a / b)；否则，返回 None。通过这种方式，可以避免在调用函数时直接处理可能的除零异常，从而使代码更加安全和易维护。

1.4.2　Scala 的高级函数

在 Scala 中，函数被认为是“头等公民”，意味着函数可以像其他数据类型一样被传递和操作。具体来说，函数在 Scala 中具有以下特性：

（1）赋值给变量。可以将函数赋值给变量，例如 val fun = scala.math.ceil。

（2）作为参数传递。函数可以作为参数传递给其他函数。

（3）作为返回值。函数可以作为其他函数的返回值。

（4）匿名函数。Scala 支持匿名函数（又称 lambda 表达式），这些函数没有名字，但可以直接作为参数传递或赋值给变量。

这些特性使得函数在 Scala 中非常灵活和强大，能够广泛应用于不同编程场景。

1. 匿名函数

匿名函数是指没有名称的函数，通常用于将简短的函数作为参数传递给高阶函数。匿名函数使用箭头 => 分隔参数列表和函数体。

（1）匿名函数的定义。匿名函数的定义非常简单，它由一个或多个参数、一个箭头 => 和一个函数体组成。

```
val square = (x: Int) => x * x
```

在该示例中，square 是一个匿名函数，接收一个整数 x 作为参数，并返回 x 的平方值。

（2）匿名函数的用法。匿名函数在 Scala 中的用法非常多，常见的用法有将匿名函数作为参数传递给高阶函数。例如，可以将匿名函数传递给 map、filter 和 reduce 等高阶函数来对集合进行操作。

1）将匿名函数传递给 map 函数。

```
val numbers = List(1, 2, 3, 4)
val squaredNumbers = numbers.map(x => x * x)      // 调用 map 函数，并传递匿名函数作为参数
//squaredNumbers 的值为 List(1, 4, 9, 16)
```

2）将匿名函数传递给 filter 函数。

```
val numbers = List(1, 2, 3, 4, 5)
val evenNumbers = numbers.filter(x => x % 2 == 0)  // 调用 filter 函数，并传递匿名函数作为参数
//evenNumbers 的值为 List(2, 4)
```

3）将匿名函数传递给 reduce 函数。

```
val numbers = List(1, 2, 3, 4, 5)
val sum = numbers.reduce((x, y) => x + y)          // 调用 reduce 函数，并传递匿名函数作为参数
//sum 的值为 15
```

2. 高阶函数

在 Scala 中，高阶函数是指可以接收函数作为参数或返回函数作为结果的函数。高阶函数是函数式编程中的一个重要概念，它允许将函数被优先传递和操作，从而实现了更加灵活和强大的代码复用及模块化。

（1）高阶函数的定义。高阶函数的定义很简单，即一个参数类型为函数类型或者返回类型为函数类型的函数。

```
def applyFunction(f: Int => Int, x: Int): Int = f(x)
```

在该示例中，applyFunction 是一个高阶函数，接收一个函数 f 和一个整数 x 作为参数，并返回 f(x) 的结果。

（2）高阶函数的用法。高阶函数在 Scala 中的用法非常多，常见的用法有将函数作为参数传递给高阶函数、从高阶函数返回函数。

1）将函数作为参数传递。可以将定义好的函数作为参数传递给高阶函数。

```
val square = (x: Int) => x * x
val result = applyFunction(square, 3)   // 调用 applyFunction(square, 3)，输出 9
```

在该示例中，将一个匿名函数 square 作为参数传递给 applyFunction 函数，并得到结果 9。

2）从高阶函数返回函数。高阶函数可以返回函数作为结果。

```
def createMultiplier(factor: Int): Int => Int = (x: Int) => x * factor
val double = createMultiplier(2)
val result = double(5)   // 调用 double(5)，输出 10
```

在该示例中，createMultiplier 是一个高阶函数，接收一个整数 factor 作为参数，并返回一个函数。该函数接收一个整数 x 并返回 x * factor 的结果。将 2 作为参数传递给 createMultiplier 函数，得到一个新函数 double，然后调用 double(5) 得到结果 10。

（3）常见的高阶函数。在 Scala 中有很多常见的高阶函数，如 map、filter、reduce 等。这些高阶函数通常用于对集合进行操作，并允许将自定义的函数作为参数传递给它。

1）map。map 函数用于将一个函数应用于集合中的每个元素，并返回一个新集合，

该集合包含应用函数后的结果。

```
val numbers = List(1, 2, 3, 4)
val squaredNumbers = numbers.map(x => x * x)      // 调用 map 函数，得到 List(1, 4, 9, 16)
```

2）filter。filter 函数用于根据一个条件函数过滤集合中的元素，并返回一个新集合，该集合只包含满足条件的元素。

```
val numbers = List(1, 2, 3, 4, 5)
val evenNumbers = numbers.filter(x => x % 2 == 0)  // 调用 filter 函数，得到 List(2, 4)
```

3）reduce。reduce 函数用于将集合中的元素通过一个二元操作函数组合成一个单一的值。

```
val numbers = List(1, 2, 3, 4, 5)
val sum = numbers.reduce(_ + _)                    // 调用 reduce 函数，得到 15
```

在该示例中，_ + _ 是一个匿名函数，接收两个参数并将其相加。下划线 _ 表示函数的参数，而 + 是这两个参数之间的操作。reduce 函数期望一个二元函数作为参数，该匿名函数正好满足要求。它告诉 reduce 函数应该将集合中的元素两两相加，直到得到一个单一的值 15。这里的 reduce(_ + _) 相当于 reduce((x,y)=>x + y)。

1.5 Scala 类与模式匹配

作为一个运行在 JVM 上的语言，Scala 毫无疑问首先是面向对象的语言。尽管在具体的数据处理部分，函数式编程在 Scala 中成为首选方案，但在上层的架构组织上，仍然需要采用面向对象的模型，对大型的应用程序来说尤其必不可少。

1.5.1 Scala 类

1. 类的定义

在 Scala 中，定义一个类使用 class 关键字，后面跟着类名和类体。类体包含类的成员变量（字段）和方法。

```
class Person(val name: String, val age: Int) {
  def greet(): String = {
    "Hello, my name is " + name + " and I am " + age + " years old."
  }
}
```

在该示例中定义了一个 Person 类，它有两个成员变量 name 和 age（使用 val 关键字表示这些变量是不可变的），以及一个方法 greet 用于打印问候语。

2. 成员变量和方法

成员变量是类的属性，用于存储对象的状态。在 Scala 中，可以使用 val 或 var 关键字定义成员变量。val 关键字表示变量是不可变的，而 var 关键字表示变量是可变的。

方法是类的行为，用于执行特定的操作。在 Scala 中，方法定义使用 def 关键字，后面跟着方法名和参数列表（可选），以及方法体。

3. 构造器

Scala 中的类有一个主构造器，它是类定义的一部分，用于初始化对象的成员变量。

在上面的 Person 类示例中，主构造器接收两个参数 name 和 age，并将其赋值给类的成员变量。

除主构造器外，Scala 还允许定义辅助构造器。辅助构造器使用 this 关键字调用主构造器或其他辅助构造器。

以下示例展示了 Scala 中主构造器和辅助构造器的定义及使用方法，以及通过不同构造器创建具有不同属性对象的方法。

```
class Rectangle(val width: Double, val height: Double) {
  // 主构造器，用于初始化 width 和 height 成员变量

  // 计算面积的方法
  def area: Double = width * height

  // 辅助构造器 1：接收一个边长参数，创建一个正方形
  def this(side: Double) = this(side, side)

  // 辅助构造器 2：接收一个面积参数，并根据给定的宽高比创建矩形
  def this(area: Double, aspectRatio: Double) = {
    require(aspectRatio > 0, "AspectRatio must be positive")
    val side = Math.sqrt(area / aspectRatio)
    this(side, side * aspectRatio)
  }

  // 重写 toString 方法，方便打印 Rectangle 对象的信息
  override def toString: String = s"Rectangle(width: $width, height: $height)"
}

object RectangleExample {
  def main(args: Array[String]): Unit = {
    // 使用主构造器创建 Rectangle 对象
    val rect1 = new Rectangle(3.0, 4.0)
    println(rect1)          // 输出 : Rectangle(width: 3.0, height: 4.0)
    println(rect1.area)     // 输出 : 12.0

    // 使用辅助构造器 1 创建正方形对象
    val rect2 = new Rectangle(5.0)
    println(rect2)          // 输出 : Rectangle(width: 5.0, height: 5.0)
    println(rect2.area)     // 输出 : 25.0

    // 使用辅助构造器 2 根据面积和宽高比创建矩形对象
    val rect3 = new Rectangle(36.0, 2.0 / 3.0)
    println(rect3)          // 输出 : Rectangle(width: 6.0, height: 4.0)
    println(rect3.area)     // 输出 : 36.0 注意：由于浮点数的精度问题，实际输出可能会有轻微差异
  }
}
```

在该示例中，定义了一个 Rectangle 类，它有一个主构造器和两个辅助构造器。主构造器接收两个参数 width 和 height，用于初始化矩形的宽度和高度。辅助构造器 1 接收一个参数 side，用于创建一个正方形（宽度与高度相等的矩形）。辅助构造器 2 接收两个参数 area 和 aspectRatio，用于根据给定的面积和宽高比创建一个矩形。

在 RectangleExample 对象的 main 方法中，使用主构造器和辅助构造器创建 Rectangle

对象，并打印它的信息和面积。

4. 继承

Scala 支持类的继承，允许一个类继承另一个类的属性和方法。使用 extends 关键字实现继承的示例如下：

```
class Employee(name: String, age: Int, val salary: Double) extends Person(name, age) {
  def work(): String = {
    "I am working as an employee."
  }
}
```

在该示例中，Employee 类继承自 Person 类，并添加了一个新成员变量 salary 和一个新方法 work。

5. 类的使用

以下是一个使用 Scala 类、继承、构造器和方法的完整示例。

```
class Animal(val name: String) {
  def speak(): String = {
    "Some generic animal sound"
  }
}

class Dog(name: String, val breed: String) extends Animal(name) {
  override def speak(): String = {
    "Woof! Woof!"
  }
}

object Main {
  def main(args: Array[String]): Unit = {
    val animal = new Animal("Generic Animal")
    println(animal.name)          // 输出：Generic Animal
    println(animal.speak())       // 输出：Some generic animal sound

    val dog = new Dog("Buddy", "Golden Retriever")
    println(dog.name)             // 输出：Buddy
    println(dog.breed)            // 输出：Golden Retriever
    println(dog.speak())          // 输出：Woof! Woof!
  }
}
```

在该示例中，定义了一个 Animal 类和一个 Dog 类，其中 Dog 类继承自 Animal 类并重写 speak 方法。然后，在 Main 对象的 main 方法中创建 Animal 和 Dog 对象，并调用它的方法。

1.5.2 单例类

单例类是一种特殊的类，有且只有一个实例。与惰性变量相同，单例类的对象是延迟创建的，当它第一次被使用时创建。当对象定义于顶层时（不包含在其他类中），单例类的对象只有一个实例。当对象定义在一个类或方法中时，单例对象表现得与惰性变量相同。

单例类通过在类定义上使用 object 而不是 class 关键字实现。单例类在 Scala 中非常有用，特别是当需要一个全局可访问的点存储数据或行为时。

```
// 定义一个单例类
object SingletonExample {
  // 单例类的成员变量
  private var count = 0

  // 单例类的方法，用于增加计数并返回新计数值
  def increment(): Int = {
    count += 1
    count
  }

  // 单例类的方法，用于获取当前计数值
  def getCount(): Int = {
    count
  }
}

object Main {
  def main(args: Array[String]): Unit = {
    // 访问单例类的成员和方法
    println(SingletonExample.getCount())          // 输出：0
    println(SingletonExample.increment())         // 输出：1
    println(SingletonExample.increment())         // 输出：2
    println(SingletonExample.getCount())          // 输出：2
  }
}
```

在该示例中，定义了一个名为 SingletonExample 的单例类，它有一个私有成员变量 count，用于存储计数值。此外，还定义了两个方法 increment 和 getCount，分别用于增加计数并返回新计数值，以及获取当前计数值。

在 Main 对象的 main 方法中演示了访问单例类的成员和方法。由于 SingletonExample 是一个单例类，因此无论调用多少次 increment 方法都操作同一个 count 变量，从而实现计数值的累积。

该示例展示了 Scala 中单例类的定义和使用方法，以及通过单例类的成员和方法存储及访问全局数据的过程。

1.5.3 模式匹配

Scala 有一个十分强大的模式匹配机制，可以应用于很多场合，如 switch 语句、类型检查等。Scala 还提供样例类，优化了模式匹配，可以快速匹配。一个模式匹配包含一系列备选项，每个备选项都开始于关键字 case。

每个备选项都包含一个模式及一到多个表达式。符号 => 用于隔开模式和表达式。

```
object BasicTest {
  def main(args: Array[String]): Unit = {
    val tuple = Tuple6(1, 2, 3f, 4, "abc", 55d)
    // 可以使用 Tuple.productIterator() 方法迭代输出元组的所有元素
    val tupleIterator = tuple.productIterator
```

```
        while (tupleIterator.hasNext) {
            matchTest(tupleIterator.next())
        }
    }
    /**
     * 注意点：
     * 1. 在模式匹配不仅可以匹配值，还可以匹配类型
     * 2. 在模式匹配中，如果匹配到对应的类型或值就不再继续匹配
     * 3. 在模式匹配中，如果都匹配不上就匹配到 case _ ，相当于 default
     */
    def matchTest(x: Any) = {
        x match {
            case x: Int => println("type " + x +" is Int" )
            case 1 => println("result " + x +" is 1")
            case 2 => println("result " + x +" is 2")
            case 3 => println("result " + x +" is 3")
            case 4 => println("result " + x +" is 4")
            case x: String => println("type " + x +"  is String")
            case _ => println(x + " no match")
    }}}
```

运行结果如下：

```
type 1 is Int
type 2 is Int
result 3.0 is 3
type 4 is Int
type abc is String
55.0 no match
```

1.6　Python 的匿名函数、闭包和装饰器

Python 匿名函数、闭包和装饰器是 Python 函数式编程较有特点的语言现象。

1.6.1　Python 的匿名函数

在 Python 中，匿名函数是通过 lambda 关键字创建的。lambda 函数是一种简短的、定义在行内的函数，它没有具体的函数名，因此又称匿名函数。lambda 函数通常用于需要将函数作为参数传递，或者需要一个简单的函数而不想用标准的 def 语法定义一个完整的函数的情况。

1. lambda 关键字的用法

lambda 函数的语法如下：

```
lambda 参数列表 : 表达式
```

其中，参数列表可以包含多个参数，用逗号分隔，而表达式是一个计算并返回结果的表达式。lambda 函数只能包含一个表达式，并且该表达式的结果就是函数的返回值。

2. lambda 函数的特点

（1）简洁性。lambda 函数提供一种快速定义简单函数的方法，使得代码更加简洁。

（2）匿名性。由于 lambda 函数没有函数名，因此又称匿名函数。

（3）单一表达式。lambda 函数只能包含一个表达式，且不能包含命令式语句（如循环语句、条件语句等）。

（4）有限用途。lambda 函数通常用于简单的函数定义，对于复杂的函数逻辑，还是建议使用标准的 def 语法。

3. 创建和使用 lambda 函数的示例

下面是一个创建和使用 lambda 函数的简单示例。

```
# 定义一个 lambda 函数，用于计算两个数的和
add = lambda x, y: x + y

# 使用 lambda 函数
result = add(5, 3)
print(result)     # 输出 : 8
```

在该示例中，定义了一个名为 add 的 lambda 函数（虽然它没有真正的名字，但为了说明方便，称之为 add）。它接收两个参数 x 和 y，并返回它们的和。然后，我们使用 lambda 函数计算 5 和 3 的和，并将结果打印出来。

4. lambda 函数的应用

lambda 函数通常应用在需要使用函数对象的场合，但函数本身很简单，不值得用一个标准的 def 语句定义。以下是 Python 匿名函数的主要应用。

（1）排序操作。在排序操作中，可以使用 lambda 函数指定排序的键（key）。例如，如果有一个包含元组的列表，并且想要根据元组的第二个元素排序。

```
# 定义一个包含元组的列表
tuples = [(1, 'one'), (2, 'two'), (3, 'three'), (4, 'four')]

# 使用 lambda 函数作为排序的键
sorted_tuples = sorted(tuples, key=lambda x: x[1])

print(sorted_tuples)
# 输出 : [(4, 'four'), (1, 'one'), (3, 'three'), (2, 'two')]
```

在该示例中，lambda x: x[1] 是一个匿名函数，接收一个参数 x（这里是一个元组）并返回 x 的第二个元素（字符串）。由于 sorted 函数以该 lambda 函数为排序的键，因此列表是按照元组的第二个元素排序的。

（2）作为参数传递给高阶函数。高阶函数是指接收函数作为参数或返回函数作为结果的函数。Python 中的许多内置函数都是高阶函数，如 map、filter 和 sorted 等。在这些函数中，我们可以使用 lambda 函数指定要执行的操作。

例如，如果想要计算一个列表中所有数字的平方，就可以使用 map 函数和 lambda 函数：

```
# 定义一个数字列表
numbers = [1, 2, 3, 4, 5]

# 使用 map 函数和 lambda 函数计算平方
squared_numbers = map(lambda x: x ** 2, numbers)

# 将 map 对象转换为列表并打印结果
print(list(squared_numbers))
# 输出 : [1, 4, 9, 16, 25]
```

在该示例中，lambda x: x ** 2 是一个匿名函数，它接收一个参数 x（这里是一个数字）并返回 x 的平方。map 函数使用该 lambda 函数作为参数，并将它应用于 numbers 列表中的每个元素。

5. 用于需要使用简单函数对象的任何场合

除上述两个应用外，lambda 函数还可以用于需要使用简单函数对象的任何场合。例如，定义一些简单的回调函数时，可以使用 lambda 函数避免编写完整的函数定义。

```
# 定义一个简单的函数，它接收一个回调函数作为参数
def greet(callback):
    name = "Alice"
    print(callback(name))

# 使用 lambda 函数作为回调函数
greet(lambda x: f"Hello, {x}!")
# 输出 : Hello, Alice!
```

在该示例中，lambda x: f"Hello, {x}!" 是一个匿名函数，它接收一个参数 x（这里是一个字符串）并返回一个格式化的字符串。我们将该 lambda 函数作为参数传递给 greet 函数，并打印回调函数的返回值。

1.6.2 Python 的闭包

1. 闭包的概念

闭包（Closure）是一个相对高级且功能强大的概念，它允许保留函数的状态。闭包指的是满足以下三个条件的函数：

（1）必须有一个内嵌函数。

（2）内嵌函数必须引用外部函数中的变量。

（3）外部函数的返回值必须是内嵌函数。

简而言之，闭包就是由函数以及创建该函数时存在的自由变量组成的实体。

2. 闭包的作用

闭包主要有以下三个作用：

（1）数据封装。闭包可以用于封装私有数据，只暴露有限的接口供外界访问。

（2）保持变量状态。闭包允许函数记住和访问其词法作用域中的变量，即使函数在其作用域外执行。

（3）延迟计算。通过闭包可以推迟执行计算，直到真正需要结果时。

3. 闭包的使用

创建闭包需要遵循以下语法规范：

（1）定义外部函数。

（2）在外部函数内定义内部函数。

（3）内部函数引用外部函数的变量。

（4）外部函数返回内部函数。

以下是一个闭包示例。

```
def outer_function(msg):
```

```
# 外部函数的变量
message = msg

# 内部函数
def inner_function():
# 内部函数使用了外部函数的变量
print(message)

# 外部函数返回内部函数
return inner_function

# 创建闭包实例
my_func = outer_function("Hello,World!" )
# 调用内部函数
my_func()      # 输出 Hello,World!
```

outer_function 是外部函数，它接收一个参数 msg 并将其赋值给局部变量 message。inner_function 是内部函数，它访问外部函数的局部变量 message。outer_function 返回 inner_function，但不执行［没有使用 inner_function()］。当 outer_function 被调用并被赋值给 my_func 时，它实际返回一个 inner_function 的实例，该实例记住了 message 的值，即使在 outer_function 执行完毕之后。

4. 带有参数和操作的闭包

闭包可以进行更复杂的操作。下面示例展示了使用闭包创建一个简单计数器函数的方法，该计数器可以增加或减少计数。

```
def counter(initial_value=0):
count =[initial_value]      # 使用列表存计数值，以在内部函数中修改

def increment():
# 增加计数
count[0] += 1
return count[0]

def decrement():
# 减少计数
count[0]-=1
return count[0]

# 返回两个内部函数
return increment,decrement

my_fun=counter(10)
print(" 计数加了 1, 现在的值 :",my_fun[0]())        # 输出 11
print(" 计数减了 1, 现在的值 :",my_fun[1]())        # 输出 10
```

1.6.3 Python 的装饰器

Python 的装饰器（Decorators）是 Python 中一个非常强大且灵活的功能，它允许在不修改原有函数或方法定义的情况下为函数或方法增加新的功能。

1. 装饰器的概念

装饰器（Decorator）是 Python 中一种强大的语法特性，它允许在不修改原函数代码

的情况下动态地扩展或修改函数的行为。装饰器使用 @decorator_name 的语法，通常应用在函数或方法上。

装饰器的主要用途如下：

（1）日志记录。在不修改函数本身的情况下，为函数添加日志记录功能。

（2）性能测量。测量函数的执行时间。

（3）事务处理。为函数添加事务支持，以保证数据的一致性。

（4）缓存。缓存函数的返回值，避免重复计算。

（5）权限校验。为函数添加权限校验，以保证只有特定用户才能调用。

2. 装饰器的使用

下面是一个简单的装饰器示例。

```
def my_decorator(func):
    def wrapper():
        print("Something is happening before the function is called.")
        func()
        print("Something is happening after the function is called.")
    return wrapper

@my_decorator
def say_hello():
    print("Hello!")

# 调用函数
say_hello()
```

在该示例中，my_decorator 是一个装饰器函数，它接收一个函数 func 作为参数。wrapper 是装饰器内部定义的一个包装函数。由于该装饰器不需要接收任何参数，因此 wrapper 函数没有参数。在 wrapper 函数内部，首先打印一条消息表示函数调用之前正在发生某事，然后调用被装饰的函数 func，最后打印一条消息表示函数调用之后正在发生某事。return wrapper 语句返回 wrapper 函数，当装饰器应用在某个函数上时调用这个 wrapper 函数。使用 @my_decorator 语法将装饰器应用在 say_hello 函数上。当调用 say_hello() 时，装饰器自动在函数调用前后打印消息。

```
Something is happening before the function is called.
Hello!
Something is happening after the function is called.
```

实　验

Scala 词频统计

一、实验目的

1．掌握 Scala 版本的单词统计方法。

2．掌握 Scala 的分组方法、聚合方法以及排序。

3．掌握 Scala 生成元组方法。

二、实验内容

本实验利用 Scala 程序统计单词出现的次数，了解单词的使用情况。通过之前学习的函数压平和切分数据，将单词生成元组，从而按照键值分组和聚合，使用 Map 函数排序并反转，最终实现单词统计，体现了 Scala 语言的流式处理特点。

三、实验思路与步骤

1．定义一个数组，并将单词放入数组。

```
val arr = Array("hello java","hello python","hello scala")
```

2．在 src 下新建 wordcocunt 包，在包下新建 WordCount 对象。

3．将每个单词生成元组，并按照 key 值分组。

4．排序并反转，最终统计单词出现的次数。

习　题

1．可实现集合过滤的函数是（　　）。

A．map　　B．filter　　C．sum　　D．max

2．下面不属于 Scala 特点的是（　　）。

A．扩展性　　B．并发性　　C．面向切面　　D．面向过程

3．Scala 中的模式匹配主要用于（　　）。

A．条件判断　　B．异常处理　　C．函数定义　　D．变量赋值

4．在 Scala 中，不是集合类型的是（　　）。

A．Array　　B．List　　C．Set　　D．Map

5．以下关于 Scala 的变量定义、赋值，错误的是（　　）。

A．val a=3　　B．val a:String=3

C．var b:Int=3;b=6　　D．var b="hello world"; b="123"

6．类与单例对象的差别是（　　）。

A．单例对象不可以定义方法，而类可以

B．单例对象不可以带参数，而类可以

C．单例对象不可以定义私有属性，而类可以

D．单例对象不可以继承，而类可以

7．在 Scala 中，类成员的默认访问级别是（　　）。

A．public　　B．private

C．protected　　D．以上都不对

8．以下单例对象定义错误的是（　　）。

A．object A{var str = ""}　　B．object A(str:String){}

C．object A{def str = ""}　　D．object A{val str = ""}

9．在 Scala 中，关于包的说法不正确的是（　　）。

A．包的名称不能重复　　B．同一个包可以定义在多个文件中

C．包路径不是绝对路径　　D．包对象可以持有函数和变量

10. 下面关于 override 修饰符的描述错误的是（　　）。

A. 在 Scala 中，所有重载了父类具体成员的成员都需要这种修饰符

B. 在 Scala 中，如果子类成员实现的是同名的抽象成员则该修饰符是可选的

C. 在 Scala 中，如果子类中未重载或实现什么基类里的成员则禁用该修饰符

D. 在 Scala 中，如果子类是抽象类则子类的同名成员不可以使用该修饰符

11. 在 Scala 中，关于类和它的伴生对象说法错误的是（　　）。

A. 类和它的伴生对象定义在同一个文件中

B. 类和它的伴生对象可以有不同的名称

C. 类和它的伴生对象可以互相访问私有特性

D. 类和它的伴生对象可以实现既有实例方法又有静态方法

12. 有关操作符优先级的描述不正确的是（　　）。

A. *= 的优先级低于 +

B. > 的优先级高于 &

C. 后置操作符的优先级高于中置操作符

D. % 的优先级高于 +

13. 以下对集合的描述有误的是（　　）。

A. Set 是一组没有先后次序的值

B. Map 是一组 (键，值) 对偶

C. 每个 Scala 集合特质或类都有一个带有 apply 方法的伴生对象，可以用此方法构建该集合中的实例

D. 为了顾及安全性问题，Scala 仅支持不可变集合而不支持可变集合

14. 在 Scala 中，下面描述正确的是（　　）。

A. Float 是 Double 的子类　　B. Int 是 Long 的子类

C. Double 是 AnyRef 的子类　　D. Long 是 AnyVal 的子类

15. 下面关于 Scala 中的类说法正确的是（　　）。

A. 使用 extends 扩展类　　B. 声明为 final 的类可以被继承

C. 超类必须是抽象类　　D. 抽象类可以被实例化

课程思政案例

1980 年，我国经济总量仅为 0.5373 万亿元（实际数据为 0.46 万亿元），彼时的我国经济尚处于起步阶段，与世界发达国家的差距明显。然而，随着改革开放的深入，我国经济焕发出前所未有的活力。

以 1980 年为起点，我国踏上了经济快速发展的征途。在这段历程中，我国经济经历了多次重要变革。例如，1992 年，邓小平南方谈话后，我国经济进入新一轮增长期，大量外资涌入，民营企业如雨后春笋般涌现，为经济增长注入了强劲动力。

进入 21 世纪后，我国经济继续保持强劲增长势头。2001 年，我国成功加入世界贸易组织，标志着我国经济进一步融入全球经济体系，为经济增长开辟了更广阔的道路。此后，我国经济以惊人的速度增长，每年 GDP 增速都保持在较高水平。

2010 年，我国经济总量跃居世界第二，仅次于美国。同年，我国首次超越日本，成

为世界第二大经济体，这是一个具有里程碑意义的时刻。此后，我国经济继续保持稳定增长，虽然增长速度降低，但经济总量仍不断增大。

2020 年，我国经济总量成功突破 100 万亿元人民币大关，这是一个历史性的时刻。从 1980 年的 0.5373 万亿元（实际为 0.46 万亿元）到 2020 年的 100 万亿元，我国经济实现了跨越式增长。在这段历程中，我国不仅在经济总量上取得了巨大成就，还在产业结构、科技创新、基础设施建设等方面取得了显著进步。

以深圳为例，这个曾经的边陲小镇如今发展成全球知名的现代化大都市。深圳的崛起是我国经济发展的一个缩影，它见证了我国经济从落后到先进、从封闭到开放的壮丽转变。

第 2 章　Spark 系统原理

Apache Spark 是一个广泛使用的开源集群计算系统，它提供一个快速且通用的数据处理平台。本章将从 Spark 的概述开始，深入探讨其系统架构和运行机理，提供必要的背景知识，以便更好地理解 Spark 的核心组件和工作方式。此外，本章还将详细介绍在不同环境中安装和配置 Spark 系统的方法。

学习目标

1. 理解 Spark 的基本概念，了解 Spark 的核心特性，包括其在内存计算、容错性和易用性方面的优势。

2. 掌握 Spark 的系统架构，理解 Spark 的各组件（包括 Spark Core、Spark SQL、Spark Streaming、MLlib 和 GraphX）以及协同工作的方法。

3. 了解 Spark 的运行机理，Spark 在集群上执行任务的方法。

4. 掌握 Spark 的安装和配置。

2.1　Spark 概述

在大数据时代，数据的处理和分析对企业来说至关重要。Apache Spark 作为大数据生态系统中的一颗璀璨“明星”，以其卓越的性能和灵活性成为处理大规模数据集的热门选择。本节将对 Apache Spark 进行全面概述，探索它的核心特性、发展历程以及在现代数据处理中扮演的角色。

2.1.1　Spark 的定义和起源

1. Spark 的定义

Apache Spark 是一个开源的分布式计算框架，用于处理大规模数据集。它以高性能和易用性著称，支持多种编程语言（如 Scala、Java、Python 和 R），并提供如下组件：

（1）Spark SQL：用于处理结构化数据。

（2）Spark Streaming：支持实时数据流处理。

（3）MLlib：机器学习库，包含多种算法。

（4）GraphX：用于图形数据处理。

Spark 可以在集群上高效地执行批处理和流处理，广泛应用于数据分析、机器学习和实时数据处理等领域。

2. Spark 的发展历程

Apache Spark 的起源可以追溯到 2009 年，当时由加利福尼亚州大学伯克利分校的 AMPLab（专注于大数据和分布式计算的研究实验室）开发。最初的设计目标是提高在大规模数据集上的效率计算，尤其是克服 Hadoop MapReduce 的一些局限性。

（1）起源（2009 年）。Apache Spark 最初由加利福尼亚州大学伯克利分校的 AMPLab 于 2009 年开发，作为一个基于内存计算的大数据并行计算框架，旨在构建大型且低延迟的数据分析应用程序。

（2）初始发布（2010 年）。发布了 Spark 的第一个版本，支持内存计算，显著提高了数据处理速度。该版本引起了数据科学和工程师社区的关注。

（3）接受 Apache（2014 年）。Apache 顶级项目：Spark 被 Apache 软件基金会接纳，成为顶级项目，进一步推动了其发展和社区的壮大。

2014 年，Spark 打破了 Hadoop 保持的基准排序纪录。使用 206 个节点，Spark 在 23 分钟内处理了 100TB 数据，而 Hadoop 需要 2000 个节点花费 72 分钟才能完成相同的任务。Spark 以 1/10 的计算资源，实现了比 Hadoop 高 2 倍的处理速度，如图 2.1 所示。

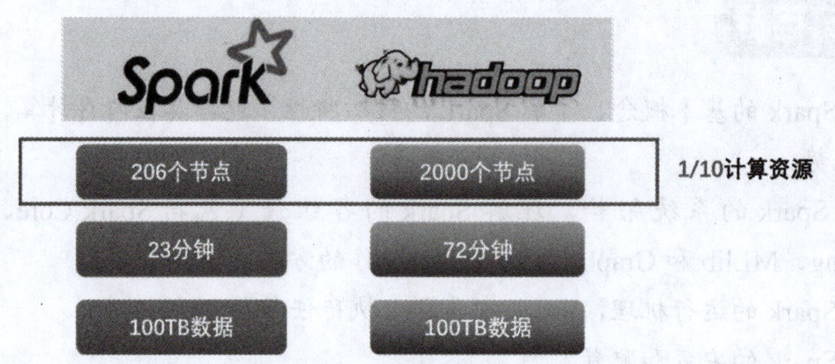

图 2.1　Spark 打破了 Hadoop 保持的基准排序纪录

（4）生态系统扩展（2014—2016 年）。逐渐引入多个核心组件 Spark SQL、Spark Streaming、MLlib 和 GraphX。

Spark SQL：支持结构化数据查询。

Spark Streaming：提供实时数据流处理能力。

MLlib：集成机器学习算法。

GraphX：用于图形计算和处理。

（5）社区和企业支持（2016 年以后）。Spark 被越来越多的企业采用，尤其是在大数据分析、机器学习和实时处理方面；形成了一个活跃的开发者社区，推动项目的持续改进和功能增强。

（6）持续更新与新特性（2017 年至今）。版本迭代：随着新版本的发布，Spark 不断新增功能和优化性能，增强了对 Kubernetes 等现代集群管理工具的支持。

集成新技术：逐步融入深度学习和图计算等先进技术，提升处理能力。

Apache Spark 从一个学术项目演变为如今广泛应用的大数据处理框架，凭借高效的内存计算、灵活的编程模型以及丰富的生态系统，成为现代数据处理中不可或缺的工具。

2.1.2　Spark 的主要特点和优势

1. Spark 的主要特点

Spark 具有以下主要特点：

（1）运行速度高。Spark 采用有向无环图（Directed Acyclic Graph，DAG）执行引擎，该设计使得数据处理更加高效。DAG 架构能清晰地描述作业的执行计划，以图形化的方式展开数据流和计算过程。通过这种方式，Spark 能够优化任务的执行顺序，有效减少数据的移动和重复计算。

此外，Spark 的内存计算特性允许数据在内存中保留和重用，提高了迭代操作的速度，特别适用于需要多次访问同一数据集的应用场景，如机器学习和图形处理。这种结合不仅提高了整体性能，还增强了系统的响应能力，使 Spark 成为处理大规模数据集的首选。

（2）易使用。Spark 的易用性强，支持多种编程语言（包括 Scala、Java、Python 和 R），使得不同背景的开发者和数据科学家能够选择最熟悉的工具处理数据。

此外，Spark 还提供 Spark Shell，这是一种交互式编程环境，用户可以通过它轻松进行实验和测试。Spark Shell 允许用户实时输入命令并立即查看结果，极大地方便了数据分析和调试。这种交互式体验使得用户能够快速迭代和验证思路，从而加速开发和分析的过程，提升了 Spark 的可用性。

（3）具有通用性。Spark 具有通用性，提供一个完整、强大的技术栈，涵盖多个数据处理领域。其核心组件包括 Spark SQL、Spark Streaming、MLlib 和 GraphX，如图 2.2 所示。这些组件无缝集成，使得 Spark 成为一个通用的平台，适应不同的业务需求和技术场景。从数据处理到复杂分析，用户可以在同一个框架中完成多种任务，简化了工作流和技术栈的复杂性。这些特点使得 Spark 成为处理大数据的强大工具。

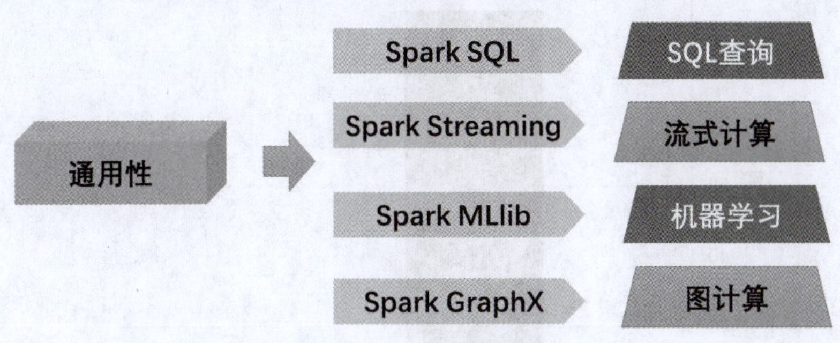

图 2.2　Spark 的核心组件

（4）运行模式多样。Spark 具有多样化的运行模式，灵活适应不同的部署需求。它可以独立运行在自建的集群模式下，也可以集成在 Hadoop 生态系统中，充分利用现有的 Hadoop 资源和数据存储优势。此外，Spark 还支持在云环境（如 Amazon EC2）中运行，用户能够在弹性和可扩展的云基础设施上高效地处理大规模数据。

更重要的是，Spark 可以访问多种数据源，包括 HDFS、Cassandra、HBase 和 Hive。这种灵活的数据源访问能力，不仅使得用户可以从不同的存储系统中提取和处理数据，还提升了数据整合效率。例如，用户可以在 Spark 中同时处理 HDFS 中的大规模文本数据和 Cassandra 中的实时数据，极大地丰富了数据分析的场景。

因此，Spark 广泛应用于多个行业和应用场景，以满足不同用户在数据处理和分析方面的需求。这些特点使得 Spark 成为处理大数据的强大工具。

2. Hadoop 的缺点

Hadoop 存在以下一些缺点：

（1）表达能力有限。Hadoop 的编程模型主要基于 MapReduce，这种设计对简单的批处理任务非常有效，但处理复杂计算逻辑时显得力不从心。用户往往需要编写大量的代码实现相对简单的操作，提高开发复杂性，并难以有效表达复杂的数据处理需求。

（2）磁盘 I/O 开销大。Hadoop 中间结果的存储通常需要频繁写入磁盘，I/O 开销增加。这种持续的读写操作不仅降低了处理速度，还使系统的性能出现瓶颈，尤其是在需要多次操作同一数据集的情况下。

（3）延迟高。由于 Hadoop 主要依赖批处理工作流，每个作业的执行都需要等待一段时间，因此延迟高。Hadoop 不太适合实时或近实时的数据处理需求，例如需要快速响应的在线分析和流式计算场景。

这些缺点使得在一些应用场景中，用户可能会寻求更高效或更灵活的替代方案（如 Apache Spark），以满足对性能和实时性日益增长的需求。

3. Spark 的优势

Spark 在借鉴 Hadoop MapReduce 优点的同时，很好地解决了 MapReduce 面临的问题，具体表现如下。

（1）更高的性能。Spark 采用内存计算，显著提高了处理速度，减小了对磁盘 I/O 的依赖。这种方式使得数据保留在内存中，能快速访问和计算，特别在迭代算法和实时数据处理中表现突出。Hadoop 与 Spark 执行逻辑回归的时间对比如图 2.3 所示。

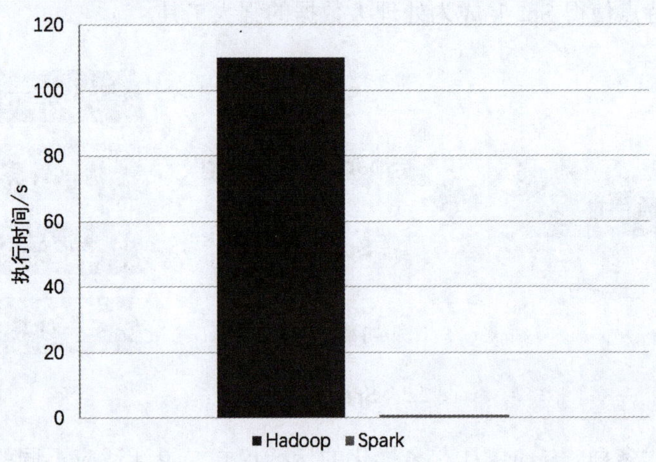

图 2.3 Hadoop 与 Spark 执行逻辑回归的时间对比

（2）丰富的编程模型。Spark 提供了更灵活的编程模型，支持多种操作，如过滤、映射和连接，用户可以更简单、直接地表达复杂的计算逻辑。与 MapReduce 的固定模式相比，开发者能够用更少的代码实现更复杂的任务。

（3）支持多种数据处理场景。Spark 不仅支持批处理，还能处理实时流数据、机器学习和图计算，形成一个统一的处理框架，使得用户可以在同一平台上满足多样化的分析需求，而不必依赖不同的工具。

（4）低延迟。得益于内存计算和简化的执行流程，Spark 处理任务时的延迟更低，适合需要实时或近实时分析的应用。

（5）易用性和开发效率。Spark 提供交互式编程环境且支持多种编程语言，降低了用户的学习曲线和开发难度，提升了整体开发效率。

Spark 因具有以上优势而成为解决传统 MapReduce 弊端的理想选择，广泛应用于大数据分析领域。

2.1.3　Spark 与其他大数据处理工具的比较

Spark 作为一种强大的大数据处理工具，与其他同类工具相比，在多个方面都有其独特之处。

1. Spark 与 Hadoop

在性能上，Spark 的数据处理速度比 Hadoop 高，得益于 Spark 的内存计算能力。Hadoop 的 MapReduce 模型在处理数据时需要将中间结果写入磁盘；而 Spark 尽量在内存中完成计算，减少了磁盘 I/O 的开销。

在功能上，Spark 提供丰富的 API 和高级功能，如 SQL 查询（Spark SQL）、机器学习（MLlib）、图计算（GraphX）等，用户可以轻松地开发复杂的分布式应用程序。而 Hadoop 更侧重于批处理。

在易用性上，Spark 的编程模型富有表达力，提供 DataFrame 和 Dataset 等高级抽象，开发人员可以更容易地开发。相比之下，Hadoop 的 MapReduce 模型较底层，使用起来可能较复杂。

2. Spark 与 Flink

在实时性上，Flink 是一个真正的流处理框架，支持基于事件时间的处理；而 Spark 虽然也提供流处理功能（Spark Streaming），但其本质是基于微批处理的方式，因此实时性比 Flink 的差。

在容错性上，Flink 基于 Checkpoint 机制并结合可重放的数据源和支持事务 / 幂等的输出端，实现了“精确一次（Exacty-Once）”语义，容错性较强，而 Spark 通过 RDD 的不可变性和 Lineage 信息保证数据的可靠性。

在功能上，Spark 在批处理方面表现出色，且提供丰富的 API 和高级功能；而 Flink 更专注于流处理场景，提供更灵活的窗口操作和时间处理机制。

3. Spark 与 Storm

在实时性上，Storm 是一个实时计算框架，适合需要实时处理的场景；而 Spark 虽然提供流处理功能，但其本质是基于微批处理的方式，因此实时性不如 Storm。

在易用性上，Spark 提供更高级的 API 和抽象，开发人员可以更容易地开发；而 Storm 的 API 较低级，使用起来可能较复杂。

在计算能力上，Spark 支持更丰富的计算模型，如批处理、交互式查询、流处理和机器学习等；而 Storm 主要用于实时计算和流处理。

4. Spark 与 Samza

在实时性上，Samza 是一个轻量级的流处理框架，专注于实时流处理，可以实现毫秒级延迟。相比之下，Spark 虽然也支持流处理，但更适用于批处理和交互式查询。

在资源利用率上，Samza 的设计目标是高效利用资源、减少开销，因此在处理大规模数据时可以更好地利用集群资源。

在易用性上，Samza 提供简单、易用的 API 和开发工具，开发人员可以很快上手并构建复杂的实时数据处理应用；而 Spark 提供更广泛的 API 和功能，但可能学习曲线稍高。

综上所述，Spark 在大数据处理领域具有显著优势，特别是在批处理、交互式查询和机器学习等方面表现出色。

2.2 Spark 系统架构和运行机理

Apache Spark 的系统架构和运行机理是其强大数据处理能力的基础。本节将深入探讨 Spark 的内部结构，了解其通过精心设计的组件和流程优化大规模数据处理的方法。从集群管理器到驱动程序，再到执行器和任务调度，每步都是 Spark 高效运行的关键。本节还将揭示 Spark 将复杂的数据处理任务分解为可并行执行的简单任务，并确保这些任务在分布式环境中高效、可靠执行的方法。通过本节的学习，读者将深刻理解 Spark 架构和运行机理，为后续的实践应用打下坚实的基础。

2.2.1 Spark 的整体架构概览

Apache Spark 是一个强大的大数据处理框架，它提供一套完整的解决方案，用于分布式数据处理、实时分析、机器学习等多种应用场景。Spark 的整体架构以 Spark Core 为核心，周围环绕多个强大的组件（如 Spark SQL、Spark Streaming、MLlib、GraphX、SparkR 等）以及多种运行模式（如本地模式、独立模式、YARN 和 Mesos），如图 2.4 所示。这些组件和模式共同构成 Spark 的生态系统，使其灵活应对不同数据处理需求。

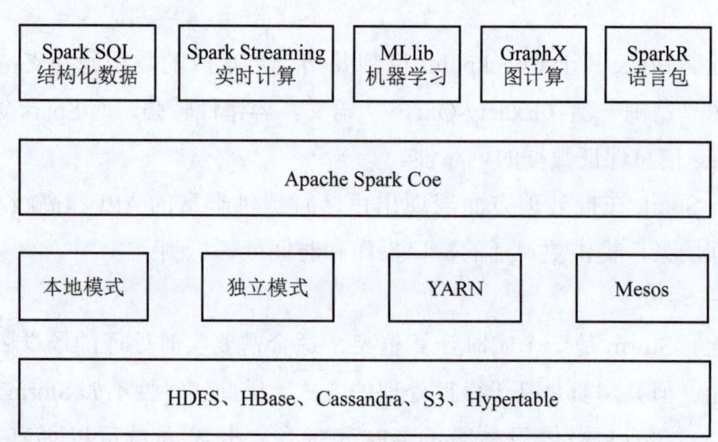

图 2.4 Spark 的整体架构

（1）Spark Core。作为 Spark 的主核心，Spark Core 负责管理内存和磁盘上的数据分布，提供分布式任务调度、故障恢复等核心功能。它提供丰富的 API，支持不同编程语言，方便开发人员编写分布式应用。

（2）Spark SQL。Spark SQL 用于 SQL 查询和数据分析，支持结构化数据的处理，使得开发人员可以使用 SQL 语句查询和分析存储在 Spark 中的数据。

（3）Spark Streaming。Spark Streaming 允许实时数据流处理，支持从多种数据源（如 Kafka、Flume、HDFS 等）实时读取数据，并进行实时处理和分析。

（4）MLlib。MLlib 提供不同机器学习算法（如分类、回归、聚类、协同过滤等）并支持分布式机器学习，使得开发人员可以在大规模数据集上训练和评估机器学习模型。

（5）GraphX。GraphX 支持图计算，如社交网络分析或推荐系统，并提供丰富的图算法和图处理工具，使得开发人员可以方便地对图数据进行处理和分析。

（6）SparkR。SparkR 是一个 R 语言包，提供轻量级的基于 R 语言使用 Spark 的方式，使得基于 R 语言能够更方便地处理大规模的数据集。

（7）数据组件。HDFS、HBase、Cassandra、S3 和 Hypertable 为 Spark 提供丰富的数据存储和处理选项。通过与这些组件集成，Spark 能够充分利用它的高性能、高可用性和高可扩展性处理和分析数据。

（8）运行模式。

1）本地模式：用于单机开发和测试。

2）独立模式：用于构建独立的 Spark 集群。

3）YARN 和 Mesos：作为分布式资源管理系统，用于在大型集群中运行 Spark 应用。

2.2.2 Spark 集群的核心组件和运行模式

Spark 集群的核心组件包括驱动程序、SparkContext、集群管理器、工作节点、执行器、任务等。这些组件共同协作，实现 Spark 大数据处理框架的高效、并行和分布式计算能力。Spark 运行架构如图 2.5 所示。

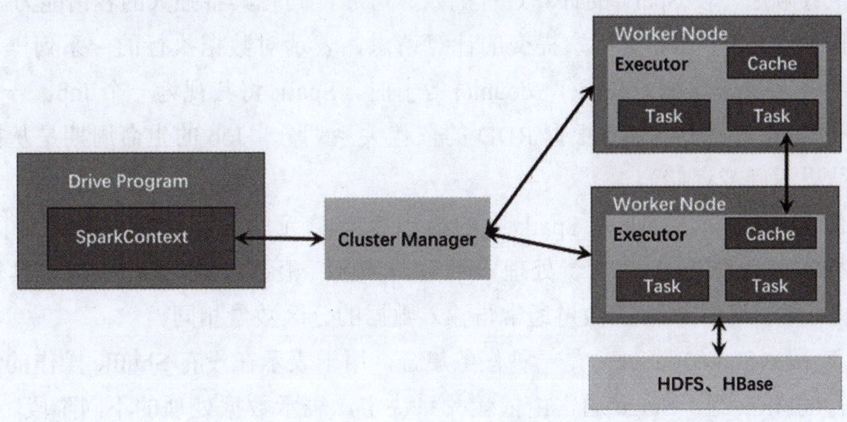

图 2.5 Spark 运行架构

1. Spark 集群核心组件的功能

（1）SparkContext。SparkContext 是 Spark 应用程序与 Spark 集群的桥梁。它负责管理 Spark 应用程序的生命周期，包括与集群管理器的交互、资源的申请和释放等。

（2）集群资源管理器（Cluster Manager）。Cluster Manager 负责整个集群资源的分配与管理。它不直接分配 Executor 的资源，而管理集群中的宏观资源，确保资源高效利用。

常见的集群管理工具有 Yarn、Mesos、Kubernetes、Standalone 等。在不同的运行模式（如 YARN 模式）下，集群管理器的具体角色和名称可能不同（如在 YARN 部署模式下为 ResourceManager）。

（3）工作节点（Worker Node）。Worker Node 负责执行实际的任务和计算，将自己的资源（如 CPU、内存）信息注册到集群管理器（或主节点）中，并根据其指令启动 Executor 进程来执行任务。在 YARN 部署模式下，Worker Node 对应 NodeManager。

（4）执行器（Executor）。Executor 是运行在工作节点上的进程，负责执行具体的任务。每个 Executor 都可以处理多个任务，并将结果返回 Driver。Executor 有两个核心功能，一是向 Driver 认领属于自己的任务，接收任务后负责运行 Spark Task，并将结果返回 Driver；二是通过自身的 Block Manager 为用户程序中要求缓存的 RDD 提供内存式存储。

Executor 运行在 Executor Backend 容器中，一个 Executor Backend 有且仅有一个 Executor 对象。

（5）应用程序（Application）。Application 是基于 Spark API 开发的应用程序，通常包含实现 Driver 功能的驱动程序以及运行在多个节点的 Executor 程序。一个应用程序通常会包含一个或多个作业（Job）。

（6）驱动程序（Driver Program）。

- 运行 Spark 程序的主函数和 Spark 程序的 main 方法，创建 SparkContext 对象。
- 启动 SparkContext 或 SparkSession，将用户程序转化为作业。
- 在 Executor 之间调度任务（Task）。
- 跟踪 Executor 的执行情况。
- 通过 UI 展示查询运行情况。
- 在执行器运行完毕后，负责将 SparkContext 关闭。

（7）有向无环图（DAG）。DAG 是 Spark 调度和执行任务的一种数据结构，描述计算任务的执行顺序和依赖关系。DAG 在 Spark 中发挥至关重要的作用，通过明确任务的依赖关系和执行顺序，使 Spark 的计算过程高效、可靠，同时具备强大的容错能力。

（8）作业（Job）。Job 是用户提交的计算请求，表示对数据执行的一系列操作。当用户调用一个行动操作［如 collect()、count() 等］时，Spark 将其视为一个 Job。一个 Job 可能包含多个 Stage，这些 Stage 根据 RDD 的依赖关系划分。Job 的生命周期是从提交到结束（执行结果返回或存储）。

（9）任务（Task）。Task 是 Spark 中的最小执行单元，表示对特定数据分区进行的一次计算操作。每个 Task 都负责处理一个数据分区，根据 RDD 操作生成，具体到单个 Executor 执行的任务。Task 的数量通常与输入数据的分区数量相同。

（10）阶段（Stage）。Stage 是一种任务集合，用于表示在没有 Shuffle 操作的情况下可以并行执行的 Task 组。Stage 通常由依赖关系决定，表示数据处理的不同阶段。一个 Job 可以包含一个或多个 Stage，每个 Stage 都由多个 Task 组成。一个阶段的输出结果通常是下一个阶段的输入。

Task 是数据处理的基本执行单位，每个 Task 负责处理一个或多个的数据分区执行。Job 是一个完整的计算请求，由用户发起，可能包含多个阶段和任务。Stage 是任务的集合，表示在 Shuffle 发生之前可以并行执行的任务组。通过三者的层次结构，Spark 能够有效地管理和调度数据处理任务，确保高效执行和资源利用。

2. Spark 集群的运行模式

（1）Local 模式。Spark 在本地机器上运行，利用本地资源计算。在这种模式下，Spark 作为一个单独的 Java 进程在本地运行，不需要启动额外的集群资源。该模式通常用于开发和调试，可以快速运行 Spark 应用程序并查看结果，而不需要配置和管理集群资源。

（2）Standalone 模式。Standalone 模式是 Spark 自带的资源调度系统，支持完全分布式。在这种模式下，Spark 有自己的 Master 和 Worker 节点，负责资源的调度和管理。该模式适用于开发和测试环境，也可以用于小型生产环境。它体现了经典的 master-slave 模式，其中主节点（Master）负责资源调度和任务分配，工作节点（Worker）负责执行任务。

（3）YARN 模式（Spark On YARN）。YARN（Yet Another Resource Negotiator）是 Hadoop

2.x 提供的资源管理器，用于在 Hadoop 集群上管理资源和调度作业。Spark 可以作为 YARN 上的一个应用程序运行，通过 YARN 向 Hadoop 集群申请资源并执行作业。该模式适用于大规模生产环境，可以充分利用 Hadoop 集群的资源管理和调度能力。

YARN 模式分为 YARN-Client 模式和 YARN-Cluster 模式。

- YARN-Client 模式：适用于交互和调试，客户端能看到 Application 的输出。在这种模式下，Application Master 仅向 YARN 请求 Executor，Client 与请求的 Container 通信来调度它工作。
- YARN-Cluster 模式：通常用于生产环境。在这种模式下，Driver 运行在 AM（Application Master）中，负责向 YARN 申请资源，并监督作业的运行状况。用户提交作业之后，可以关掉 Client，作业会继续在 YARN 上运行。

（4）Mesos 模式。Mesos 是 Apache 下的一个开源分布式资源管理框架，被称为分布式系统的内核。Mesos 的特点有资源共享、弹性伸缩、高可用性和跨框架协作。Mesos 模式是指将 Spark 的计算任务分配给 Apache Mesos 资源管理系统，Mesos 负责资源调度，而 Spark 专注于任务调度与计算。在这种模式下，Spark 可以充分利用 Mesos 的资源调度能力，提高资源利用效率和计算性能。同时，该模式简化了 Spark 应用的部署和管理过程。Mesos 模式适用于需要跨多个框架共享资源的场景。

（5）Kubernetes 模式。Kubernetes 模式是指将 Spark 应用作为 Kubernetes 作业提交和执行，利用 Kubernetes 的弹性资源调度和管理功能，实现 Spark 应用在云环境中的灵活部署、动态资源分配和高可用性。该模式使得 Spark 应用能够跨云平台和混合云环境运行，更加适应现代大数据处理的需求。Kubernetes 模式适用于微服务架构和容器化部署的环境。

2.2.3 Spark 集群的运行机理和作业执行流程

Spark 集群通过驱动程序、SparkContext、集群管理器、工作节点和执行器等组件协同工作，可以实现大数据的分布式存储、并行处理和分析。采用这种高效的计算框架可以处理 PB 级别的数据，以满足大规模数据处理的需求。

1. Spark 集群的运行机理

首先，Spark 应用程序的入口点是驱动程序，它负责创建 SparkContext 对象，该对象是 Spark 应用程序与 Spark 集群的桥梁。SparkContext 与集群管理器交互，请求分配资源以执行 Spark 作业。

集群管理器负责管理和分配集群中的资源，如 CPU 和内存。它根据 SparkContext 的请求，在可用的工作节点启动执行器进程。每个工作节点都包含一个或多个执行器，用于执行 Spark 作业中的任务。

当 SparkContext 接收一个作业时，将其拆分成多个任务，并将这些任务分配给集群中的执行器并行执行。执行器接收任务后，利用工作节点上的计算资源执行任务，并将任务的结果返回驱动程序。

在执行任务的过程中，Spark 利用缓存（Cache）来存储中间结果，以便在后续任务中重用。这可以显著减少重复计算，提高数据处理的效率。

此外，Spark 集群还支持与分布式文件系统（如 HDFS）和数据库（如 HBase）的集成。这些外部系统可以用于存储大规模数据集，并在 Spark 作业中作为数据源或数据存储目标。

2. Spark 集群作业执行流程

Spark 集群作业执行流程（图 2.6）可以分为以下关键步骤，以确保任务调度和数据处理高效。

（1）构建应用程序的运行环境时，首要任务是通过驱动程序创建 SparkContext 实例，与 Spark 集群建立连接，以便进行资源申请、任务分配和监控。SparkContext 作为 Spark 应用程序的入口点，负责协调和管理整个集群的计算资源。

（2）资源管理器接收 SparkContext 的资源请求后为 Executor 分配资源。Executor 是 Spark 中的计算节点，负责运行任务（Task）。资源管理器根据集群的负载情况和可用资源动态为 Executor 分配资源，并启动 Executor 进程。

（3）一旦 SparkContext 创建并分配资源，就根据 RDD（弹性分布式数据集）的依赖关系构建一个 DAG，以表示 RDD 之间的转换和依赖关系。DAGScheduler 接收 DAG 后，将其解析成一系列阶段（Stage），每个 Stage 都包含一组 Task。这些 Task 会被提交给底层的任务调度器 TaskScheduler 处理。

在执行过程中，Executor 向 SparkContext 申请 Task。TaskScheduler 负责将 Task 分配给空闲的 Executor 运行，同时提供应用程序的代码。在执行过程中，Task 在 Executor 上运行，并将执行结果反馈给 Task Scheduler 和 DAG Scheduler。

（4）在 Task 在 Executor 上运行的过程中，将结果返回给 TaskScheduler 和 DAGScheduler。两个调度器负责整合结果并更新 RDD 的状态。所有 Task 都运行完毕后，结果会被写入指定的存储介质（如 HDFS、HBase 等），并释放所有占用的资源。同时，Spark 清理资源，包括清理临时文件、释放内存等，以确保系统的稳定运行和资源有效利用。在这个过程中，SparkContext 负责监控整个过程的运行状态，以确保任务顺利完成。

Spark 的运行流程从用户提交作业开始，经历资源申请、任务调度和执行，最终返回结果并释放资源。该流程利用了分布式计算的优势，大幅度提高了数据处理速度和效率。

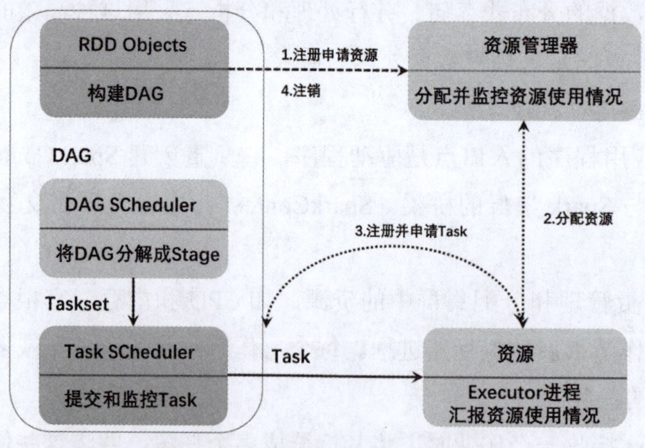

图 2.6 Spark 作业执行流程

3. 两种 YARN 模式的区别

Spark 任务提交到 Yarn 集群有两种提交方式，一种是 YARN-Client 模式，另一种是 Yarn-Cluster 模式，其主要区别在于 Driver 端位置不同。两种提交方式的流程如下：

（1）YARN-Client 模式。YARN-Client 模式 Spark 任务的提交过程如图 2.7 所示。

1）客户端提交 Application，在客户端启动一个 Driver 进程。

2）Driver 进程向 RM（ResrouceManager）发送请求，启动 AM（Application Master）的资源。

3）RM 收到请求，随机选择一台 NM（NodeManager）启动 AM。这里 NM 相当于 Standalone 的 Worker 节点。

4）AM 启动后向 RM 请求一批 Container 资源，用于启动 Executor。

5）RM 根据资源申请找到一批 NM 返回给 AM，用于启动 Executor。

6）AM 向 NM 发送命令启动 Executor。

7）Executor 启动后反向注册给 Driver，Driver 发送 Task 到 Executor，将执行情况和结果返回给 Driver 端。

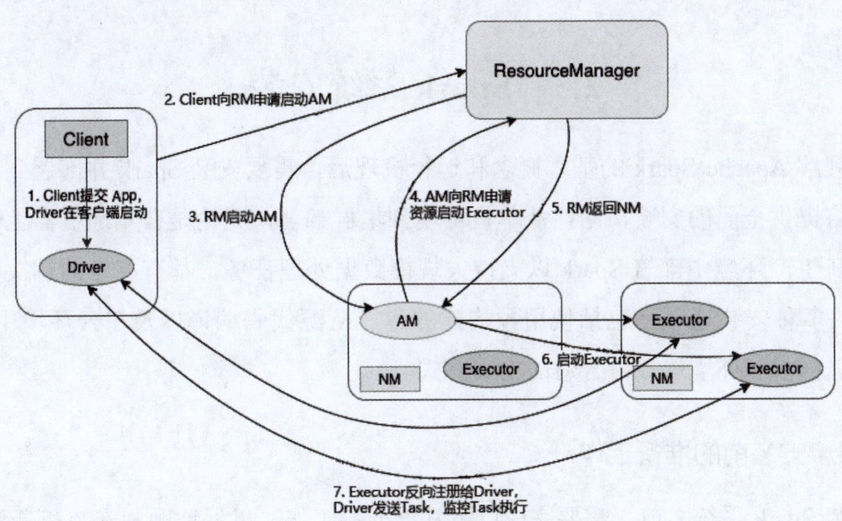

图 2.7 Spark YARN-Client 模式的流程

YARN-Client 的提交命令格式如下：

```
spark-submit --master yarn --deploy-mode client --class jar 包
```

（2）YARN-Cluster 模式。YARN-Cluster 模式 Spark 任务的提交过程如图 2.8 所示。

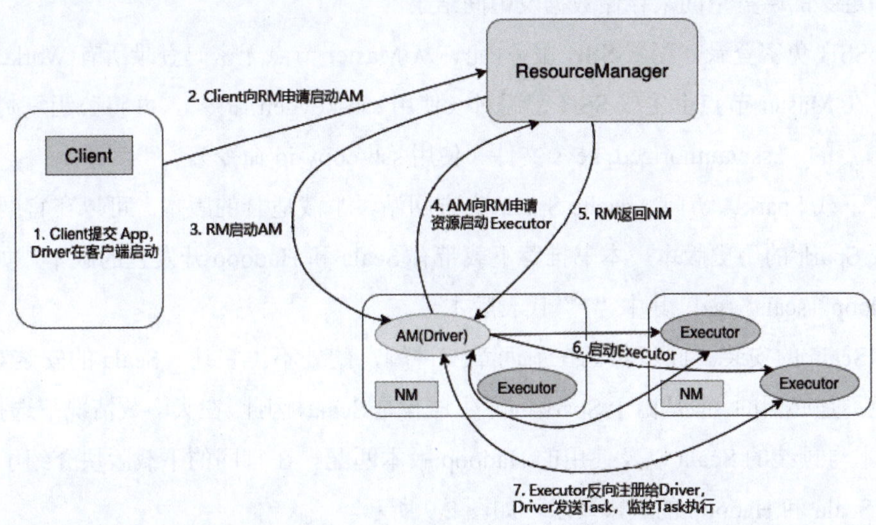

图 2.8 Spark YARN-Cluster 模式的流程

1）客户端提交 Application 应用程序。

2）客户端向 RM 发送请求，请求启动 AM。

3）RM 收到请求后，随机在一台 NM 上启动 AM（相当于 Driver 端）。

4）AM 启动后发送请求到 RM，请求一批 Container 资源，用于启动 Executor。

5）RM 向 AM 返回一批 NM 节点，用于启动 Executor。

6）AM 根据返回的 NM 资源列表向 NM 发送请求，启动 Executor。

7）Executor 反向注册到 AM 所在节点的 Driver，Driver 发送 Task 到 Executor。

YARN-Cluster 的提交命令格式如下：

```
spark-submit --master yarn --deploy-mode cluster --class jar 包
```

2.3 Spark 系统安装

深入理解 Apache Spark 的基本概念和运行机理后，需要安装 Spark 并部署到计算环境中。本节将提供全面的安装指南，从单机环境到集群部署，无论是在本地机器上快速开始实验还是在生产环境中部署 Spark 以支持大规模数据处理任务，都有相应的解决方案；覆盖 Spark 的多种安装选项，包括使用预构建的包、从源代码编译以及在云环境中的部署，以保证根据需求和环境选择最合适的安装方式。

Spark 集群的安装

2.3.1 安装前的准备工作

在安装 Spark 系统之前，需要完成以下几项准备工作，以保证顺利安装和高效运行。

（1）系统要求。

操作系统：确保使用的操作系统是 Linux、macOS 或 Windows。

Java 环境：确保安装了 Java 8 或更高版本，并配置好 JAVA_HOME 环境变量。

（2）硬件要求。确保有足够的 CPU、内存和存储空间。一般来说，建议至少有 8GB 的内存和足够的磁盘空间来存储数据及中间结果。

（3）SSH 免密登录。配置 SSH 服务，允许从 Master 节点无密码登录所有 Worker 节点，通常涉及在 Master 节点上生成 SSH 密钥对（使用 ssh-keygen 命令），并将公钥复制到所有 Worker 节点的 ~/.ssh/authorized_keys 文件（使用 ssh-copy-id 命令）。

（4）下载 Spark。访问 Apache Spark 官方网站，下载适合的版本。可以在官网的档案版块下载 Spark 的历史版本。本书推荐下载带有 Scala 和 Hadoop 开发包的版本，如 spark-*-bin-hadoop*-scala*.tgz，其中“*”代表版本号。

（5）Scala 的安装。此步骤已在前面章节讲解，此处不再赘述。Scala 的安装对 Spark 集群来说不是必需的。但是由于 Spark 的原生语言是 Scala，因此，在大多数情况下选择安装。Spark 版本与预装的 Scala 以及使用的 Hadoop 版本匹配。在官网的下载版块介绍了最新版 Spark 对 Scala 和 Hadoop 的版本要求，如图 2.9 所示。

Download Apache Spark™

1. Choose a Spark release: 3.5.3 (Sep 24 2024)

2. Choose a package type: Pre-built for Apache Hadoop 3.3 and later

3. Download Spark: spark-3.5.3-bin-hadoop3.tgz

4. Verify this release using the 3.5.3 signatures, checksums and project release KEYS by following these procedures.

Note that Spark 3 is pre-built with Scala 2.12 in general and Spark 3.2+ provides additional pre-built distribution with Scala 2.13.

图 2.9 Scala 和 Hadoop 的版本匹配

2.3.2 安装 Spark 的步骤和指南

准备工作完成后，开始安装 Spark。

1. 解压与配置

（1）使用命令 tar -xzf spark-*.tgz 解压 Spark 压缩包到目标目录。

（2）将 $SPARK_HOME/conf/spark-env.sh.template 文件改名为 spark-env.sh，并编辑此文件，添加或修改以下行来设置环境变量：

```
export JAVA_HOME=/path/to/java    // 此处为 JAVA_HOME 的路径，也可以写成 $JAVA_HOME
export SPARK_MASTER_HOST=master-node-hostname
// 此处是 master 节点的 hostname 或者对应的 IP 地址
```

（3）将 $SPARK_HOME/conf/slaves.template 文件改名为 workers，并编辑此文件，列出所有 Worker 节点的主机名或 IP 地址，每行一个。

2. 配置 Hadoop

如果 Spark 应用需要读写 HDFS，就应首先确保 Hadoop 已经安装并配置好。可以在每台机器上设置 HADOOP_CONF_DIR 环境变量指向 Hadoop 配置文件所在的目录。然后修改 spark-env.sh 文件，添加如下配置项以使 Spark 访问 Hadoop。

```
// 使用环境变量之前，确保此变量已生效，也可以使用绝对路径
export HADOOP_HOME=$HADOOP_HOME
export HADOOP_CONF_DIR=$HADOOP_CONF_DIR
export YARN_CONF_DIR=$HADOOP_CONF_DIR
```

3. 分发 Spark

使用 scp 命令将 spark 目录分发到其他 Worker 节点。

```
scp -r $SPARK_HOME worker:$TARGET_DIR //worker:$TARGET_DIR 根据实际情况修改
```

2.3.3 启动 Spark 集群和 Pyspark 的安装

pyspark 的安装

1. 启动 Spark 集群

（1）打开命令行终端，通过 cd 命令进入 Spark 根目录下的 sbin 包，其中 SPARK_HOME 在环境变量 /etc/profile 文件下定义。

（2）运行 sbin 目录下的 start-all.sh 脚本，启动 Spark 分布式集群。

（3）使用 jps 命令查看 Master 进程与 Worker 进程是否成功启动，如果两个进程成功启动，且其他 Worker 节点执行 jps 命令后都有 Worker 进程启动，就表示分布式集群启动成功（由于工作时用户启动了其他应用，内容可以与截图稍不同，只需图 2.10 中方框内的 Master 进程与 Worker 进程存在即可）。

图 2.10 Spark 集群进程

2. 查看 Web 页面

打开浏览器，在地址栏输入 http://localhost:8080，打开网页浏览 Spark 信息，如图 2.11 所示。8080 端口在不同的 Spark 版本中不同，但可以在 spark-env.sh 文件中配置 SPARK_MASTER_PORT 项指定自定义的 Web 端口。7077 端口是 Master 默认的监听端口。spark.master.port 这个参数可以在 $SPARK_HOME/conf/spark-defaults.conf（由 spark-defaults.conf.template 拷贝改名而来）文件中修改 spark.master.port 配置项的值自定义监听端口。

```
//spark-env.sh 文件
export SPARK_MASTER_PORT=8080
//spark-defaults.conf 文件
spark.master.port 7077
```

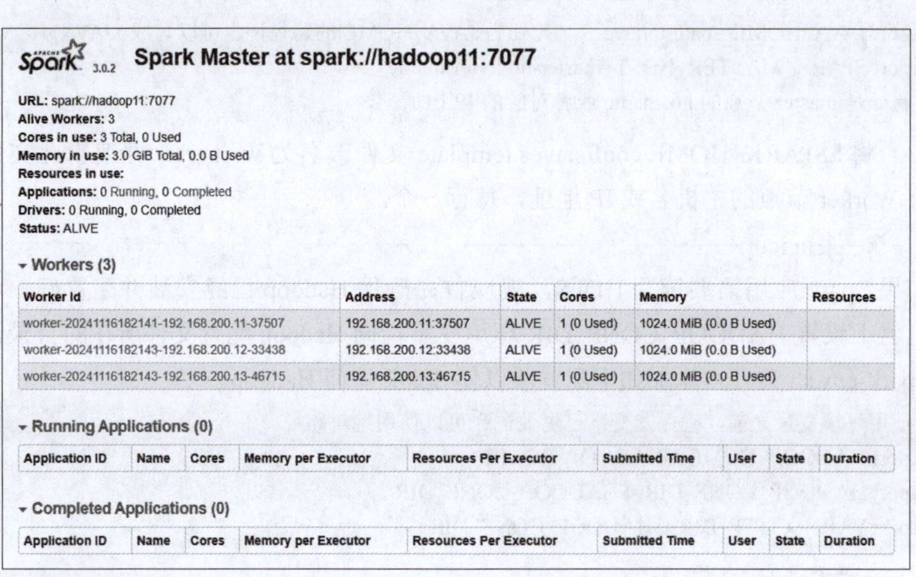

图 2.11 Spark 的 Web UI

3. 安装 PySpark

（1）Python 环境的准备。在安装 PySpark 前，确保安装的 Python 版本是将要安装的 PySpark 支持的。同时，PySpark 的版本号尽量与已安装的 Spark 版本一致。可以通过查询 Pypi 官网中的 Pyspark 版块得到（https://pypi.org/project/pyspark）PySpark 与 Python 的版本匹配信息。图 2.12 所示为 PySpark 版块中显示 PySpark 3.5.3 支持的 Python 版本。

（2）安装 PySpark。可以使用 pip 或者 pip3 命令安装 PySpark，Anaconda 的 Python 环境建议使用 Anaconda Powershell 运行 pip 命令。在安装过程中需要安装 PySpark 的依赖包 Py4J。PySpark 依赖 Py4J 实现 Python 与 Java 的交互。尽管在离线条件下，可以将 $SPARK_HOME/python/lib 中的 py4j-*-src.zip 和 pyspark.zip 文件解压到 $PYTHON_HOME/Lib/site-packages 中，但易出现 Py4J 与 Python 版本不匹配的现象。因此，本书建议采用在线的 pip 命令安装方式。

```
pip install pyspark==<version>   //<version> 用版本号替换，最新版本可以省略
```

Programming Language

- Python :: 3.8
- Python :: 3.9
- Python :: 3.10
- Python :: 3.11
- Python :: Implementation :: CPython
- Python :: Implementation :: PyPy

图 2.12　PySpark 3.5.3 支持的 Python 版本

（3）验证 PySpark 环境。安装 PySpark 后，无论是在 Linux 还是在 Windows 中，都可以输入 pyspark 命令，启动 PySpark 的 REPL(Read-Eval-Print Loop）交互编程环境。图 2.13 所示为 Windows 下 pyspark 命令执行成功的效果。

```
C:\Users\alan.lin>pyspark
Python 3.8.5 (default, Sep  3 2020, 21:29:08) [MSC v.1916 64 bit (AMD64)] :: Anaconda, Inc. on win32

Warning:
This Python interpreter is in a conda environment, but the environment has
not been activated.  Libraries may fail to load.  To activate this environment
please see https://conda.io/activation

Type "help", "copyright", "credits" or "license" for more information.
24/11/16 20:39:49 WARN HiveConf: HiveConf of name hive.hwi.war.file does not exist
24/11/16 20:39:49 WARN HiveConf: HiveConf of name hive.metastore.local does not exist
24/11/16 20:39:49 WARN HiveConf: HiveConf of name hive.metastore.logging.operation does not exist
24/11/16 20:39:49 WARN HiveConf: HiveConf of name hive.hwi.listen.host does not exist
24/11/16 20:39:49 WARN HiveConf: HiveConf of name hive.hwi.listen.port does not exist
Welcome to

        Spark   version 3.0.2

Using Python version 3.8.5 (default, Sep  3 2020 21:29:08)
SparkSession available as 'spark'.
>>>
>>>
```

图 2.13　Windows 下 pyspark 命令执行成功的效果

2.3.4　Spark 开发环境配置与项目发布

1. 在 Intellij IDEA 中配置 Spark 开发环境

Spark 工程的编译与提交

（1）安装 Scala 插件。在 Intellij IDEA 中选择 File → Settings → Plugins 命令，在 Marketplace 中搜索 Scala 并安装，安装后根据提示重启 IDEA。

（2）配置 Scala SDK。可以新建一个 Scala 项目，选择 File → Project Structure → Global Libraries →“+”号→ Scala SDK 命令，在弹出的对话框中选择系统已有的 Scala SDK，如图 2.14 所示。

（3）导入 Spark 开发包。新建一个 Scala 的 Intellij 项目，如图 2.15 所示。选择 File → Project Structure → Libraries →“+”号→ Java 命令，找到 Spark 安装目录下的 jars 文件夹，将整个文件夹中的 jar 文件全部导入，如图 2.16 所示。

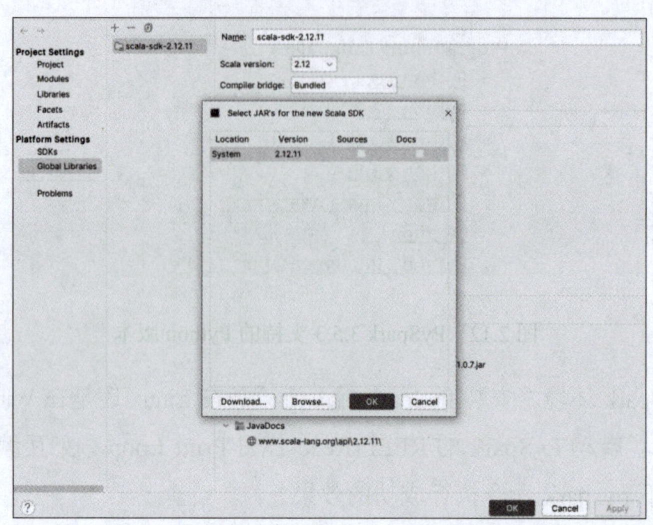

图 2.14　选择系统已有的 Scala SDK

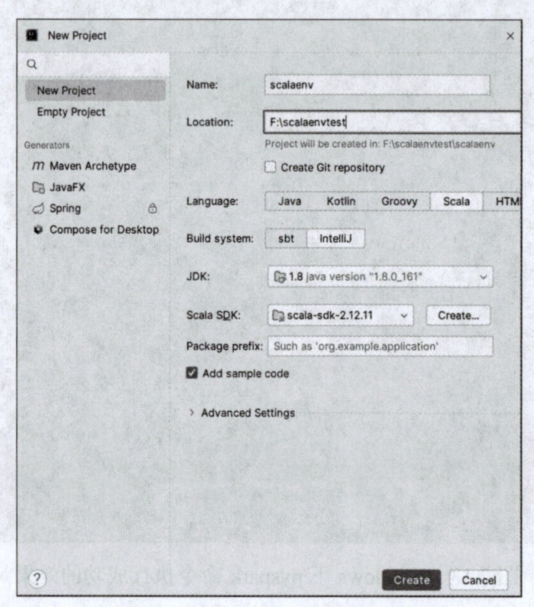

图 2.15　新建一个 Scala 的 Intellij 项目

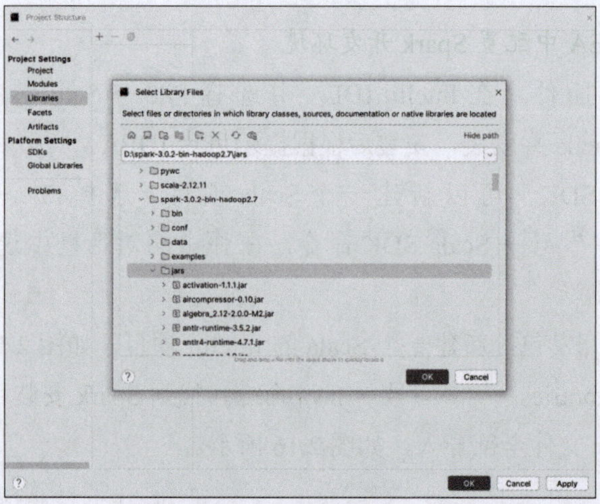

图 2.16　导入 Spark 包

（4）测试开发环境。编写一段 Scala 代码，完成一个 Spark 词频统计的程序。结果如图 2.17 所示。

```
import org.apache.spark.sql.SparkSession
object WordCount {
  def main(args: Array[String]): Unit = {
    val spark = SparkSession.builder()
      .master("local[*]")
      .appName("WordCount")
      .getOrCreate()
    val sc = spark.sparkContext
    sc.setLogLevel("ERROR")
    val f=sc.textFile("file:///F:/sparktestdata/words.txt")
    val rdd=f.flatMap(line=>line.split(" "))
.map(word=>(word,1)).reduceByKey(_+_)
    rdd.foreach(println)
  }
}
```

```
(Great,1)
(Hadoop,3)
(Hello,3)
(Real,1)
(MapReduce,1)
(World,2)
(Our,1)
(BigData,2)
```

图 2.17　Intellij Idea 测试开发环境

2. 在 PyCharm 中配置 PySpark 开发环境

（1）新建 PySpark 项目。PySpark 环境安装成功后，可以在 PyCharm 中新建一个项目。选择 Pycharm → New Project 命令，在弹出的界面选择 Previously configured interpreter 单选项，并在下拉列表框中选择一个本地的与 PySpark 版本匹配的 Python 解释器，如图 2.18 所示。

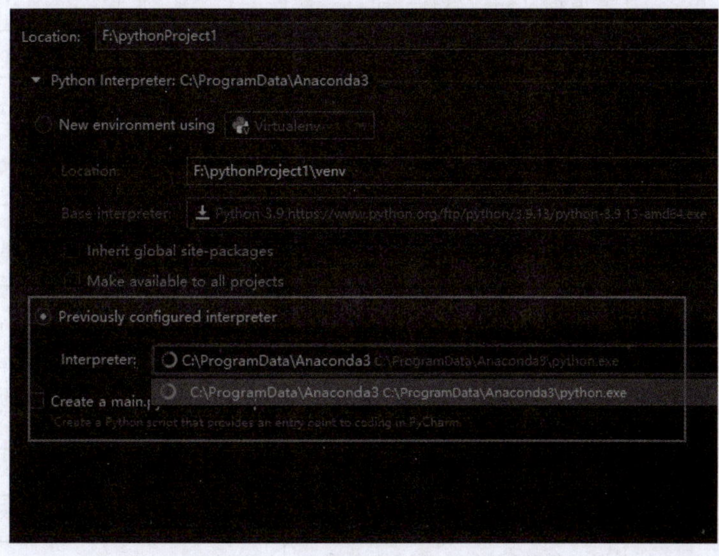

图 2.18　选择 Python 解释器

（2）测试开发环境。由于本地 Python 环境包含 PySpark 环境，因此新建项目完成后即可编码。下面使用 PySpark 完成前述的词频统计程序，结果如图 2.19 所示。

```
from pyspark import SparkConf,SparkContext
conf=SparkConf().setMaster("local[*]").setAppName("WordCount")
sc=SparkContext(conf=conf)
lines=sc.textFile('file:///F:/sparktestdata/words.txt')
words=lines.flatMap(lambda x:x.split(''))
wordcount=words.map(lambda x:(x,1)).reduceByKey(lambda x,y:x+y)
wordcount.foreach(print)
```

```
('Our', 1)
('BigData', 2)
('Real', 1)
('Hadoop', 3)
('Hello', 3)
('World', 2)
('Great', 1)
('MapReduce', 1)
```

图 2.19　PyCharm 测试开发环境

3. Spark 项目发布

（1）spark-submit 功能介绍。spark-submit 是 Apache Spark 提供的一个用于提交 Spark 应用程序的脚本。它允许用户指定不同配置选项以控制应用程序的执行。spark-submit 的主要功能及其对应的参数见表 2.1。

表 2.1　spark-submit 的主要功能及其对应的参数

参数	描述	示例
--master MASTER_URL	指定集群管理器的 URL。常见值有 local、local[N]、spark://host:port、mesos://host:port、yarn 等	--master local[4]
--deploy-mode DEPLOY_MODE	指定驱动程序的部署模式，可选值有 client（默认）和 cluster	--deploy-mode cluster
--class CLASS_NAME	指定主类（Java/Scala 应用程序）	--class org.apache.spark.examples.SparkPi
--name NAME	指定应用程序的名称	--name MySparkApp
--jars JARS	指定要包含的额外 jar 包，多个 jar 由逗号分隔	--jars /path/to/jar1.jar,/path/to/jar2.jar
--py-files PY_FILES	指定要包含的额外 Python 文件，多个文件由逗号分隔	--py-files /path/to/file1.py,/path/to/file2.py
--files FILES	指定要包含的额外文件，多个文件由逗号分隔	--files /path/to/file1.txt,/path/to/file2.txt
--conf KEY=VALUE	设置 Spark 配置属性，可以多次使用	--conf spark.executor.memory=4g --conf spark.driver.memory=2g
--driver-memory MEM	指定驱动程序的内存	--driver-memory 2g
--executor-memory MEM	指定每个执行器的内存	--executor-memory 4g
--driver-cores CORES	指定驱动程序的 CPU 核心数	--driver-cores 2

续表

参数	描述	示例
--executor-cores CORES	指定每个执行器的 CPU 核心数	--executor-cores 4
--num-executors NUM	指定要启动的执行器数量	--num-executors 10
--archives ARCHIVES	指定要包含的存档文件，多个文件由逗号分隔	--archives /path/to/archive1.zip#/unzip/path,/path/to/archive2.tar.gz
--properties-file FILE	指定包含 Spark 配置属性的文件路径	--properties-file /path/to/spark-defaults.conf
--packages PACKAGES	指定要包含的 Maven 包，多个包由逗号分隔	--packages com.databricks:spark-avro_2.11:4.0.0
--repositories REPOS	指定额外的 Maven 仓库，多个仓库由逗号分隔	--repositories http://repo1.maven.org/maven2,http://repo2.maven.org/maven2
--verbose	启用详细输出	--verbose
--help	显示帮助信息	--help

（2）spark-submit 提交 jar 包。假设有一个名为 wordcount.jar 的 jar 包（在 F:\sparkproj 目录下），并且希望在本地模式下运行。

```
spark-submit \
  --master local[*] \
  --class com.example.WordCount \
  --name WordCountApp \
  --driver-memory 2g \
  --executor-memory 4g \
  --jars F:\sparkproj\extra_jar1.jar,F:\sparkproj\extra_jar2.jar \
  "F:\sparkproj\wordcount.jar"
```

命令解释如下。

--master local[*]：指定在本地模式下运行，使用所有可用的核心。

--class com.example.WordCount：指定主类的全限定名。根据实际情况替换 com.example.WordCount 为实际的主类名。

--name WordCountApp：指定应用程序的名称为 WordCountApp。

F:\sparkproj\wordcount.jar：指定要运行的 jar 文件的路径。

--driver-memory 2g：指定驱动程序的内存为 2GB。

--executor-memory 4g：指定每个执行器的内存为 4GB。

--jars F:\sparkproj\extra_jar1.jar,F:\sparkproj\extra_jar2.jar：指定额外的 jar 文件，以便在所有执行器中可用。

（3）spark-submit 提交 Python 包。假设有一个名为 wordcount.py 的 Python 脚本（在 F:\sparkproj 目录下），并且希望在本地模式下运行。

```
spark-submit \
  --master local[*] \
  --name WordCountApp \
  --driver-memory 2g \
  --executor-memory 4g \
  --py-files "F:\\sparkproj\\extra_module.py" \
  F:\sparkproj\wordcount.py
```

命令解释如下。

--master local[*]：指定在本地模式下运行，使用所有可用的核心。

--driver-memory 2g：指定驱动程序的内存为 2GB。

--executor-memory 4g：指定每个执行器的内存为 4GB。

--py-files F:\sparkproj\extra_module.py：指定额外的 Python 文件，例如需要依赖的模块文件，以便在所有执行器中可用。

实验

本章不安排具体实验案例，读者可以自行对照章节内容练习 Spark 集群及其开发环境的搭建和配置。

习题

1．Apache Spark 的核心计算抽象是（ ）。

A．MapReduce B．DataFrame C．RDD D．Dataset

2．Spark 中的 RDD 代表（ ）。

A．Resilient Distributed Database B．Resilient Distributed Data

C．Remote Data Definition D．Real-time Data Delivery

3．在 Spark 中，（ ）组件负责任务调度和集群资源管理。

A．SparkContext B．Cluster Manag

C．Executor D．Driver Program

4．Spark 支持的数据存储有（ ）。

A．HDFS B．S3

C．Local File System D．以上都是

5．Spark 的分布式缓存机制是通过（ ）类实现的。

A．Broadcast B．Accumulator C．Checkpoint D．PersistentRDD

6．在 Spark 中，（ ）操作可以触发一个 action 来计算 RDD 中的所有元素。

A．map B．filter C．reduceByKey D．count

7．Spark Streaming 是（ ）系统。

A．批处理 B．微批处理 C．连续流处理 D．实时流处理

8．在 Spark SQL 中，DataFrame 的物理执行计划是由（ ）组件生成的。

A．Catalyst Optimizer B．Tungsten Executor

C．Shark D．Mesos

9．在 Spark 中，（ ）参数用于设置每个 Executor 的内存。

A．spark.executor.instances B．spark.executor.memory

C．spark.driver.memory D．spark.app.memory

10．如果需要在 Spark 中使用 Kryo 序列化就应该设置（ ）配置参数。

A．spark.serializer B．spark.kryo.registrationRequired

C．spark.kryoserializer.buffer　　D．spark.serializer.objectStreamReset

11．Spark 支持的部署模式有（　　）。

A．Standalone　B．Mesos　C．YARN　D．所有以上

12．在 Spark 中，（　　）参数用于设置应用程序的名称。

A．spark.app.name　　B．spark.job.name

C．spark.executor.name　　D．spark.driver.name

13．Spark 的 Checkpoint 机制主要用于（　　）。

A．数据持久化　B．任务调度　C．容错　D．资源分配

14．在 Spark 中，（　　）操作用于将两个 RDD 的元素配对，然后应用一个函数。

A．join　B．union　C．zip　D．reduceByKey

15．如果需要在 Spark 中使用 Hive 就需要引入（　　）依赖。

A．spark-hive　B．spark-sql　C．hive-exec　D．spark-core

课程思政案例

中国科学院计算所的超级计算系统作为我国信息技术领域的璀璨明珠，融合了高性能计算、大规模数据存储和高速网络通信等前沿技术，为科学研究、技术创新和产业升级提供了坚实的计算基础。该系统采用先进的国产硬件资源，通过精心设计的架构和高速网络连接具有了强大的计算能力。同时，系统配备了大规模的存储设备，以保证数据的安全性和可靠性，为科研人员和工程师提供稳定、高效的计算环境。

在软件层面，中国科学院计算所的超级计算系统支持多种操作系统和编程语言，如国产操作系统以及 C、C++、Fortran 等编程语言。这些软件和工具为用户提供了灵活、多样的计算选项，科研人员能够高效地开展科学计算、数据分析等工作。此外，系统还提供丰富的计算工具和应用软件，如并行计算库、数学计算库等，进一步提升了计算效率和准确性。

中国科学院计算所的超级计算系统在多个领域取得显著成就。

在科学研究方面，这些系统为物理、化学、生物等基础科学研究提供强大的计算支持，推动了理论创新和技术突破。例如，在量子计算、分子动力学模拟等领域，该系统发挥了重要作用，为科研人员提供了高效、准确的计算服务。

在技术创新方面，中国科学院计算所的超级计算系统推动了我国在高性能计算技术领域的自主创新。通过自主研发和优化，这些系统在计算性能、能效比等方面取得了显著提升，展示了我国在高性能计算领域的强大实力。这些创新成果不仅提升了我国在国际高性能计算领域的竞争力，还为我国信息技术产业的发展注入了新的活力。

在产业升级方面，中国科学院计算所的超级计算系统为智能制造、新能源、生物医药等产业提供了高效的计算支持。通过模拟仿真、数据分析等手段，帮助企业优化生产流程、提高产品质量和降低生产成本，推动我国产业的转型升级和高质量发展。

第 3 章　Spark 的 RDD 编程

RDD 是 Spark 中的基本数据处理模型，具有分布式数据集的容错性和并行操作的能力。RDD 可以通过读取 Hadoop 文件系统中的一个文件创建，也可以由一个 RDD 经过转换得到。用户可以将 RDD 缓存至内存，也可以持久化到外存，从而高效地处理 RDD，提高计算效率。本章将主要介绍使用 Apache Spark 中的 RDD 进行数据处理和编程的方法，包括 RDD 的原理、RDD 的基本操作、转换、行动操作以及综合实例分析。

1. 掌握 RDD 的基本概念和创建方式
2. 熟悉 RDD 的转换操作和行动操作
3. 理解 RDD 的持久化

3.1　RDD 的原理

RDD（Resilient Distributed Dataset，弹性分布式数据集）是 Spark 中的基本数据抽象，它代表一个不可变、可分区、元素可并行计算的集合。RDD 具有数据流模型的特点——自动容错、位置感知性调度和可伸缩性。RDD 允许用户在执行多个查询时显式地将工作集缓存在内存中，后续查询能够重用工作集，提高了查询速度。

3.1.1　RDD 的性质

1. 分区列表（A list of partitions）

RDD 由一组分区组成，是一个分区列表。其中每个分区运行在不同的 Worker 上，通过这种方式实现分布式计算。RDD 是逻辑概念，分区是物理概念。RDD 是数据集(Dataset)的基本组成单位。对于 RDD 来说，每个分区都会被一个计算任务处理，并决定并行计算的粒度。用户可以在创建 RDD 时指定 RDD 的分区数，如果没有指定，那么采用默认值。默认值是程序分配到的 CPU Core 数目。RDD 的分区如图 3.1 所示。

2. 每个分区都有的计算函数（function for computing each split）

在 RDD 中有一系列计算函数，用于处理每个分区中的数据，这类计算函数又称作算子。Spark 中 RDD 的计算是以分区为单位的，每个 RDD 都可实现计算函数以达到该目的。计算函数对迭代器进行复合，不需要保存每次计算的结果。

3. RDD 之间的依赖关系（list of dependencies on other RDDs）

因为 RDD 的每次转换都会生成一个新的 RDD，所以 RDD 之间形成类似于流水线的前后依赖关系。当部分分区数据丢失时，Spark 可以通过依赖关系重新计算丢失的分区数据，而不是重新计算 RDD 的所有分区。

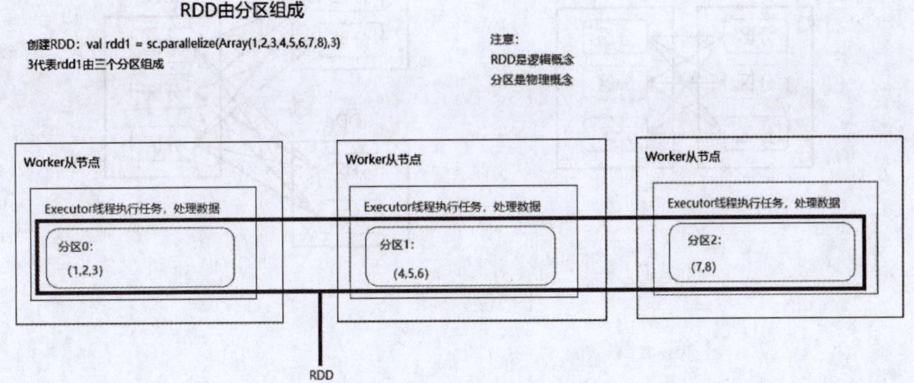

图 3.1　RDD 的分区

4. key-value 数据类型的 RDD 分区器（Optionally, a Partitioner for key-value RDDS）

针对 key-value 类型的 RDD，Spark 提供分区器来控制数据的分区策略和分区数。分区器决定了数据在不同的计算节点上的分布，影响并行计算的效率和数据的局部性。

5. 每个分区的优先位置列表（Optionally, a list of preferred locations to compute each split on）

RDD 的每个分区都有一个优先位置列表，记录数据块在集群中的存储位置。当 Spark 调度任务时，优先考虑将计算任务分配到数据块所在的节点，以减少数据移动，提高计算效率。该特性体现了 Spark 的“移动计算而非数据”的理念，提高了数据处理的性能。

3.1.2　RDD 的依赖关系

在 Spark 中，若一个 RDD 的形成依赖另一个 RDD，则称两个 RDD 具有依赖关系，RDD 之间的依赖关系是计算模型的核心部分，这些依赖关系决定了数据处理的顺序和粒度，同时影响 Spark 作业的执行效率和容错性。RDD 之间的依赖关系主要分为宽依赖和窄依赖。

1. 宽依赖

宽依赖指的是一个子 RDD 的分区可能依赖多个父 RDD 的分区，为了便于理解，通常把宽依赖形象的比喻为超生。当 RDD 做 groupByKey 和 reduceByKey 操作时产生宽依赖。宽依赖通常需要重新分布数据，以将数据从不同的节点传输到需要执行计算的节点，导致计算成本增加。宽依赖如图 3.2 所示。

2. 窄依赖

窄依赖指的是父 RDD 的每个分区最多只被子 RDD 的一个分区使用的情况。窄依赖一般分为两类，第一类为一个父 RDD 的分区对应一个子 RDD 的分区；第二类为多个父 RDD 的分区对应一个子 RDD 的分区。可见，一个父 RDD 的一个分区不可能对应一个子 RDD 的多个分区。为便于理解，通常把窄依赖比喻为独生子女。当发生一对一的转换操作（如 map、filter 等）时产生窄依赖。窄依赖允许数据在节点之间局部传输或者不传输。窄依赖如图 3.3 所示。

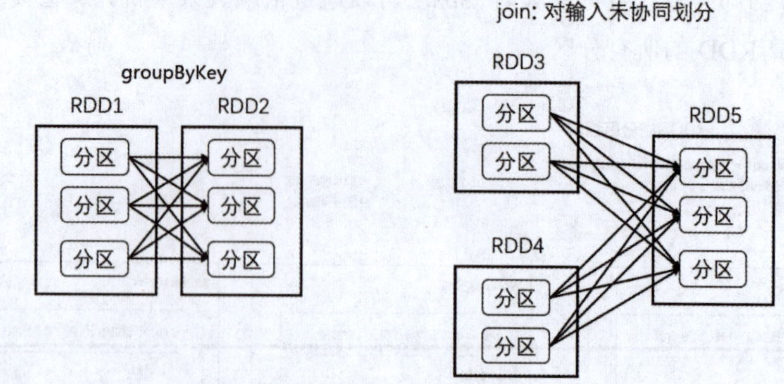

图 3,2　宽依赖

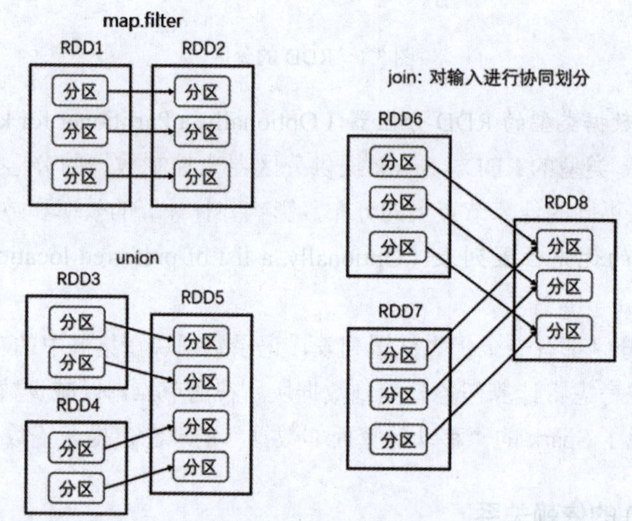

图 3.3　窄依赖

3. RDD 算子操作的分类

RDD 算子操作主要分为 Transformation（转换）和 Action（行动）。

（1）Transformation（转换）。转换操作将一个 RDD 通过一种规则映射为另一个 RDD。转换操作不会触发程序的执行，只是记录下转换操作应用的基础数据集以及 RDD 生成的轨迹（相互依赖关系）。因此，转换操作又称懒（Lazy）操作，而行动操作又称非懒（Non-lazy）操作。常见的转换操作包括 map、filter、groupBy、join 等。

（2）Action（行动）。行动操作返回结果或保存结果，触发程序的执行。行动操作接收 RDD，但返回非 RDD（输出一个值或结果）。常见的行动操作包括 count、collect、saveAsTextFile 等。

4. RDD 阶段的划分

基于 RDD 的依赖关系，Spark 将作业（Job）划分为多个阶段（Stage）。一个作业是由一个 Action 算子触发的，而一个阶段是由宽依赖分隔的多个 RDD 转换操作组成的。具体来说，阶段的划分遵循以下规则：

（1）阶段数量。Stage 的数量等于宽依赖的数量加 1。每个宽依赖都形成一个新的 Stage，而所有窄依赖被划分到同一个 Stage 中。

（2）任务数量。在一个 Stage 中，最后一个 RDD 的分区数量就是该 Stage 中的任务（Task）数量。因为每个分区都需要在一个独立的任务中处理。

在图 3.4 中，有 3 个 Stage。其中，Stage 1 包含 RDD A 和 RDD B。RDD A 通过 groupBy() 操作转换为 RDD B。由于 groupBy() 是一个宽依赖，因此触发一个新的 Stage。Stage 2 包含 RDD C、RDD D 和 RDD E。RDD C 通过 map() 操作转换为 RDD D。RDD E 通过 union() 操作与 RDD D 合并。由于这些操作都是窄依赖，因此在同一个 Stage 内进行。Stage 3 包含 RDD F 和 RDD G。RDD F 通过 join() 操作与 RDD B 连接到 RDD G。由于 join() 是一个宽依赖，因此它会触发新的 Stage。

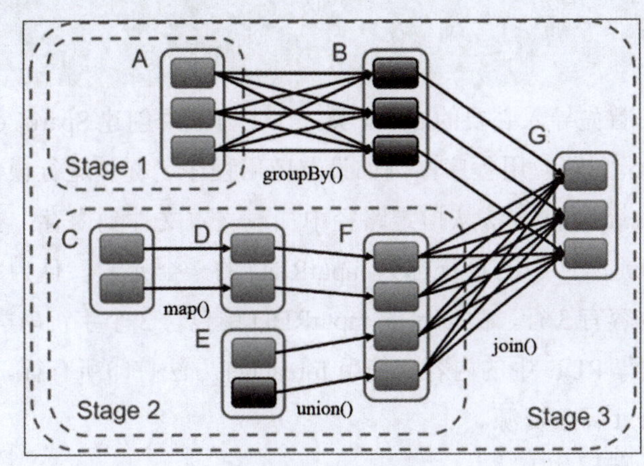

图 3.4　阶段的划分

3.2　RDD 的创建

创建 RDD 有两种方式：通过外部数据源创建 RDD；通过 Spark 应用程序中的已有 RDD 创建新 RDD。

3.2.1　通过外部数据源创建 RDD

在 Spark 数据处理流程中，将通过数据源加载数据创建 RDD 的过程作为数据系统工程的起点，将存储在不同位置的数据加载到 Spark 集群中，并依赖 RDD 的转换、行动算子完成数据处理操作。外部数据源通常包括本地文件系统、HDFS、并行集合等。

1. 从本地文件系统中加载数据创建 RDD

Spark RDD 通过 textFile() 方法从本地文件系统中加载数据创建 RDD，该方法把文件路径作为参数，读取文件后，把文件中的每行都作为 RDD 的一个元素。假设在本地文件系统中准备了一个文件 data/localtextfile.txt，该文件内容示例如下：

```
Spark RDD is distributed
Spark RDD has immutability
Spark RDD has fault tolerance
```

分别使用 Scala 语言和 Python 语言从读取本地文件创建 RDD。

Scala 语言版本代码如下：

```
import org.apache.spark.{SparkConf, SparkContext}
object LoadDataFromFileSystem {
```

```
  def main(args: Array[String]): Unit = {
    // 创建 Spark 配置和上下文
    val conf = new SparkConf().setAppName("Load Data From FileSystem").setMaster("local")
    val sc = new SparkContext(conf)
    // 从文件系统中加载数据创建 RDD
    val inputPath = "data/localtextfile.txt"
    val inputRDD = sc.textFile(inputPath)
    // 对 RDD 进行操作，如打印所有行
    inputRDD.collect().foreach(println)
    // 停止 SparkContext
    sc.stop()
  }
}
```

在这段代码中，首先导入必要的 Spark 类，在主方法中创建 SparkConf 和 SparkContext 实例。SparkConf 用于配置应用程序，例如设置应用程序名称和运行模式，此处设置为本地模式。然后使用 textFile() 方法从指定路径中加载文本文件到内存，在内存中创建一个 RDD 对象 inputRDD。文件中的每行都为 inputRDD 的一个元素，且为字符串类型。因本示例中的文本文件内容有 3 行，故创建的 inputRDD 中包含 3 个字符串类型的元素。然后，使用 collect() 方法收集 RDD 中的内容，使用 foreach() 方法打印所有行。最后，调用 stop() 方法关闭 SparkContext 释放资源。

Python 语言版本代码如下：

```
from pyspark import SparkContext, SparkConf
# 初始化 Spark 配置和 SparkContext
conf = SparkConf().setAppName("ReadFileCreateRDD").setMaster("local")
sc = SparkContext(conf=conf)
# 定义文件路径，请替换为实际的文件路径
file_path = "data/localtextfile.txt"
# 读取文件并创建 RDD
rdd = sc.textFile(file_path)
# 打印 RDD 中的所有行
for line in rdd.collect():
    print(line)
# 停止 SparkContext
sc.stop()
```

程序执行结果如图 3.5 所示。

```
Spark RDD is distributed
Spark RDD has immutability
Spark RDD has fault tolerance
```

图 3.5　从本地文件系统中加载数据创建 RDD 的程序执行结果

2. 从 HDFS 中加载数据创建 RDD

从 HDFS 中加载数据依赖 Hadoop 集群，完成 Hadoop 集群、Spark 集群搭建后，只需在 textFile() 方法中设置文本文件在集群中的访问路径即可，如 hdfs://hadoop01:9000/textfile.txt。分别使用 Scala 语言和 Python 语言从 HDFS 中加在数据创建 RDD。

Scala 语言版本代码如下：

```
import org.apache.spark.{SparkConf, SparkContext}
object ReadHDFSFile {
  def main(args: Array[String]): Unit = {
    // 初始化 Spark 配置和 SparkContext
    val conf = new SparkConf().setAppName("ReadHDFSFile").setMaster("local[*]")
    val sc = new SparkContext(conf)
    // 定义 HDFS 文件路径，替换为实际的 HDFS 文件路径
    val hdfsFilePath = " hdfs://hadoop01:9000/textfile.txt "
    // 从 HDFS 读取文件并创建 RDD
    val rdd = sc.textFile(hdfsFilePath)
    // 打印 RDD 中的所有行
    rdd.foreach(println)
    // 停止 SparkContext
    sc.stop()
  }
}
```

Python 语言版本代码如下：

```
from pyspark import SparkConf, SparkContext
# 初始化 Spark 配置和 SparkContext
conf = SparkConf().setAppName("ReadHDFSFile").setMaster("local[*]")
sc = SparkContext(conf=conf)
# 定义 HDFS 文件路径，替换为实际的 HDFS 文件路径
hdfs_file_path = "hdfs://hadoop01:9000/textfile.txt"
# 从 HDFS 读取文件并创建 RDD
rdd = sc.textFile(hdfs_file_path)
# 打印 RDD 中的所有行
for line in rdd.collect():
    print(line)
# 停止 SparkContext
sc.stop()
```

从 HDFS 中加载数据创建 RDD 需启动 Hadoop，并确保当前用户有权限访问该文件。

3. 通过并行集合创建 RDD

通过调用 SparkContext 对象的 parallelize() 方法并行化程序中的数据集合创建 RDD，这种方法通常用于程序测试。

Scala 语言版本代码如下：

```
import org.apache.spark.{SparkConf, SparkContext}
object CreateRddByArrayScala {
  def main(args: Array[String]): Unit = {
    // 创建 Spark 配置和上下文
    val conf = new SparkConf().setAppName("Load Data From FileSystem").setMaster("local")
    val sc = new SparkContext(conf)
    // 创建一个本地集合
    val data = Seq(1, 2, 3, 4, 5)
    // 使用 parallelize 方法并行化集合创建一个 RDD
    val rdd = sc.parallelize(data)
    // 收集 RDD 的元素并打印
    val collectedData = rdd.collect()
    collectedData.foreach(println)
```

```
    // 停止 SparkContext
    sc.stop()
  }
}
```

Python 语言版本代码如下：

```
from pyspark import SparkContext
# 初始化 SparkContext
sc = SparkContext()
# 创建一个集合
data = [1, 2, 3, 4, 5]
# 通过并行化集合创建 RDD
rdd = sc.parallelize(data)
# 收集并打印 RDD 的内容
print(rdd.collect())
# 关闭 SparkContext
sc.stop()
```

程序执行结果如图 3.6 所示。

图 3.6 通过并行集合创建 RDD 的程序执行结果

3.2.2 通过已有 RDD 创建新 RDD

在 Spark 中，可以通过已有 RDD 创建新 RDD，通常由 RDD 的转换操作完成，这些转换操作返回一个新 RDD 作为结果。

Scala 语言版本代码如下：

```
import org.apache.spark.{SparkConf, SparkContext}
object CreateNewRDDScala {
  def main(args: Array[String]): Unit = {
    // 创建 SparkConf 对象并设置应用名称和运行模式
    val conf = new SparkConf().setAppName("CreateNewRDDScala").setMaster("local")
    // 获取 SparkContext
    val sc = new SparkContext(conf)
    // 创建一个本地集合并并行化为 RDD
    val originalRDD = sc.parallelize(Seq(1, 2, 3, 4, 5))
    // 通过已有 RDD 创建新 RDD 并转换元素（如每个元素乘以 2）
    val newRDD = originalRDD.map(x => x * 2)
    // 收集新 RDD 的元素并打印
    val collectedData = newRDD.collect()
    collectedData.foreach(println)
    // 停止 SparkContext
    sc.stop()
  }
}
```

在这段代码中，原始 RDD 元素为 1 ～ 5 的整数，使用 map 操作将原始 RDD 中的每个元素都乘以 2，创建一个新 RDD。

Python 语言版本代码如下：

```
from pyspark import SparkContext
# 初始化 SparkContext
sc = SparkContext()
# 创建一个初始 RDD
originalrdd = sc.parallelize([1, 2, 3, 4, 5])
# 通过 map() 操作创建新 RDD，每个元素都乘以 2
newrdd = originalrdd.map(lambda x: x * 2)
# 收集并打印新 RDD 的内容
print(newrdd.collect())
# 关闭 SparkContext
sc.stop()
```

程序执行结果如图 3.7 所示。

图 3.7　通过已有 RDD 创建新 RDD 的程序执行结果

3.3　RDD 的转换操作

RDD 转换操作用于计算 RDD 中的数据并转换为新 RDD。RDD 转换操作是惰性求值的，只记录转换的轨迹，而不立即转换数据，只有遇到行动操作时才与行动操作一起执行。

3.3.1　值转换操作

值转换操作涉及 map、flatmap 等方法。

1. map()

map 接收一个函数作为参数并作用于 RDD 中的每个对象，将返回结果作为结果 RDD 中对应元素的值。

Scala 语言版本代码如下：

```
import org.apache.spark.{SparkConf, SparkContext}
object MapScala {
  def main(args: Array[String]): Unit = {
    // 创建 Spark 配置和上下文
    val conf = new SparkConf().setAppName("MapScala").setMaster("local")
    val sc = new SparkContext(conf)
    // 创建一个简单的整数 RDD
    val numbersRDD = sc.parallelize(Seq(1, 2, 3, 4, 5))
    // 使用 map 方法将每个元素都加 10
    val addedTenRDD = numbersRDD.map(number => number + 10)
```

```
        // 收集并打印结果
        addedTenRDD.collect().foreach(println)
        // 停止 SparkContext
        sc.stop()
    }
}
```

Python 语言版本代码如下：

```
from pyspark import SparkContext
# 初始化 SparkContext
sc = SparkContext("local", "Map Add Ten App")
# 创建一个数据列表
data = [1, 2, 3, 4, 5]
# 并行化数据列表以创建一个 RDD
rdd = sc.parallelize(data)
# 使用 map 操作将每个元素都加 10
mapped_rdd = rdd.map(lambda x: x + 10)
# 收集并打印结果
result = mapped_rdd.collect()
print(result)
# 关闭 SparkContext
sc.stop()
```

在本示例中，首先创建了一个包含整数 1 ～ 5 的 RDD。然后，使用 map 方法将该 RDD 中的每个元素都加 10，生成一个新 RDD。新 RDD 包含 5 个元素。程序执行结果如图 3.8 所示。

图 3.8　map 方法的程序执行结果

2. flatmap()

flatmap() 与 map() 类似，不同的是 map 返回的是元素，而 fatmap 返回的是值序列的迭代器，迭代器的所有内容构成新 RDD。

Scala 语言版本代码如下：

```
import org.apache.spark.{SparkConf, SparkContext}
object FlatMapScala {
  def main(args: Array[String]): Unit = {
    // 创建 Spark 配置和上下文
    val conf = new SparkConf().setAppName("FlatMapScala").setMaster("local")
    val sc = new SparkContext(conf)
    // 创建一个包含字符串的 RDD
    val linesRDD = sc.parallelize(Seq("hello world", "hadoop and spark", "Spark RDD"))
    // 使用 flatMap 方法将每个字符串都按空格分割，并将结果展平
    val wordsRDD = linesRDD.flatMap(line => line.split(" "))
    // 收集并打印结果
```

```
        wordsRDD.collect().foreach(println)
        // 停止 SparkContext
        sc.stop()
    }
}
```

Python 语言版本代码如下：

```
from pyspark import SparkContext
# 初始化 SparkContext
sc = SparkContext("local", "FlatMap App")
# 创建一个数据列表
data = ["hello world", "hadoop and spark", "Spark RDD"]
# 并行化数据列表以创建一个 RDD
rdd = sc.parallelize(data)
# 使用 flatMap 操作将每个元素都分割成单词
flat_mapped_rdd = rdd.flatMap(lambda x: x.split())
# 收集并打印结果
result = flat_mapped_rdd.collect()
print(result)
# 关闭 SparkContext
sc.stop()
```

在这个例子中创建了一个包含三个字符串的 RDD，即 hello world、hadoop and spark、Spark RDD。然后，使用 flatMap() 方法将每个字符串都拆分成单词，转为一个新的 RDD。flatMap() 方法在转换过程中可以分为两步，第一步为 map 过程，第二步为 flat 过程。在第一步中执行 rdd.Map(lambda x: x.split()) 操作，输入参数是一个 lambda 表达式，用于将 RDD 的每个元素都转换为一个列表，共三个列表，即 ["hello", "world"]、["hadoop", "and", "spark"]、["Spark", "RDD"]。在第二步中执行 flat 操作，将 RDD 的每个元素都拉平为多个元素，每个元素都是字符串类型。

程序执行结果如图 3.9 所示。

```
hello
world
hadoop
and
spark
Spark
RDD
```

图 3.9　flatMap 方法的程序执行结果

3.3.2　键值对转换操作

键值对 RDD 是很重要的一种数据形式，即每个 RDD 的元素都是（key，value）类型。键值对转换操作常涉及 Reducebykey、groupbuykey、sortbykey。

1. ReduceByKey()

reduceByKey(func,numPartitions) 方法按 Key 分组，使用给定的 func 函数聚合 value 值，得出转换后新的 RDD。

Scala 语言版本代码如下：

```
import org.apache.spark.{SparkConf, SparkContext}
object ReduceByKeyScala {
  def main(args: Array[String]): Unit = {
    // 创建 Spark 配置和上下文
    val conf = new SparkConf().setAppName("ReduceByKeyScala").setMaster("local")
    val sc = new SparkContext(conf)
    // 创建一个包含键值对的 RDD
    val pairsRDD = sc.parallelize(Seq(("A", 2), ("B", 3), ("A", 5), ("B", 1)))
    // 使用 reduceByKey 方法对具有相同键的值求和
    val summedRDD = pairsRDD.reduceByKey((x, y) => x + y)
    // 收集并打印结果
    summedRDD.collect().foreach(println)
    // 停止 SparkContext
    sc.stop()
  }
}
```

Python 语言版本代码如下：

```
from pyspark import SparkContext
# 初始化 SparkContext
sc = SparkContext("local", "ReduceByKey")
# 创建一个数据列表，包含键值对
data = [("A", 2), ("B", 3), ("A", 5), ("B", 1)]
# 并行化数据列表以创建一个 RDD
rdd = sc.parallelize(data)
# 使用 reduceByKey 操作对相同键的值进行求和
reduced_rdd = rdd.reduceByKey(lambda x, y: x + y)
# 收集并打印结果
result = reduced_rdd.collect()
print(result)
# 关闭 SparkContext
sc.stop()
```

在该例子中，创建的 RDD 包含 4 个元素，每个元素都是键值对类型。使用 reduceByKey() 方法时，首先将具有相同 key 的元素归并为一组，如 ("A",(2,5))，其中 key 为 A，value 为 (2,5)。然后根据给定的 func 函数（lambda 表达式）聚合 value 的值，对 value 中的值汇总求和。最后得出新 RDD。程序执行结果如图 3.10 所示。

```
(B,4)
(A,7)
```

图 3.10　reduceByKey 方法的程序执行结果

2. GroupByKey()

groupByKey() 方法用于将具有相同键的值分组到一起，得到新一个新的 RDD。新的 RDD 中每个元素都是一个键值对，键是分组后的键，值是一个迭代器，包含了所有具有该键的值。

Scala 语言版本代码如下：

```
import org.apache.spark.{SparkConf, SparkContext}
```

```
object GroupByKeyScala {
  def main(args: Array[String]): Unit = {
    // 创建 Spark 配置和上下文
    val conf = new SparkConf().setAppName("GroupByKeyScala").setMaster("local")
    val sc = new SparkContext(conf)
    // 创建一个包含键值对的 RDD
    val pairsRDD = sc.parallelize(Seq(("A", 2), ("B", 3), ("A", 5), ("B", 1), ("A", 7)))
    // 使用 groupByKey 方法对具有相同键的值分组
    val groupedRDD = pairsRDD.groupByKey()
    // 收集并打印结果
    groupedRDD.collect().foreach { case (key, values) =>
      println(s"$key: $values")
    }
    // 停止 SparkContext
    sc.stop()
  }
}
```

Python 语言版本代码如下：

```
from pyspark import SparkContext
# 初始化 SparkContext
sc = SparkContext("local", "GroupByKey")
# 创建一个数据列表，包含键值对
data = [("A", 2), ("B", 3), ("A", 5), ("B", 1), ("A", 7)]
# 并行化数据列表以创建一个 RDD
rdd = sc.parallelize(data)
# 使用 groupByKey 操作对相同键的值分组
grouped_rdd = rdd.groupByKey()
# 收集结果
result = grouped_rdd.collect()
# 打印分组后每个 key 的所有值
for key, values in result:
    print(key, list(values))
# 关闭 SparkContext
sc.stop()
```

在这个例子中，创建的 RDD 包含 5 个元素，每个元素都是键值对类型。使用 groupByKey() 方法时，首先将具有相同 key 的元素归并为一组，如 ("A",(2,5))，其中 key 为 A，value 为 (2,5,7)。然后得出新 RDD。程序执行结果如图 3.11 所示。

```
B: CompactBuffer(3, 1)
A: CompactBuffer(2, 5, 7)
```

图 3.11　groupByKey 方法的程序执行结果

3. SortByKey()

sortByKey() 方法用于根据键对键值对 RDD 排序，默认按升序排序，得到一个新 RDD。新 RDD 中的每个元素都是一个键值对，并按 Key 排序。

Scala 语言代码如下：

```
import org.apache.spark.{SparkConf, SparkContext}
object SortByKeyScala {
```

```
  def main(args: Array[String]): Unit = {
    // 创建 Spark 配置和上下文
    val conf = new SparkConf().setAppName("SortByKeyScala").setMaster("local")
    val sc = new SparkContext(conf)
    // 创建一个包含键值对的 RDD
    val pairsRDD = sc.parallelize(Seq(("B", 2), ("A", 1), ("A", 3), ("B", 4), ("A", 5)))
    // 使用 sortByKey 方法对键值对 RDD 中的元素按照键升序排序
    val sortedRDD = pairsRDD.sortByKey()
    // 收集并打印结果
    sortedRDD.collect().foreach(println)
    // 停止 SparkContext
    sc.stop()
  }
}
```

Python 语言代码如下：

```
from pyspark import SparkContext
# 初始化 SparkContext
sc = SparkContext("local", "SortByKey App")
# 创建一个数据列表，包含键值对
data = [("B", 2), ("A", 1), ("A", 3), ("B", 4), ("A", 5)]
# 并行化数据列表以创建一个 RDD
rdd = sc.parallelize(data)
# 使用 sortByKey 操作对键值对排序
sorted_rdd = rdd.sortByKey()
# 收集并打印结果
result = sorted_rdd.collect()
print(result)
# 关闭 SparkContext
sc.stop()
```

在这个例子中，创建的 RDD 包含 5 个元素，每个元素都是键值对类型。使用 sortByKey() 方法时，将具有相同 key 的元素根据 value 排序，得出新 RDD。程序执行结果如图 3.12 所示。

```
(A,1)
(A,3)
(A,5)
(B,2)
(B,4)
```

图 3.12 sortByKey 方法的程序执行结果

3.3.3 集合转换操作

集合转换操作包括 union()、intersection()、subtract() 和 cartesian()。

1. union()

union() 方法是一个转换操作，用于合并两个 RDD，包含其所有元素，且不对元素去重。

Scala 语言代码如下：

```
import org.apache.spark.{SparkConf, SparkContext}
object UnionScala {
  def main(args: Array[String]): Unit = {
```

```
    // 创建 Spark 配置和上下文
    val conf = new SparkConf().setAppName("UnionScala").setMaster("local")
    val sc = new SparkContext(conf)
    // 创建两个 RDD
    val rdd1 = sc.parallelize(Seq(1, 2, 3, 4))
    val rdd2 = sc.parallelize(Seq(4, 5, 6, 7))
    // 使用 union 方法合并两个 RDD，保留重复的元素
    val unionRDD = rdd1.union(rdd2)
    // 收集并打印结果
    unionRDD.collect().foreach(println)
    // 停止 SparkContext
    sc.stop()
  }
}
```

Python 语言代码如下：

```
from pyspark import SparkContext
# 初始化 SparkContext
sc = SparkContext("local", "UnionPython")
# 创建两个数据列表，每个列表都包含键值对
data1 = [1, 2, 3, 4]
data2 = [4, 5, 6, 7]
# 并行化数据列表以创建两个 RDD
rdd1 = sc.parallelize(data1)
rdd2 = sc.parallelize(data2)
# 使用 union 操作合并两个 RDD
union_rdd = rdd1.union(rdd2)
# 收集并打印结果
result = union_rdd.collect()
print(result)
# 关闭 SparkContext
sc.stop()
```

在这个示例中，RDD1 有 4 个元素，RDD2 有 4 个元素，生成的 union_rdd 包含所有元素，即 8 个元素。程序执行结果如图 3.13 所示。

```
1
2
3
4
4
5
6
7
```

图 3.13　union 方法的程序执行结果

2. intersection()

intersection() 方法用于对两个 RDD 求交集，即求两个 RDD 的共同元素，得出新 RDD。

Scala 语言代码如下：

```
import org.apache.spark.{SparkConf, SparkContext}
```

```
object IntersectionScala {
  def main(args: Array[String]): Unit = {
    // 创建 Spark 配置和上下文
    val conf = new SparkConf().setAppName("IntersectionScala").setMaster("local")
    val sc = new SparkContext(conf)
    // 创建两个 RDD
    val rdd1 = sc.parallelize(List(1, 2, 3, 4, 5))
    val rdd2 = sc.parallelize(List(4, 5, 6, 7, 8))
    // 使用 intersection 方法找出两个 RDD 的共同元素
    val intersectionRDD = rdd1.intersection(rdd2)
    // 收集并打印结果
    intersectionRDD.collect().foreach(println)
  }
}
```

Python 语言代码如下：

```
from pyspark import SparkContext
# 初始化 SparkContext
sc = SparkContext("local", "IntersectionPython")
# 创建两个列表
list1 = [1, 2, 3, 4, 5]
list2 = [4, 5, 6, 7, 8]
# 并行化列表创建 RDD
rdd1 = sc.parallelize(list1)
rdd2 = sc.parallelize(list2)
# 使用 intersection 方法找出两个 RDD 的共同元素
intersection_rdd = rdd1.intersection(rdd2)
# 收集结果并打印
result = intersection_rdd.collect()
print(result)
# 输出是 [4, 5]，因为 4 和 5 是两个列表中的共同元素
# 关闭 SparkContext
sc.stop()
```

在这个示例中，RDD1 有 5 个元素（1 ～ 5），RDD2 也有 5 个元素（4 ～ 8）。使用 intersection() 方法后，生成的新 RDD 中只有两个元素，即 RDD1 与 RDD2 的共同元素。程序执行结果如图 3.14 所示。

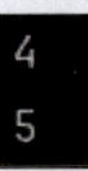

图 3.14　intersection 方法的程序执行结果

3. subtract()

subtract () 方法用于对两个 RDD 求差集，即从一个 RDD 中减去另一个 RDD 中的元素，返回新 RDD。

Scala 语言代码如下：

```
import org.apache.spark.{SparkConf, SparkContext}
object SubtractScala {
  def main(args: Array[String]): Unit = {
    // 创建 Spark 配置和上下文
    val conf = new SparkConf().setAppName("SubtractScala").setMaster("local")
```

```
        val sc = new SparkContext(conf)
        // 创建两个 RDD
        val rdd1 = sc.parallelize(List(1, 2, 3, 4, 5))
        val rdd2 = sc.parallelize(List(4, 5, 6, 7, 8))
        // 使用 subtract 方法计算差集
        val subtractRDD = rdd1.subtract(rdd2)
        // 收集并打印结果
        subtractRDD.collect().foreach(println)
    }
}
```

Python 语言代码如下：

```
from pyspark import SparkContext
# 初始化 SparkContext
sc = SparkContext("local", "SubtractPython")
# 创建两个列表
list1 = [1, 2, 3, 4, 5]
list2 = [4, 5, 6, 7, 8]
# 并行化列表创建 RDD
rdd1 = sc.parallelize(list1)
rdd2 = sc.parallelize(list2)
# 使用 subtract 方法找出在 RDD1 中但不在 RDD2 中的元素
subtract_rdd = rdd1.subtract(rdd2)
# 收集结果并打印
result = subtract_rdd.collect()
print(result)
# 关闭 SparkContext
sc.stop()
```

在这个示例中，RDD1、RDD2 各有 5 个元素。使用 subtract() 方法后，生成的新 RDD 中有 3 个元素，即仅存在于 RDD1 的三个元素——[1,2,3]。

程序执行结果如图 3.15 所示。

```
1
2
3
```

图 3.15　subtract 方法的程序执行结果

4. cartesian()

cartesian () 方法用于对两个 RDD 求笛卡儿积，将第一个 RDD 中的每个元素与第二个 RDD 中的每个元素配对，返回新 RDD。

Scala 语言代码如下：

```
import org.apache.spark.{SparkConf, SparkContext}
object CartesianScala {
    def main(args: Array[String]): Unit = {
        // 创建 Spark 配置和上下文
        val conf = new SparkConf().setAppName("CartesianScala").setMaster("local")
        val sc = new SparkContext(conf)
        // 创建两个 RDD
        val rdd1 = sc.parallelize(List("A", "B"))
```

```
    val rdd2 = sc.parallelize(List(1, 2, 3))
    // 使用 cartesian 方法计算笛卡儿积
    val cartesianRDD = rdd1.cartesian(rdd2)
    // 收集并打印结果
    cartesianRDD.collect().foreach(println)
  }
}
```

Python 语言代码如下：

```
from pyspark import SparkContext
# 初始化 SparkContext
sc = SparkContext("local", "CartesianPython")
# 创建两个列表
list1 = ['A', 'B']
list2 = [1, 2, 3]
# 并行化列表创建 RDD
rdd1 = sc.parallelize(list1)
rdd2 = sc.parallelize(list2)
# 使用 cartesian 方法计算两个 RDD 的笛卡儿积
cartesian_rdd = rdd1.cartesian(rdd2)
# 收集结果并打印
result = cartesian_rdd.collect()
print(result)
# 关闭 SparkContext
sc.stop()
```

在这个示例中，RDD1 有两个元素（字母 A 和 B），RDD2 有三个元素（数字 1、2 和 3）。使用 cartesian() 方法后，计算两个 RDD 的笛卡儿积，得到新 RDD。程序执行结果如图 3.16 所示。

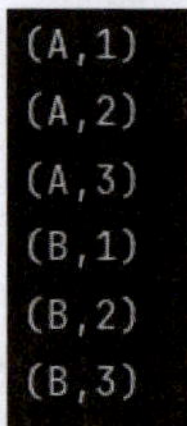

图 3.16　cartesian 方法的程序执行结果

3.4　RDD 的行动操作

RDD 的行动操作用于触发实际计算并将结果返回程序或写入外部存储系统，Spark 程序只有执行到行动操作时才真正执行计算。转换操作返回新 RDD，而行动操作返回其他数据类型。

3.4.1　聚合操作

聚合操作包括 reduce() 和 aggregate()。

1. reduce()

reduce() 方法用于通过某种函数将 RDD 中的元素聚合，接收一个函数作为参数，该函数需要操作两个相同类型的元素并返回一个新的相同类型的元素。

Scala 语言代码如下：

```
import org.apache.spark.{SparkConf, SparkContext}
object ReduceScala {
  def main(args: Array[String]): Unit = {
    // 创建 Spark 配置和上下文
    val conf = new SparkConf().setAppName("ReduceScala").setMaster("local")
    val sc = new SparkContext(conf)
    // 创建一个 RDD
    val rdd = sc.parallelize(List(1, 2, 3, 4, 5))
    // 使用 reduce 方法计算 RDD 中所有元素的和
    val sum = rdd.reduce((x, y) => x + y)
    // 打印结果
    println(s"Sum of numbers: $sum")
  }
}
```

Python 语言代码如下：

```
from pyspark import SparkContext
# 初始化 SparkContext
sc = SparkContext("local", "ReducePython")
# 创建一个列表
numbers = [1, 2, 3, 4, 5]
# 并行化列表创建 RDD
rdd = sc.parallelize(numbers)
# 使用 reduce 方法累加
sum_of_numbers = rdd.reduce(lambda x, y: x + y)
# 打印结果
print("Sum of numbers:", sum_of_numbers)
# 关闭 SparkContext
sc.stop()
```

在这个示例中，RDD 有 5 个元素，即数字 1 ～ 5。使用 reduce() 方法后，将 RDD 中的每个元素累加，得出数值 15。程序执行结果如图 3.17 所示。

```
Sum of numbers: 15
```

图 3.17 reduce 方法的程序执行结果

2. aggregate()

aggregate() 方法用于将每个分区中的元素通过分区内逻辑和初始值聚合，然后用分区间逻辑和初始值操作。

Scala 语言代码如下：

```
import org.apache.spark.{SparkConf, SparkContext}
object AggregateScala {
  def main(args: Array[String]): Unit = {
    // 创建 Spark 配置和上下文
```

```
        val conf = new SparkConf().setAppName("AggregateScala").setMaster("local")
        val sc = new SparkContext(conf)
        // 创建一个 RDD
        val rdd = sc.parallelize(List(1, 2, 3, 4, 5), 8)        // 假设有 8 个分区
        // 使用 aggregate 方法计算 RDD 中所有元素和
        val sum = rdd.aggregate(10)(
          (x, y) => x + y, //seqOp:                // 在每个分区内累加元素
          (x, y) => x + y //combOp:                // 将所有分区的累加结果相加
        )
        // 打印结果
        println(s"The sum of all elements in the RDD is: $sum")
    }
}
```

Python 语言代码如下：

```
from pyspark import SparkContext
# 初始化 SparkContext
sc = SparkContext("local", "AggregatePython")
# 创建一个列表
numbers = [1, 2, 3, 4, 5]
# 并行化列表创建 RDD，并规定有 8 个分布
rdd = sc.parallelize(numbers,8)
# 使用 aggregate 方法累加，初始值为 10
#seqOp 函数用于合并 RDD 中的元素，combOp 函数用于合并分区结果
sum_of_numbers = rdd.aggregate(10, lambda x, y: x + y, lambda x, y: x + y)
# 打印结果
print("Sum of numbers:", sum_of_numbers)
# 关闭 SparkContext
sc.stop()
```

在这个示例中，aggregate 函数接收两个参数：一个是初始值 10；另一个是包含两个函数的元组，第一个函数 seqOp 用于在分区内累加元素，第二个函数 combOp 用于跨分区累加结果。执行过程如图 3.18 所示。

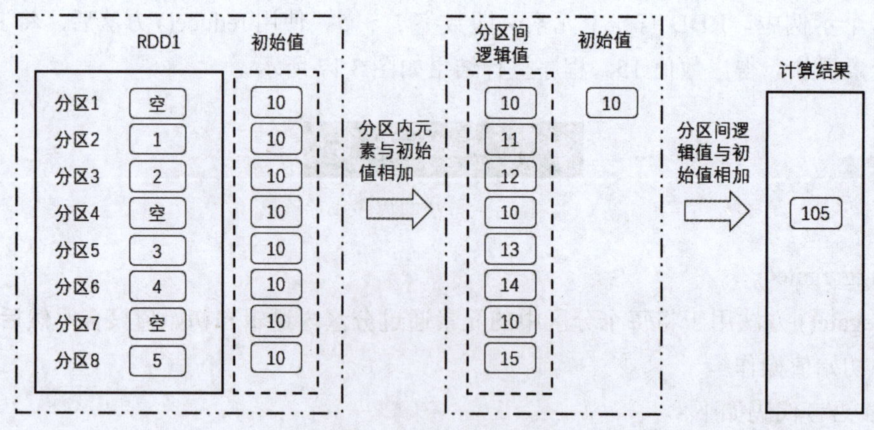

图 3.18　aggregate 函数的执行过程

程序执行结果如图 3.19 所示。

```
The sum of all elements in the RDD is: 105
```

图 3.19 aggregate 方法的程序执行结果

3.4.2 集合操作

RDD 的集合操作包括 count() 和 countByValue()。

1. count()

count() 方法用于统计 RDD 中的元素数，返回一个整数。

Scala 语言代码如下：

```
import org.apache.spark.{SparkConf, SparkContext}
object CountScala {
  def main(args: Array[String]): Unit = {
    // 创建 Spark 配置和上下文
    val conf = new SparkConf().setAppName("CountScala").setMaster("local")
    val sc = new SparkContext(conf)
    // 创建一个 RDD
    val rdd = sc.parallelize(List(1, 2, 3, 4, 5))
    // 使用 count 方法计算 RDD 中的元素数
    val count = rdd.count()
    // 打印结果
    println(s"Sum of numbers: $count")
  }
}
```

Python 语言代码如下：

```
from pyspark import SparkContext
# 初始化 SparkContext
sc = SparkContext("local", "CountPython")
# 创建一个列表
numbers = [1, 2, 3, 4, 5]
# 并行化列表创建 RDD
rdd = sc.parallelize(numbers)
# 使用 count 方法计算 RDD 中的元素数
count = rdd.count()
# 打印结果
print("Number of elements in RDD:", count)
# 关闭 SparkContext
sc.stop()
```

在这个示例中，RDD 的元素为 1 ～ 5，使用 count() 方法后，统计出此 RDD 有 5 个元素。程序执行结果如图 3.20 所示。

```
Sum of numbers: 5
```

图 3.20 count 方法的程序执行结果

2. countByValue()

countByValue() 方法用于计算 RDD 中每个不同元素的值及其出现的次数，返回一个 Map 字典。

Scala 语言代码如下：

```
import org.apache.spark.{SparkConf, SparkContext}
object CountByValueScala {
  def main(args: Array[String]): Unit = {
    // 创建 Spark 配置和上下文
    val conf = new SparkConf().setAppName("CountByValueScala").setMaster("local")
    val sc = new SparkContext(conf)
    // 创建一个 RDD
    val rdd = sc.parallelize(List(1, 2, 3, 4, 5, 1, 2, 1))
    // 使用 countByValue 方法计算 RDD 中每个元素的出现次数
    val counts = rdd.countByValue()
    // 打印结果
    println(s"The counts of elements in the RDD are: $counts")
  }
}
```

Python 语言代码如下：

```
from pyspark import SparkContext
# 初始化 SparkContext
sc = SparkContext("local", "CountByValuePython")
# 创建一个列表
numbers = [1, 2, 3, 4, 5, 1, 2, 1]
# 并行化列表创建 RDD
rdd = sc.parallelize(numbers)
# 使用 countByValue 方法计算 RDD 中每个元素的出现次数
counts = rdd.countByValue()
# 打印结果
print("Element counts in RDD:", counts)
# 关闭 SparkContext
sc.stop()
```

在这个示例中，RDD 有 8 个元素。使用 countByValue() 方法后，统计出此 RDD 每个元素的出现次数。程序执行结果如图 3.21 所示。

```
The counts of elements in the RDD are: Map(5 -> 1, 1 -> 3, 2 -> 2, 3 -> 1, 4 -> 1)
```

图 3.21　countByValue 方法的程序执行结果

3.4.3　行动操作到外部系统

RDD 行动操作到外部系统涉及 saveAsTextFile()、saveAssequenceFile()、saveAsObjectFile()。

1. saveAsTextFile()

saveAsTextFile() 方法用于将 RDD 中的数据保存到文本文件中。该方法将 RDD 中的每个元素转换成字符串，并将这些字符串保存到指定的文件路径下。Spark 将传入的路径作为目录，并在目录下输出多个文件。

Scala 语言代码如下：

```
import org.apache.spark.{SparkConf, SparkContext}
object SaveAsTextFileScala {
  def main(args: Array[String]): Unit = {
```

```
    // 创建 Spark 配置和上下文
    val conf = new SparkConf().setAppName("SaveAsTextFileScala").setMaster("local")
    val sc = new SparkContext(conf)
    // 创建一个 RDD
    val rdd = sc.parallelize(List(1, 2, 3, 4, 5))
    // 使用 saveAsTextFile 方法将 RDD 中的数据保存为文本文件
    rdd.saveAsTextFile("output")
    // 打印提示信息
    println("Data has been saved to output directory.")
  }
}
```

Python 语言代码如下：

```
from pyspark import SparkContext
# 初始化 SparkContext
sc = SparkContext("local", "SaveAsTextFilePython")
# 创建一个列表
numbers = [1, 2, 3, 4, 5]
# 并行化列表创建 RDD
rdd = sc.parallelize(numbers)
# 使用 saveAsTextFile 方法将 RDD 保存为文本文件
rdd.saveAsTextFile("output")
# 关闭 SparkContext
sc.stop()
```

output 输出目录如图 3.22 所示。

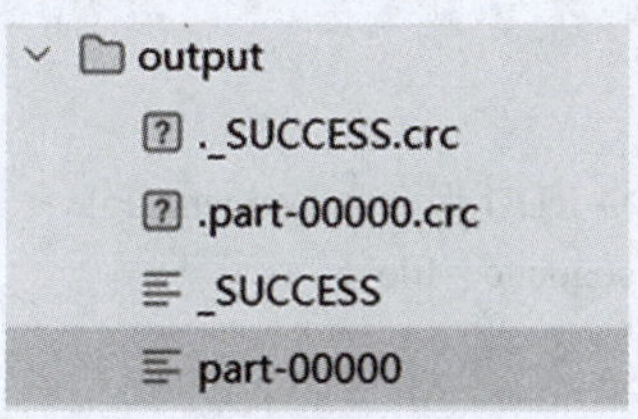

图 3.22　output 输出目录

在这个例子中，使用 saveAsTextFile() 方法将一个包含 5 个元素的 RDD 保存到本地 output 目录下。Spark 自动创建该目录（如果它不存在），目录下包含一个或多个文本文件（文件数量取决于 RDD 的分区数），每个文件中都包含 RDD 的元素，每个元素都占一行。程序执行结果如图 3.23 所示。

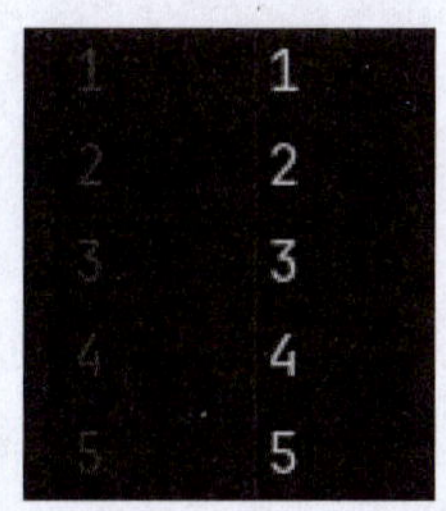

图 3.23　saveAsTextFile 方法的程序执行结果

2. saveAssequenceFile ()

saveAssequenceFile() 方法用于将数据保存为 Hadoop 的 SequenceFile 格式。SequenceFile

是一种二进制文件，它将数据以键值对的形式存储，适用于大数据的存储和处理。

Scala 语言版本代码如下：

```
import org.apache.spark.{SparkConf, SparkContext}
import org.apache.hadoop.io.{IntWritable, Text}
import org.apache.hadoop.mapred.SequenceFileOutputFormat
object SaveAsSequenceFileScala {
  def main(args: Array[String]): Unit = {
    // 创建 Spark 配置和上下文
    val conf = new SparkConf().setAppName("SaveAsSequenceFileScala").setMaster("local")
    val sc = new SparkContext(conf)
    // 创建一个 RDD，并将其元素转换为 (IntWritable, Text) 格式
    val rdd = sc.parallelize(List(("A", 1), ("B", 2), ("C", 3)))
      .map { case (fruit, count) => (new Text(fruit), new IntWritable(count)) }
    // 使用 saveAsSequenceFile 方法将 RDD 中的数据保存为 SequenceFile 格式
    rdd.saveAsSequenceFile("output_sequencefile")
    // 打印提示信息
    println("Data has been saved to output_sequencefile directory in SequenceFile format.")
  }
}
```

Python 语言代码如下：

```
from pyspark import SparkContext
# 初始化 SparkContext
sc = SparkContext("local", "SaveAsSequenceFileApp")
# 创建一个包含键值对的列表
data = [("A", 1), ("B", 2), ("C", 3)]
# 并行化列表创建 RDD
rdd = sc.parallelize(data)
# 使用 saveAsSequenceFile 方法将 RDD 保存为 SequenceFile
rdd.saveAsSequenceFile("output_sequence_file")
# 关闭 SparkContext
sc.stop()
```

在这个例子中，RDD 包含 3 个元素，每个元素都是一个键值对。在 Scala 语言中，首先通过 map 方法将该 RDD 转为 SequenceFile 格式，即 Hadoop SequenceFile 所需的格式。然后使用 saveAsSequenceFile() 方法将 RDD 中的数据保存在指定的 output_sequencefile 目录下。程序执行后，在 output_sequencefile 目录下可以看到一个或多个 SequenceFile 文件，每个文件都包含 RDD 的元素，并以键值对的形式存储。output_sequencefile 输出目录如图 3.24 所示。

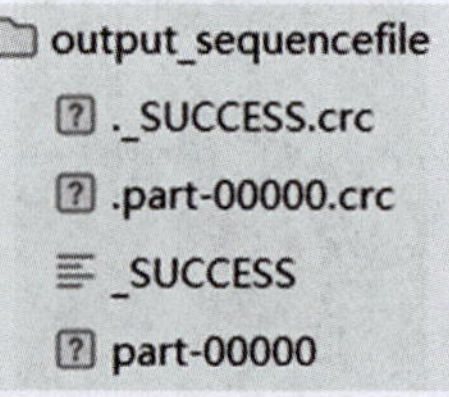

图 3.24　output_sequencefile 输出目录

3. saveAsObjectFile ()

saveAsTextFile() 方法用于将 RDD 中的数据保存为序列化的对象文件，以在后续

Spark 作业中被反序列化，从而恢复为原始 RDD。这种方法对保存复杂的对象或需要在多个 Spark 作业之间共享数据非常有用。这些文件可以在后续 Spark 作业中被读取，用于恢复 RDD。

Scala 语言代码如下：

```
import org.apache.spark.{SparkConf, SparkContext}
object SaveAsObjectFileExample {
  def main(args: Array[String]): Unit = {
    // 初始化 Spark 配置和 SparkContext
    val conf = new SparkConf().setAppName("SaveAsObjectFile").setMaster("local[*]")
    val sc = new SparkContext(conf)
    // 创建一个简单的 RDD
    val data = Array(1, 2, 3, 4, 5)
    val rdd = sc.parallelize(data)
    // 使用 saveAsObjectFile 将 RDD 保存到指定路径
    rdd.saveAsObjectFile("hdfs://hadoop01:9000/sparkrdd")
    // 读取保存的 object file 并创建一个新 RDD
    val loadedRDD = sc.objectFile[Int]("hdfs://hadoop01:9000/sparkrdd")
    // 打印加载的 RDD 内容
    println("Loaded RDD:")
    loadedRDD.foreach(println)
    // 停止 SparkContext
    sc.stop()
  }
}
```

Python 语言代码如下：

```
from pyspark import SparkConf, SparkContext
# 初始化 Spark 配置和 SparkContext
conf = SparkConf().setAppName("SaveAsObjectFile").setMaster("local[*]")
sc = SparkContext(conf=conf)
# 创建一个简单的 RDD
data = [1, 2, 3, 4, 5]
rdd = sc.parallelize(data)
# 使用 saveAsObjectFile 将 RDD 保存到指定路径
output_path = "hdfs://hadoop01:9000/sparkrdd"
rdd.saveAsObjectFile(output_path)
# 停止 SparkContext
sc.stop()
# 重新创建 SparkContext 以加载数据
sc = SparkContext(conf=conf)
# 加载保存的对象文件并创建新的 RDD
loaded_rdd = sc.objectFile(int, output_path)
# 打印加载的 RDD 内容
print("Loaded RDD:")
for record in loaded_rdd.collect():
    print(record)
```

在本示例中，首先创建一个包含 5 个整数元素的 RDD，并使用 saveAsObjectFile 方法将该 RDD 保存到 HDFS 中。然后使用 objectFile 方法读取保存的对象文件，并创建一个新 RDD。使用 objectFile 方法加载 saveAsObjectFile 保存的对象文件，并将其转换为一个新 RDD。如果在本地文件系统运行 Spark，只需把读写路径改成本地文件系统的路径即可。

如果在集群上运行 Spark，那么该路径可以是 HDFS 路径或集群支持的其他存储系统的路径。

RDD 的编程实例

3.5 RDD 的持久化

RDD 持久化作为 Spark 的一个重要特性，可以将计算结果保存在内存或磁盘中，以便后续操作可以重用这些数据，从而提高处理速度。

3.5.1 RDD 持久化的意义

Spark 的 RDD 转换操作是惰性求值的，只有执行 RDD 行动操作时才触发执行前面定义的 RDD 转换操作。如果某个 RDD 会被反复重用，Spark 就在每次调用行动操作时重新对 RDD 进行转换操作，频繁的重新计算在迭代算法中的开销很大，迭代计算经常需要多次重复使用的同一组数据。

当对 RDD 执行持久化操作时，每个节点都会将自己操作的 RDD 的分区持久化到内存中，后续对该 RDD 反复使用时，可直接使用内存缓存的分区，而不需要从头计算。对于迭代式算法和快速交互式应用来说，RDD 持久化是非常重要的。

Spark 的持久化机制是自动容错的，如果持久化 RDD 的分区丢失，那么 Spark 自动通过源 RDD 使用转换操作重新计算该分区，但不需要计算所有分区。

3.5.2 RDD 的存储级别

RDD 的持久化通过调用 cache() 方法或 persist() 方法实现，这些方法会将 RDD 存储在内存中。使用两种方法涉及 RDD 的存储级别，cache() 方法是使用默认存储级别的快捷方法，只有一个默认的存储级别 MEMORY_ONLY（数据仅保留在内存中）。RDD.persist（存储级别）可以设置不同的存储级别，默认存储级别是 MEMORY_ONLY。存储级别说明见表 3.1。通过 unpersist() 方法可以取消持久化。

表 3.1　存储级别说明

存储级别	说明
MEMORY_ONLY	默认选项，RDD 的（分区）数据直接以 Java 对象的形式存储于 JVM 的内存中，如果内存空间不足，某些分区的数据就不会被缓存，需要在使用时重新计算
MEMORY_ONLY_SER	将 RDD 存储为序列化对象（每个分区都是一个字节数组）。通常比反序列化对象省空间，特别是在使用快速序列化器时，但读取时 CPU 密集程度更高
MEMORY_AND_DISK	将 RDD 存储为 JVM 中的反序列化对象。若 RDD 不适合保存在内存中，则可以保存在磁盘中，需要时从磁盘读取
MEMORY_AND_DISK_SER	与 MEMORY_ONLY_SER 类似，将不适合内存的分区溢出到磁盘，而不是每次都重新计算
DISK_ONLY	仅将 RDD 分区数据存储在磁盘中

设置 RDD 的存储级别时，主要在内存使用与 CPU 效率之间权衡，可按照如下流程选择。

- 若 RDD 适合使用默认存储级别（MEMORY_ONLY）则优先选择。这是使 CPU 效率最高的选项，允许 RDD 上的操作尽可能快地执行。
- 若使用默认存储级别不太合适，则可以尝试使用 MEMORY_ONLY_SER 并选择一个快速序列化库，以使对象更节省空间，并且执行速度更高。
- 若计算数据集的函数不太消耗资源或者这些函数过滤了数据集中的大量数据，则不把数据保存在磁盘中。
- 若希望快速解决故障，则可以使用混合的存储级别（比如使用 Spark 作为 Web 服务的请求）。所有存储级别都通过重复计算丢失的数据具有容错性。但是混合的存储级别可以继续运行 Task，而不需要重复计算丢失的分区。

3.5.3 使用持久化

巧妙使用 RDD 持久化，在某些场景下可以将 Spark 应用程序的性能提升 10 倍。持久化使用示例如下。

Scala 语言代码如下：

```
import org.apache.spark.{SparkConf, SparkContext}
object PersistScala {
  def main(args: Array[String]): Unit = {
    // 创建 Spark 配置和上下文
    val conf = new SparkConf().setAppName("PersistScala").setMaster("local")
    val sc = new SparkContext(conf)
    // 创建一个 RDD
    val rdd = sc.parallelize(List(1, 2, 3, 4, 5))
    // 对 RDD 进行持久化，并存储在内存中
    rdd.persist()
    // 对 RDD 执行第一个操作
    println("First action: count = " + rdd.count())
    // 对 RDD 执行第二个操作，此时已经从内存中读取 RDD，不需要重新计算
    println("Second action: first element = " + rdd.first())
    // 停止 Spark 上下文，释放资源
    sc.stop()
  }
}
```

Python 语言代码如下：

```
from pyspark import SparkContext
# 初始化 SparkContext
sc = SparkContext("local", "PersistApp")
# 创建一个列表并并行化
rdd = sc.parallelize([1, 2, 3, 4, 5])
# 持久化 RDD 到内存
rdd.persist()
# 对 RDD 执行第一个操作
print("First action: count =", rdd.count())
# 对 RDD 执行第二个操作，此时已经从内存中读取 RDD，不需要重新计算
print("Second action: first element =", rdd.first())
# 关闭 SparkContext
sc.stop()
```

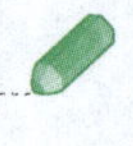

在这个例子中，创建一个包含 5 个元素的 RDD，并使用 persist() 方法将 RDD 元素持久化到内存中，存储级别为默认选项（MEMORY_ONLY）。执行 count() 方法时，RDD 被计算并缓存在内存中。执行 first() 方法时，由于 RDD 已经被缓存，因此直接从内存中读取，而不需要重新计算。

持久化 RDD 占用内存空间，当不需要 RDD 时，可使用 unpersist() 方法解除持久化，释放内存空间。

3.6 RDD 的编程实例

现有某新闻 App 平台的用户交互数据，包括两个文件，即新闻文章信息表（articles.csv）、用户点击日志表（click_log.csv）。用户点击日志表包括 10 多万名用户、百万次点击、30 多万篇不同的文章。本节将基于此数据集完成 Spark RDD 编程综合实例，实现对用户交互数据的多维度分析。

新闻文章信息表（articles.csv）包括文章 id、文章类型 id、文章创建时间戳、文章字数。用户点击日志表（click_log.csv）包括用户 id、点击文章 id、点击时间、点击地区等字段。数据集中的每行字段之间都以“,”分隔。

打开开发工具，新建项目，将数据集加载到项目 data 路径下。在使用本数据集之前，将每个数据集中的第一行（表头）删除。

3.6.1 实例 1

1. 需求说明

输出用户点击日志表中的去重用户数、总点击文章次数、平均点击文章次数。平均点击文章次数等于总点击次数除以总用户数。

2. 项目实现

Scala 语言代码如下：

```
import org.apache.spark.{SparkConf, SparkContext}
object Task1 {
  def main(args: Array[String]): Unit = {
    // 初始化 Spark 配置和上下文
    val conf = new SparkConf().setAppName("Task1").setMaster("local[1]")
    val sc = new SparkContext(conf)
    // 读取 click_log.csv 文件
    val clickLogRDD = sc.textFile("data/click_log.csv")
    // 去重用户数
    val uniqueUserCount = clickLogRDD.map(a => a.split(",")(0)).distinct().count()
    // 总点击文章次数
    val totalClickCount = clickLogRDD.count()
    // 计算平均点击文章次数
    val averageClickCount = totalClickCount.toDouble / uniqueUserCount
    // 输出结果
    println(s" 去重用户数 : $uniqueUserCount")
    println(s" 总点击文章次数 : $totalClickCount")
    println(s" 平均点击文章次数 : $averageClickCount")
    // 停止 Spark 上下文
```

```
        sc.stop()
    }
}
```

Python 语言代码如下：

```
from pyspark import SparkConf, SparkContext

if __name__ == "__main__":
    # 初始化 Spark 配置和上下文
    conf = SparkConf().setAppName("Task1").setMaster("local[1]")
    sc = SparkContext(conf=conf)
    try:
        # 读取 click_log.csv 文件
        click_log_rdd = sc.textFile("data/click_log.csv")
        # 去重用户数
        unique_user_count = click_log_rdd.map(lambda line: line.split(",")[0]).distinct().count()
        # 总点击文章次数
        total_click_count = click_log_rdd.count()
        # 计算平均点击文章次数
        if unique_user_count > 0:
            average_click_count = total_click_count / float(unique_user_count)
        else:
            average_click_count = 0.0
        # 输出结果
        print(f" 去重用户数 : {unique_user_count}")
        print(f" 总点击文章次数 : {total_click_count}")
        print(f" 平均点击文章次数 : {average_click_count}")
    finally:
        # 停止 Spark 上下文
        sc.stop()
```

在本实例中，clickLogRDD = sc.textFile() 语句用于读取数据集中的所有行，生成一个 RDD。这个 RDD 的每个元素都是一个字符串，且被英文逗号分隔。

在新得到的 clickLogRDD 上执行 map 操作，每行内容由“,”分隔，并只读取第一个元素，得到每条点击日志的用户 id。使用 disctinct() 函数对得到的用户 id 进行去重，得到去重用户数。然后使用 count() 函数，统计去重用户数总数。

由于用户点击日志表中的每行都代表依次文章点击记录，因此只需统计本数据集中的行数即可。在新得到的 clickLogRDD 上执行 count 操作，得到总点击文章次数。

程序执行结果如图 3.25 所示。

```
去重用户数: 200001
总点击文章次数: 1112624
平均点击文章次数: 5.5630921845390775
```

图 3.25 实例 1 的程序执行结果

3.6.2 实例 2

1. 需求说明

输出新闻文章信息表中的文章类型。

2. 项目实现

Scala 语言代码如下：

```
import org.apache.spark.{SparkConf, SparkContext}
object Task2 {
  def main(args: Array[String]): Unit = {
    // 创建 Spark 配置和 Spark 上下文
    val conf = new SparkConf().setAppName("Task2").setMaster("local[*]")
    val sc = new SparkContext(conf)
    // 读取 articles.csv 文件
    val articles = sc.textFile("data/articles.csv")
    // 将 CSV 文件分割成行，并将其映射为文章信息的元组
    val articlesRDD = articles.map(line => {
      val fields = line.split(",")
      (fields(0).toInt, fields(1).toInt, fields(2).toLong, fields(3).toInt)
    })
    // 计算文章类型的数量
    val categoryCount = articlesRDD.map(_._2).distinct().count()
    // 打印结果
    println(s"Number of distinct article categories: $categoryCount")
    // 停止 Spark 上下文
    sc.stop()
  }
}
```

Python 语言代码如下：

```
from pyspark import SparkConf, SparkContext
if __name__ == "__main__":
    # 创建 Spark 配置和 Spark 上下文
    conf = SparkConf().setAppName("Task2").setMaster("local[*]")
    sc = SparkContext(conf=conf)
    try:
        # 读取 articles.csv 文件
        articles = sc.textFile("data/articles.csv")
        # 将 CSV 文件分割成行，并将其映射为文章信息的元组
        articles_rdd = articles.map(lambda line: tuple(map(int, line.split(','))))
        # 计算文章类型的数量
        category_count = articles_rdd.map(lambda x: x[1]).distinct().count()
        # 打印结果
        print(f"Number of distinct article categories: {category_count}")
    finally:
        # 停止 Spark 上下文
        sc.stop()
```

在本实例中，主要使用新闻文章信息表（articles.csv），通过 articles = sc.textFile() 语句读取数据集中的所有行，生成一个 RDD。该 RDD 的每个元素都是一个字符串，且被“,”分隔。RDD 中的每行都由“,”分隔，并转换为一个元组，每个元组都包含个整型值。

在得到的 articlesRDD 上执行 map 操作，取出每行的第二个元素，得到文章类型。使用 disctinct() 函数对得到的文章类型进行去重，然后使用 count() 函数，统计去重文章类型总数。

程序执行结果如图 3.26 所示。

```
Number of distinct article categories: 461
```

图 3.26 实例 2 的程序执行结果

3.6.3 实例 3

1. 需求说明

输出数据集的所有文章中点击最多、点击最少的文章 ID 及次数。

2. 项目实现

Scala 语言代码如下：

```
import org.apache.spark.{SparkConf, SparkContext}
object Task3 {
  def main(args: Array[String]): Unit = {
    // 初始化 Spark 配置和 Spark 上下文
    val conf = new SparkConf().setAppName("Task3").setMaster("local[*]")
    val sc = new SparkContext(conf)
    // 读取点击日志数据
    val clickLogs = sc.textFile("data/click_log.csv")
    val clickLogsRDD = clickLogs.map(line => {
      val fields = line.split(",")
      (fields(1).toInt, 1)
    })
    // 计算每篇文章的点击次数
    val articleClickCounts = clickLogsRDD.reduceByKey(_ + _)
    val sortedList = articleClickCounts.map(_.swap).sortByKey().map(_.swap).collect()
    // 找出点击次数最多和最少的文章 ID
    val maxClickArticle = sortedList.last
    val minClickArticle = sortedList(0)
    // 打印结果
    println(s" 文章点击次数最多的 ID 和次数 : ${maxClickArticle._1} - ${maxClickArticle._2}")
    println(s" 文章点击次数最少的 ID 和次数 : ${minClickArticle._1} - ${minClickArticle._2}")
    // 停止 SparkContext
    sc.stop()
  }
}
```

Python 语言代码如下：

```
from pyspark import SparkConf, SparkContext
def main():
    # 初始化 Spark 配置和 Spark 上下文
    conf = SparkConf().setAppName("Task3").setMaster("local[*]")
    sc = SparkContext(conf=conf)
    # 读取点击日志数据
    click_logs = sc.textFile("data/click_log.csv")
    # 转换数据格式，计算每篇文章的点击次数
    click_logs_rdd = click_logs.map(lambda line: line.split(",")) \
```

```
            .map(lambda fields: (int(fields[1]), 1)) \
            .reduceByKey(lambda a, b: a + b)
        # 转换数据格式以便排序，首先交换键值对，然后排序，最后交换
        sorted_list = click_logs_rdd.map(lambda x: (x[1], x[0])).sortByKey().map(lambda x: (x[1], x[0])).collect()
        # 找出点击次数最多和最少的文章 ID
        max_click_article = sorted_list[-1]
        min_click_article = sorted_list[0]
        # 打印结果
        print(f" 文章点击次数最多的 ID 和次数 : {max_click_article[1]} - {max_click_article[0]}")
        print(f" 文章点击次数最少的 ID 和次数 : {min_click_article[1]} - {min_click_article[0]}")
        # 停止 SparkContext
        sc.stop()
    if __name__ == "__main__":
        main()
```

在本实例中，读取数据集后，对数据集中的每行数据使用 map() 函数，使用“,”分隔每行数据的字段，提取第二个字段并转换为整数，然后与 1 配对，形成一个键值对，键是文章 ID，值是 1，表示该文章被点击了一次。键值对信息放在一个新 RDD 中。

在得到的 clickLogsRDD 上执行 reduceByKey 操作，实现对相同键（文章 ID）的值聚合，这里聚合操作是加法（将点击次数相加）。

对于得到的 sortedList，首先使用 map() 函数将键值对的键和值互换，互换后的键为累计点击次数，值为文章 ID。然后使用 sortByKey 方法按键排序，得到按照累计点击次数降序排列的文章 ID，最后使用 map 方法将键值对的键和值互换。

程序执行结果如图 3.27 所示。

```
文章点击次数最多的ID和次数: 234698 - 11886
文章点击次数最少的ID和次数: 74884 - 1
```

图 3.27　实例 3 的程序执行结果

3.6.4　实例 4

1. 需求说明

统计数据集中每日点击次数总数并按照时间升序展示，展示字段包括日期、点击总数。

2. 项目实现

Scala 语言代码如下：

```
import org.apache.spark.{SparkConf, SparkContext}
import org.apache.spark.rdd.RDD
object Task4 {
  def main(args: Array[String]): Unit = {
    // 创建 Spark 配置和 Spark 上下文
    val conf = new SparkConf().setAppName("Task4").setMaster("local[*]")
    val sc = new SparkContext(conf)
    // 读取 click_log.csv 文件
    val clickLogs = sc.textFile("data/click_log.csv")
    // 将每行数据都映射为一个元组（日期，1）
    val dateClicks: RDD[(String, Int)] = clickLogs.map { line =>
```

```
            val fields = line.split(",")
            val clickDate = fields(2).toLong
            val date = new java.text.SimpleDateFormat("yyyy-MM-dd").format(clickDate)
            (date, 1)
        }
        // 将相同日期的点击次数累加
        val totalClicksByDate = dateClicks.reduceByKey(_ + _)
        // 按照时间升序排序
        val sortedClicks = totalClicksByDate.sortBy(_._1)
        // 收集并打印结果
        sortedClicks.collect().foreach { case (date, count) => println(s"$date, $count")}
        // 停止 Spark 上下文
        sc.stop()
    }
}
```

Python 语言代码如下：

```
from pyspark import SparkConf, SparkContext
from datetime import datetime
if __name__ == "__main__":
    # 创建 Spark 配置和 Spark 上下文
    conf = SparkConf().setAppName("Task4").setMaster("local[*]")
    sc = SparkContext(conf=conf)
    try:
        # 读取 click_log.csv 文件
        click_logs = sc.textFile("data/click_log.csv")
        # 将每行数据都映射为一个元组（日期字符串，1）
        date_clicks = click_logs.map(lambda line: line.split(",")).map(lambda fields:
                (datetime.fromtimestamp(int(fields[2])).strftime('%Y-%m-%d'), 1))
        # 将相同日期的点击次数累加
        total_clicks_by_date = date_clicks.reduceByKey(lambda a, b: a + b)
        # 按照时间升序排序
        sorted_clicks = total_clicks_by_date.sortByKey()
        # 收集并打印结果
        for date, count in sorted_clicks.collect():
                print(f"{date}, {count}")
    finally:
        # 停止 Spark 上下文
        sc.stop()
```

在本实例中，读取数据集后，对数据集中的每一行数据使用 map() 函数，使用“,”分隔每行数据的字段，提取第三个字段并将其转换为长整型。然后使用 SimpleDateFormat 将 UNIX 时间戳转换为 yyyy-MM-dd 格式的日期字符串。最后，将转换后的日期和 1 配对，形成一个键值对，键是日期，值是 1，表示该日期被点击了一次，以形成一个新 RDD，即 dateClicks。

对于 dataClicks 中的数据，使用 reduceByKey 方法对相同键（日期）的值聚合，计算每个点击日期的值之和。然后使用 sortBy 方法按键（日期）升序排序。

程序执行结果部分如图 3.28 所示。

```
2017-10-03, 25436
2017-10-04, 89357
2017-10-05, 77850
2017-10-06, 98459
2017-10-07, 82680
2017-10-08, 46675
2017-10-09, 74168
2017-10-10, 137235
2017-10-11, 104816
2017-10-12, 86723
```

图 3.28　实例 4 的程序执行结果

3.6.5　实例 5

1. 需求说明

统计数据集中每种文章类型的点击次数总数，展示 TOP3 文章类型及其点击次数总数。

2. 项目实现

Scala 语言代码如下：

```
import org.apache.spark.{SparkConf, SparkContext}
object Task5 {
  def main(args: Array[String]): Unit = {
    // 初始化 Spark 配置和 Spark 上下文
    val conf = new SparkConf().setAppName("Task5").setMaster("local")
    val sc = new SparkContext(conf)
    // 读取文章信息和点击日志的 CSV 文件
    val articles = sc.textFile("data/articles.csv")
    val clickLogs = sc.textFile("data/click_log.csv")
    // 将文章信息转换为 RDD 的元组形式
    val articlesRDD = articles.map(line => {
      val fields = line.split(",")
      (fields(0).toInt,  fields(1).toLong)
    })
    // 将点击日志转换为 RDD 的元组形式
    val clickLogsRDD = clickLogs.map(line => {
      val fields = line.split(",")
      (fields(0).toInt, fields(1).toInt, fields(2).toLong, fields(3).toInt, fields(4).toInt, fields(5).toInt,
      fields(6).toInt, fields(7).toInt, fields(8).toInt)
    })
    // 将点击日志映射为 (category_id, 1) 形式，用于后续聚合
    val categoryClicks = clickLogsRDD.map(click => (click._2, 1))
    // 连接文章信息与点击日志，以获取点击次数
    val joinedRDD = articlesRDD.join(categoryClicks).map {
      case (_, (categoryId, _)) => (categoryId, 1)
    }
    // 对文章类型聚合，计算每种文章类型的点击次数
    val categoryCounts = joinedRDD.reduceByKey(_ + _)
    // 将结果按照点击次数降序排序，并取前 3 名
    val top3Categories = categoryCounts.sortBy(_._2, ascending = false).take(3)
    // 打印结果
    top3Categories.foreach { case (categoryId, count) =>
```

```
            println(s"Category ID: $categoryId, Clicks: $count")
        }
        // 停止 SparkContext
        sc.stop()
    }
}
```

Python 语言代码如下：

```
from pyspark import SparkConf, SparkContext
def main():
    # 初始化 Spark 配置和 Spark 上下文
    conf = SparkConf().setAppName("Task5").setMaster("local")
    sc = SparkContext(conf=conf)
    # 读取文章信息和点击日志的 CSV 文件
    articles = sc.textFile("data/articles.csv")
    click_logs = sc.textFile("data/click_log.csv")
    # 将文章信息转换为 RDD 的元组形式
    articles_rdd = articles.map(lambda line: (
        int(line.split(",")[0]),
        int(line.split(",")[1])
    ))
    # 将点击日志转换为 RDD 的元组形式
    click_logs_rdd = click_logs.map(lambda line: tuple(map(int, line.split(","))))
    # 将点击日志映射为 (category_id, 1) 形式，用于后续聚合
    category_clicks = click_logs_rdd.map(lambda click: (click[1], 1))
    # 连接文章信息与点击日志，以获取点击次数
    joined_rdd = articles_rdd.join(category_clicks).map(lambda x: (x[1][0], 1))
    # 对文章类型聚合，计算每种文章类型的点击次数
    category_counts = joined_rdd.reduceByKey(lambda a, b: a + b)
    # 将结果按照点击次数降序排序，并取前 3 名
    top_3_categories = category_counts.sortBy(lambda x: x[1], ascending=False).take(3)
    # 打印结果
    for category_id, count in top_3_categories:
        print(f"Category ID: {category_id}, Clicks: {count}")
    # 停止 SparkContext
    sc.stop()
    if __name__ == "__main__":
    main()
```

在本实例中，使用 textFile() 方法读 articles.csv 和 click_log.csv 文件，并将文件内容转换为两个 RDD。

对 articlesRDD 中的每条数据应用 map 转换，对每行数据分割，并提取第一个字段和第二个字段，即文章 ID 和文章类型 ID，将其转换为整型和长整型，形成一个元组。

对 clickLogsRDD 中的每条数据应用 map 转换，对每行数据分割，提取所有字段，将其转换为整型和长整型，形成一个元组。

从 clickLogsRDD 中提取文章类型 ID，并将其映射为 (category_id, 1) 形式。连接 clickLogsRDD 与 articlesRDD，对连接后的 RDD 应用 reduceByKey 方法，对相同键（文章类型 id）的值聚合。

使用 sortBy 方法按键值对的值（点击次数）降序排序，然后使用 take 方法获取前三个元素。

程序执行结果如图 3.29 所示。

```
Category ID: 375, Clicks: 111783
Category ID: 281, Clicks: 101619
Category ID: 250, Clicks: 71033
```

图 3.29　实例 5 的程序执行结果

手机基站日志数据分析

实　　验

一、实验目的

1. 熟悉 Spark RDD 的基本操作。
2. 熟悉使用 RDD 编程解决实际问题的方法。

二、实验内容

基站即公用移动通信基站，它是移动设备接入互联网的接口设备，用来保证在移动过程中手机随时保持信号，满足通话以及收发信息等需求。本实验提供了基站信息数据集与用户信息数据集，需要使用 RDD 对数据进行分割处理，以获取业务需求使用的数据，根据不同用户在基站停留的时间数据统计用户与停留地点的关系。

三、实验思路与步骤

实验思路

（1）想要获取用户家、公司位置，可以通过用户在某地点停留的时间判断（关联基站）；

（2）两个位置有多个基站。

（3）计算每个基站的停留时间。

（4）找出停留时间最长的两个基站。

（5）获取基站位置（基站位置由经度和纬度构成）。

（6）根据排序，前两个常去的位置可能是家和公司。

实验步骤

（1）基站数据准备，添加基站经纬数据和用户数据。

（2）创建 Spark 基站项目并添加依赖，创建项目包。

（3）为基站和用户数据分组。

（4）输出结果。

习　　题

1. RDD 是（　　）分布式数据集。

A．弹性　　B．刚性

C．临时　　D．持久

2. 以下（　　）操作是 Spark RDD 的转换（Transformation）操作。

A. count()　　B. collect()　　C. map()　　D. reduce()

3. 以下（　　）操作是 Spark RDD 的行动（Action）操作。

A. flatMap()　　B. filter()　　C. first()　　D. mapValues()

4. 在 Spark 中，RDD 的分区数可以通过（　　）操作设置。

A. repartition()　　B. coalesce()

C. cache()　　D. persist()

5. 以下（　　）操作会触发实际的计算。

A. map()　　B. filter()

C. reduce()　　D. mapPartitions()

6. RDD 的 partition（分区）默认采用（　　）策略。

A. Hash 分区　　B. Range 分区

C. List 分区　　D. Random 分区

7. 以下（　　）操作可以将 RDD 中的元素按照 key 分组。

A. groupByKey()　　B. reduceByKey()

C. aggregateByKey()　　D. foldByKey()

8. Spark RDD 中的元素默认按照（　　）分区。

A. 元素的值　　B. 元素的键

C. 元素的哈希值　　D. 元素的顺序

9. 以下（　　）方法用于合并 RDD 中的分区。

A. coalesce()　　B. repartition()

C. union()　　D. intersection()

10. 在 Spark 中，获取 RDD 中的前 *N* 个元素使用（　　）方法。

A. take(N)　　B. top(N)　　C. first(N)　　D. sample(N)

11. 在 Spark 中，（　　）操作可以将 RDD 中的元素进行笛卡儿积操作。

A. cartesian()　　B. cogroup()

C. sample()　　D. takeSample()

12. 以下（　　）方法用于将 RDD 中的元素保存到文件系统。

A. saveAsTextFile()　　B. saveAsObjectFile()

C. saveAsSequenceFile()　　D. 以上都是

13. 在 Spark 中，要创建一个由外部存储系统中的数据集构成的 RDD 使用（　　）方法。

A. textFile()　　B. parallelize()

C. makeRDD()　　D. emptyRDD()

14. 以下（　　）不是 RDD 的持久化级别。

A. MEMORY_ONLY　　B. DISK_ONLY

C. MEMORY_AND_DISK　　D. HDFS_ONLY

15. 在 Spark 中，（　　）操作可以对 RDD 中的元素进行笛卡儿积操作。

A. cartesian()　　B. cogroup()

C. sample()　　D. takeSample()

课程思政案例

在高性能计算机领域，我国曾长期受国外技术封锁。为了打破该局面，我国科研人员开始研究“曙光一号”高性能计算机。

在开发经费有限、专业人才缺乏的情况下，李国杰院士将高性能计算法的研制工作拆分为多个环节，带领团队克服了种种困难，通过“洋插队”等方式学习先进技术并自主创新，最终成功研制出“曙光一号”高性能计算机。

“曙光一号”高性能计算机的研制成功不仅填补了我国在高性能计算机领域的空白，还为我国后续高性能计算机的发展奠定了坚实基础。同时，它向世界展示了我国科技工作者的智慧与勇气。可见，团结协作在科技项目成功中非常重要，每位中华儿女都可为国家科技进步作出贡献。

第 4 章　Spark 结构化数据处理

本章将主要介绍 Spark SQL 及 DataFrame 的基本概念、应用场景和编程实例。Spark SQL 是 Spark 的模块，主要用于处理结构化数据。Spark SQL 可以处理多种数据源，包括关系型数据库、Hive、Parquet、Avro、JSON 等。DataFrame 是 Spark SQL 中的一个核心概念，表示一个以列形式的分布式数据集。本章将重点讲解 DataFrame 的创建、DataFrame 的常用操作、用 Spark SQL 操作数据源等内容。

1. 了解 Spark SQL 的基本架构和工作原理
2. 掌握 DataFrame 的常见操作
3. 掌握 Spark SQL 读写 MYSQL 数据库
4. 掌握 Spark SQL 读写 Hive 数据仓库

4.1　Spark SQL 简介

Spark SQL 是 Apache Spark 的一个模块，用于处理结构化数据。它提供用于处理结构化数据的高级 API 和查询引擎，以及为处理大规模数据提供了优化和高性能的功能。Spark SQL 可以处理多种数据源，包括关系型数据库、Hive、Parquet、Avro、JSON 等。它支持基于 SQL 的查询，并提供 DataFrame 和 DataSet 两个抽象概念，用于表示结构化数据。

4.1.1　Spark SQL 的概念

在 Spark 发展早期，为了提高 SQL-on-Hadoop 的效率，伯克利实验室开发了一种交互式查询工具——Shark，目的是提供与 Hive 类似的 SQL 查询功能，而且比 Hive 性能高。然而，Shark 在发展过程中遇到许多挑战，最终 Apache Spark 团队决定重新开发一个 SQL 引擎——Spark SQL。Spark SQL 不仅继承了 Shark 的许多优点，还进行了大量的优化和改进，处理大规模数据时具有更高的性能和更好的可扩展性。

2014 年，Spark SQL 1.0 版本正式发布，标志着 Spark SQL 时代的到来。2015 年，Spark SQL 1.3 版本发布了 DataFrame 的数据结构，该数据结构至今仍广泛使用。2016 年，Spark SQL 1.6 版本发布 Dataset 的数据结构，即带泛型的 DataFrame，为 Java 和 Scala 等支持泛型的语言提供更好的支持。同年，Spark SQL 2.0 版本统一了 Dataset 与 DataFrame，使得 PySpark 中使用的 DataFrame 就是没有泛型的 Dataset。随着 Spark SQL 的发展壮大，其逐渐成为 Spark 生态系统中的一个核心组件。

1. Spark SQL 的架构

Spark SQL 的架构由多个核心组件（如 Core、Catalyst、Hive 和 Hive-Thriftserver 等）组成。这些组件共同协作，使得 Spark SQL 高效地处理大规模结构化数据。Spark SQL 架构如图 4.1 所示。

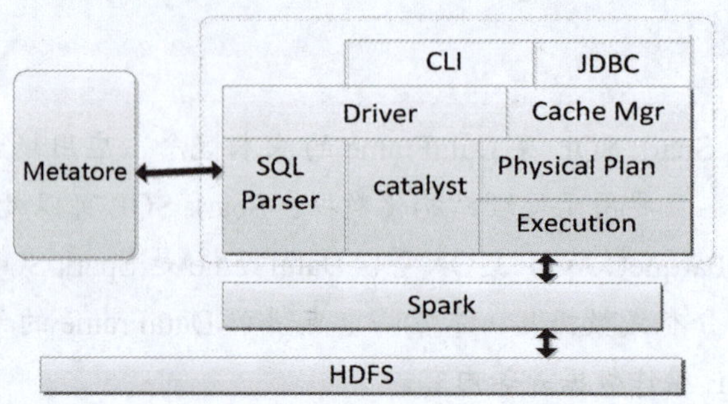

图 4.1 Spark SQL 架构

Core：Core 组件负责处理数据的输入 / 输出，可以从不同的数据源获取数据，如 RDD、Parquet 文件和 JSON 文件等，并将查询结果输出成 DataFrame。Core 组件是 Spark SQL 与其他数据源交互的桥梁，提供丰富的 API 和接口，用户可以方便地读取和写入数据。

Catalyst：Catalyst 是 Spark SQL 中的重要组件，负责处理查询语句的整个过程。Catalyst 将 SQL 语句通过词法和语法解析生成未绑定的逻辑计划，然后在后续步骤中将不同的规则（Rules）[如解析（Parsing）、绑定（Binding）、优化（Optimization）和物理计划（Physical Planning）等] 应用到该逻辑计划上。Catalyst 优化器可以根据数据分布、数据类型和查询模式等因素选择最佳执行计划，从而提高查询性能。

Hive：Hive 组件负责对 Hive 数据的处理。Spark SQL 复用了 Hive 提供的元数据仓库（Metastore）、HiveQL、用户自定义函数（UDF）以及序列化和反序列工具（SerDes）。通过 Hive 组件，Spark SQL 可以读取和写入 Hive 表中的数据，并利用 Hive 的元数据管理和查询优化功能。

Hive-Thriftserver：Hive-Thriftserver 组件提供了 CLI（命令行界面）和 JDBC/ODBC 接口，用户可以通过这些接口与 Spark SQL 交互。

2. Spark SQL 工作原理

Spark 要想很好地支持 SQL，就需要完成解析（Parser）、优化（Optimizer）、执行（Execution）三大过程。Spark SQL 的流程处理如下：

（1）SQL Parser。SQL 解析器是 Spark SQL 处理流程的第一步，它负责将输入的 SQL 语句解析成语法树 [也称未解析的逻辑计划（Unresolved Logical Plan）]。

（2）Analyzer（分析器）。分析器负责将未解析的逻辑计划结合元数据（如 Session-Catalog 或 Hive Metastore）转换成已解析的逻辑计划（Resolved Logical Plan）。

（3）Optimizer（优化器）。优化器负责优化已解析的逻辑计划，生成优化的逻辑计划（Optimized Logical Plan）。

（4）Strategies（策略）。在逻辑计划被优化器规则优化后，Spark Planner 将优化后的逻辑计划转换为一个或多个候选物理计划。策略（Strategies）用于指导将逻辑计划转换成物理计划。

（5）Execution（执行）。执行阶段负责将最终的物理计划转换成可执行的任务，并在 Spark 集群上执行这些任务以完成查询。Spark 工作原理如图 4.2 所示。

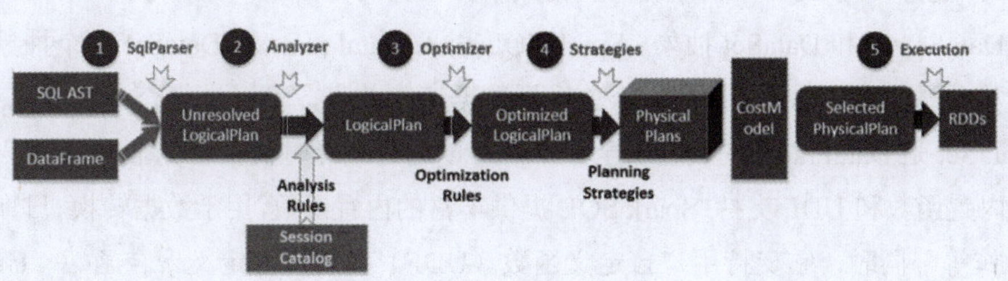

图 4.2 Spark 工作原理

3. Spark SQL 的应用场景

Spark SQL 以强大的数据处理能力、灵活的数据集成方式应用于广泛的场景中。

查询和分析结构化数据：Spark SQL 允许用户使用 SQL 语句和 DataFrame API 查询及分析结构化数据。用户可以将数据转换为数据框架，进行数据操作和数据转换，以满足不同分析需求。

数据集成：Spark SQL 可以与多种数据源（包括 HDFS、Hive、Avro、Parquet 等）集成，能够在不同的数据源之间进行数据交换和数据转换，实现数据的整合和统一管理。

实时数据处理：通过与 Spark Streaming 集成，Spark SQL 能够实现对实时流数据的处理和分析，在需要处理和分析实时数据的场景（如金融市场的实时交易分析、物联网设备的实时监控等）中非常有用。

机器学习：Spark SQL 提供机器学习库 MLlib，用于构建和训练机器学习模型；同时，它可以与其他机器学习框架集成，为机器学习应用提供强大的数据处理能力。

数据可视化：Spark SQL 可以与不同可视化工具（如 Tableau、Power BI 等）进行集成，将处理过的数据可视化展示，用户可以更直观地理解数据和分析结果，提高决策效率。

此外，Spark SQL 还适用于需要对大规模数据集进行快速处理和分析的场景，如社交网络数据分析、电子商务数据分析等。在这些场景中，Spark SQL 能够发挥其高性能的批处理和流处理能力，快速分析和挖掘数据。

4.1.2 Spark SQL 的优势

Spark SQL 作为 Apache Spark 框架中的一个关键模块，专注于结构化数据的处理，在处理大规模数据集和复杂查询时优势明显。与 Spark 中的其他数据抽象（RDD）相比，Spark SQL 具有更高层次的抽象和优化的查询处理能力，数据处理更简单、更高效、更友好。

SparkSQL 具有以下特点：

（1）高性能：Spark SQL 使用列式存储和压缩技术，以及查询计划的优化和代码生成等技术，处理大规模数据时具有高性能的查询和分析能力。

（2）多数据源支持：Spark SQL 可以处理多种数据源，包括关系型数据库、Hive、Parquet、Avro、JSON 等。它提供统一的 API 和查询语言，用户能以统一的方式处理不同类型的数据。

（3）SQL 支持：Spark SQL 提供完整的 SQL 支持，用户可以使用标准的 SQL 语法进行查询、过滤、聚合等操作。此外，Spark SQL 还提供了一个高效的优化器（Catalyst Optimizer），能够优化 SQL 查询，提高查询效率，使查询更高效、更友好。

（4）DataFrame 和 DataSet 抽象：Spark SQL 引入 DataFrame 和 DataSet 两个抽象概念，以表示结构化数据。DataFrame 类似于关系型数据库中的表，可以进行查询、过滤和聚合操作。DataSet 是 DataFrame 的类型安全版本，可以通过编译时检查避免常见的错误。

（5）内置函数和 UDF 支持：Spark SQL 提供丰富的内置函数，用于数据转换、日期处理、字符串操作等；同时，它支持用户自定义函数（UDF）和用户自定义聚合函数（UDAF），用户可以根据自己的需求扩展功能。

（6）扩展性：Spark SQL 提供许多可扩展的接口和机制，用户可以根据自己的需求扩展和定制功能，如自定义数据源、自定义优化规则、自定义函数等。

（7）统一的编程模型：Spark SQL 与 Spark 的其他模块（如 Spark Streaming 和 MLlib）紧密集成，用户可以使用统一的编程模型处理不同类型的数据，从而简化开发和维护工作。

4.2 DataFrame 的创建

在 Spark 中，DataFrame 是一个以列的形式构成的分布式数据集，提供高效的数据访问和操作方式，同时支持多种数据源和多种操作。

4.2.1 DataFrame 与 DataSet

为了满足大规模数据处理的需求，Spark 先后引入两种数据类型：DataFrame 和 Dataset。DataFrame 是 Spark 1.3 版本后引入的分布式集合，DataSet 是 Spark 1.6 版本后引入的分布式集合。在 Spark 2.0 版本后，DataFrame 和 DataSet 的 API 统一，DataFrame 是 DataSet 的子集，DataSet 是 DataFrame 的扩展。

1. DataFrame

与 RDD 类似，DataFrame 也是一个分布式数据容器。DataFrame 类似于关系型数据库中的表，具有类似的行和列的结构，每行代表一条记录，每列代表一个属性或字段。

DataFrame 与 RDD 的最大不同之处在于，DataFrame 除数据外，还掌握数据的结构信息，即 Schema。RDD 只是数据的集合，不了解每条数据的内容，而 DataFrame 明确地了解每条数据由几个命名字段组成。可以形象地理解为 RDD 是由行数据组成的一维表，而 DataFrame 是每行数据都有清晰的列划分的二维表，具体如图 4.3 所示。

总的来说，DataFrame 除提供比 RDD 丰富的算子外，还提升了 Spark 框架执行效率、减少了数据读取时间以及优化了执行计划。DataFrame 使处理数据更加简单，甚至可以直接用 SQL 处理数据，实用性得到了很大的提升。

2. DataSet

DataSet 是分布式数据集合，是 DataFrame 的一个扩展。DataSet 结构与 DataFrame 相同，但它是强类型的，它包含的每个元素都由 case class 定义，每个属性的类型都是确定的。它提供 RDD 的优势（强类型，使用强大的 lambda 函数的能力）以及 SparkSQL 优化执行引擎的优点。

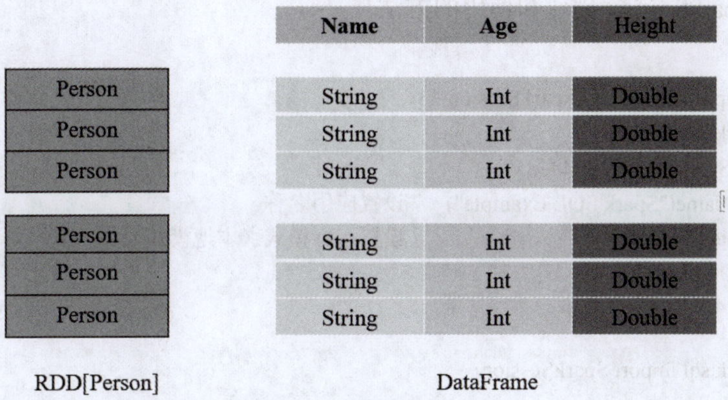

Name	Age	Height

Person
Person
Person

Person
Person
Person

RDD[Person]

String	Int	Double
String	Int	Double
String	Int	Double
String	Int	Double
String	Int	Double
String	Int	Double

DataFrame

图 4.3 基于 RDD 和 DataFrame 保存 Person 类型数据集

DataSet 与 DataFrame 的区别在于，DataSet 在 DataFrame 的基础上进一步指明了每个数据的类型。DataFrame 就是 DataSet 的一个特例，在 Spark 2.0 源码中有如下代码。说明每当使用 DataFrame 时就是在使用 Dataset。因此，DataFrame 中每行的类型都是 Row。

```
package object sql {
  //...
  type DataFrame = Dataset[Row]
}
```

总之，RDD、DataFrame、DataSet 之间可以相互转换，三者的特点见表 4.1。

表 4.1 RDD、DataFrame、DataSet 的特点

	RDD	DataFrame	DataSet
不可变性	√	√	√
分区	√	√	√
Schema	×	√	√
查询优化器	×	√	√
API 级别	低	高（底层基于 RDD）	高（DataFrame 扩展）
是否存储类型	√	×	√

3. Spark Session

在 Apache Spark 2.0 版本后引入 Spark Session。Spark Session 是执行 SQL 查询和处理数据的入口点，可以代替 SparkContext。SparkSession 中封装了 SQLContext 和 HiveContext，可以连接 Spark 的不同功能，包括 SQL、DataFrames 和 Datasets。其中，Builder 是 SparkSession 的构造器。通过 Builder 构建 SparkSession 实例，并添加不同配置。Builder 方法见表 4.2。

表 4.2 Builder 方法

方法名称	方法描述
getOrCreate	获取或者新建一个 Spark Session
enableHiveSupport	增加支持 hive Support
appName	设置 application 的名字
config	设置不同配置

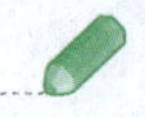

下面是 SparkSession 创建和使用的方法。

Scala：

```
import org.apache.spark.sql.SparkSession
// 创建 Spark Session
val spark = SparkSession.builder()
        .appName("Spark SQL Example")  // 设置应用名称
        .master("local[*]")            // 设置运行模式（本地模式）
        .getOrCreate()
```

Python：

```
from pyspark.sql import SparkSession
# 创建 Spark Session
spark = SparkSession.builder
    .appName("Spark SQL Example")     # 设置应用名称
    .config("spark.master", "local")  # 设置运行模式（本地模式）
    .getOrCreate()
```

4.2.2 从 RDD 转换为 DataFrame

在 Spark SQL 中，通过 RDD 创建 DataFrame 是常见操作。有两种常用方式可以实现该操作，一种是以反射机制创建 DataFrame；另一种是为以编程方式创建 DataFrame。

1. 以反射机制创建 DataFrame

在 Spark SQL 中，使用反射机制创建 DataFrame 是一种通过自动推断案例类（Case Class）结构加载数据的方法，适用于已知数据模式（Schema）的场景，是 Spark SQL 中最简单、最常用的方式。

Spark SQL 的 Scala 接口支持将包含样本类的 RDD 自动转换为 DataFrame。

（1）通过样本类定义数据的模式。

（2）Spark SQL 通过反射读出样本类中的参数名称，并作为表中字段的名称。

（3）注册为临时表以供后续的 SQL 查询使用。

例如，在 /root/data/ 目录下有一个文件 person.txt。该文件内容与格式如下：

```
Zhangsan,20
Lisi,30
Wangwu,35
...
```

以下示例在读取该文件数据后，将其 RDD 转换为对应的 DataFrame。

Scala 语言代码如下：

```
import org.apache.spark.sql.SparkSession

case class Person(name:String,age:Int)
object TestScala004 {
  def main(args: Array[String]): Unit = {
    val spark=SparkSession.builder().getOrCreate()

    val rdd= spark.sparkContext.textFile("D://dataset//person.txt").map(_.split(",")).map
    (p=> Person(p(0),p(1).trim.toInt))
```

```
        import spark.implicits._
        // 将 RDD 转换为对应的 DataFrame
        val persons=rdd.toDF()
        // 注册临时表
        persons. createOrReplaceTempView("tb_persons")
        // 执行 SQL 并查看结果
        val p = spark.sql("select * from tb_persons")
        p.show()
    }
}
```

程序运行结果如图 4.4 所示。

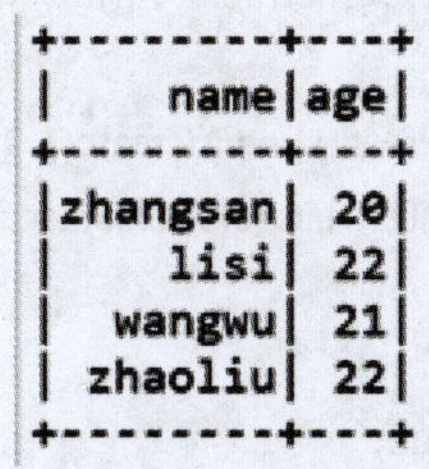

```
+--------+---+
|    name|age|
+--------+---+
|zhangsan| 20|
|    lisi| 22|
|  wangwu| 21|
| zhaoliu| 22|
+--------+---+
```

图 4.4 程序运行结果

由于 Python 不像 Scala 一样具有静态类型和编译时的类型检查，从而没有像 Scala 一样的反射机制用于自动推断模式，因此此处没有 Python 代码。

2. 以编程方式创建 DataFrame

当无法提前定义 case class 时，需要采用编程方式先定义 RDD 模式，即使用 struct type 指定模式（Schema），然后将其转换成 DataFrame。

（1）创建数据模式。

（2）将 RDD 中的元素转换为 DataFrame 的 Row 类型。

（3）利用创建的数据模式创建 DataFrame。

（4）注册临时表。

以下示例通过编程方式加载 person.txt 生成 RDD，然后将其转换成 DataFrame。

Scala：

```
import org.apache.spark.sql.SparkSession
import org.apache.spark.sql.{DataFrame,Row}
import org.apache.spark.sql.types._
// 创建由 StructField 表示的数据模式
val schema=
StructType(List(StructField("name",StringType,true),StructField("age",IntegerType,true)))
// 读取文件并将元素转换为 Row 类型
val rowRdd= spark.sparkContext.textFile("file:///root/datas/person.txt").map(_.split(",")).map
    (p=> Row(p(0),p(1).trim.toInt))
// 利用数据模式创建 DataFrame
val personDataFrame = spark.createDataFrame(rowRdd, schema)
// 注册临时表
personDataFrame. createOrReplaceTempView ("tb_persons2")
// 执行查询语句并显示
spark.sql("select * from tb_persons2").show()
```

程序运行结果如图 4.5 所示。

```
scala> spark.sql("select * from tb_persons2").show
+--------+---+
|    name|age|
+--------+---+
|Zhangsan| 20|
|    Lisi| 30|
|  Wangwu| 35|
+--------+---+
```

图 4.5　程序运行结果

Python：

```
from pyspark.sql import SparkSession
from pyspark.sql.types import StructType, StructField, StringType, IntegerType
from pyspark.sql import Row
spark = SparkSession.builder.appName("Test").getOrCreate()
lines_rdd = spark.sparkContext.textFile("D://dataset//person.txt ")
schema = StructType([
    StructField("name", StringType(), True),
    StructField("age", IntegerType(), True)
])
people_rdd = lines_rdd.map(lambda line: line.split(",")).map(lambda p: Row(name=p[0], age=int(p[1].strip())))
people_df = spark.createDataFrame(people_rdd, schema)
people_df.createOrReplaceTempView("tp_people")
people_df.show()
spark.sql("SELECT * FROM people").show()
spark.stop()
```

4.2.3　DataFrame 读写文件

在 Spark SQL 中，DataFrameReader 和 DataFrameWriter 是两个非常重要的组件，分别用于读取和写入数据。

1. DataFrameReader

DataFrameReader 是 Spark SQL 中的一个关键组件，提供一系列用于读取数据的方法。允许用户从各种数据源（如 CSV 文件、JSON 文件、Parquet 文件、JDBC 数据源等）中加载数据，并将其转换为 DataFrame 对象。

可以使用 SparkSession 中的 read 方法创建 DataFrameReader 对象，如图 4.6 和图 4.7 所示。

```
scala> val dr=spark.read
dr: org.apache.spark.sql.DataFrameReader = org.apache.spark.sql.DataFrameReader@73c337e9
```

图 4.6　使用 read 方法创建 DataFrameReader（Scala）

DataFrameReader 读取文件有两种方式，一种是使用 load 方法加载，使用 format 指定加载格式；另一种是直接使用封装方法，类似于 CSV、JSON、JDBC 等。DataFrameReader 常用方法见表 4.3。

```
>>> dr=spark.read
>>> dr
<pyspark.sql.readwriter.DataFrameReader object at 0x0000018E5304DA90>
```

图 4.7 使用 read 方法创建 DataFrameReader（Python）

表 4.3 DataFrameReader 对象的常用方法

方法名称	描述
format(String format)	指定文件格式，如 csv、json、parquet、orc、text、avro、jdbc、hive 等
option(String key, String value)	添加一个读取选项，选项取决于数据源格式
options(Map<String, String> options)	添加多个读取选项
schema(StructType schema)	指定 DataFrame 的 Schema
header(boolean header)	如果文件包含列名（头部）就设置为 true，默认为 false
load(String path)	加载指定路径的数据
csv(String... paths)	读取 CSV 格式的数据，可以指定一个或多个文件路径
json(String... paths)	读取 JSON 格式的数据，可以指定一个或多个文件路径
parquet(String... paths)	读取 Parquet 格式的数据，可以指定一个或多个文件路径
jdbc(String url, String table, ConnectionProperties connectionProperties)	从 JDBC 数据源读取数据，需要指定数据库 URL、表名和连接属性

read 方法用于从外部数据源（如 CSV、JSON、Parquet 等）读取数据，在该过程中，Spark 尝试推断数据的模式，即每列的数据类型和名称。也就是说，当使用 read 方法读取数据时，如果不指定模式，Spark 就尝试自动推断数据的模式。这种方式方便快捷、节省时间，但是自动推断模式有时可能不准确，特别是当数据包含复杂结构或不一致的类型时。另外，开启类型推断可能会增加读取数据的性能开销，因为 Spark 需要遍历整个数据集确定模式。因此，在实际应用中，可以根据数据的特点和业务需求选择是否采用数据模式推断方法。

以下是一个手动指定数据模式创建 DataFrame 的示例代码，在代码中使用 StructType 和 StructField 定义数据模式，包含 id、name 和 age 三个字段。

Scala：

```
import org.apache.spark.sql.SparkSession
import org.apache.spark.sql.types.{StructType, StructField, IntegerType, StringType}
import org.apache.spark.sql.Row

object DataSchema {
  def main(args: Array[String]): Unit = {
    // 创建 Spark Session
    val spark = SparkSession.builder()
      .appName("test")
      .master("local")
      .getOrCreate()
    import spark.implicits._
    // 定义数据模式
    val schema = new StructType(Array(
```

```
            StructField("id", IntegerType, true),
            StructField("name", StringType, true),
            StructField("age", IntegerType, true)
        ))
        // 准备数据
        val data = Seq(Row(1, "Alice", 25), Row(2, "Bob", 30))
        // 使用数据模式和数据创建 DataFrame
        val df = spark.createDataFrame(spark.sparkContext.parallelize(data), schema)
        // 显示 DataFrame
        df.show()
        // 停止 SparkSession
        spark.stop()
    }
}
```

Python：

```
from pyspark.sql import SparkSession
from pyspark.sql.types import StructType, StructField, IntegerType, StringType
# 创建 Spark Session
spark = SparkSession.builder.appName('test').getOrCreate()
# 定义数据模式
schema = StructType([
    StructField('id', IntegerType(), True),
    StructField('name', StringType(), True),
    StructField('age', IntegerType(), True)
])
# 准备数据
data = [(1, 'Alice', 25), (2, 'Bob', 30)]
# 使用数据模式和数据创建 DataFrame
df = spark.createDataFrame(data, schema)
# 显示 DataFrame
df.show()
```

程序运行结果如图 4.8 所示。

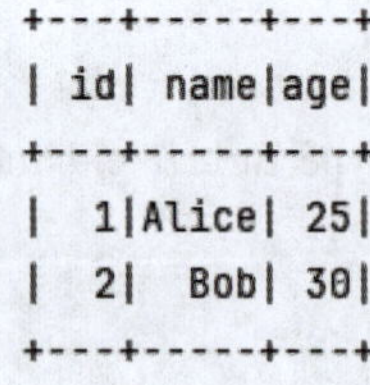

```
+---+-----+---+
| id| name|age|
+---+-----+---+
|  1|Alice| 25|
|  2|  Bob| 30|
+---+-----+---+
```

图 4.8　指定数据模式的程序运行结果

在上述代码中，可以发现 Scala 需要先将 Row 序列转换成 RDD，再生成 DataFrame。但 Python 可以直接生成。

2. DataFrameWriter

DataFrameWriter 组件主要用于将 DataFrame 对象的数据写入不同数据源。DataFrame-Writer 是通过 DataFrame 的 write 方法隐式创建的。

DataFrameWriter 对象的常用方法见表 4.4。

表 4.4 DataFrameWriter 对象的常用方法

方法名称	方法描述
format(String format)	指定输出数据的格式，如 csv、json、parquet、orc、text、avro、jdbc、hive 等
option(String key, String value)	添加一个写入选项，选项取决于文件格式和数据源
options(Map<String, String> options)	添加多个写入选项
mode(SaveMode mode)	指定写入模式，如 overwrite、append、ignore、error 等
partitionBy(String... cols)	根据指定的列对数据进行分区
save(String path)	将数据保存到指定路径
json(String...paths)	写入 JSON 格式的文件，可以指定一个或多个文件路径
parquet(String...paths)	写入 Parquet 格式的文件，可以指定一个或多个文件路径
csv(String...paths)	写入 CSV 格式的文件，可以指定一个或多个文件路径
saveAsTable(String tableName, boolean ignoreIfExists)	保存到 Hive 表或兼容的元数据存储中

3. JSON 文件读写

Spark SQL 可以通过读取 JSON 文件并自动推断其 Schema 创建 DataFrame。Spark SQL 的结构信息推断功能能够让用户高效地对结构化数据进行操作，不需要编写专门的代码来读取不同结构的文件。

基于 JSON 文件读取可以使用 read 方法实现，具体代码如下：

Scala：

```
val spark=SparkSession.builder().getOrCreate()
val df = spark.read.json("D://dataset//person.json")
df.show()
```

Python：

```
from Python.sql import SparkSession
spark = SparkSession.builder.appName("TestJSON").getOrCreate()
df = spark.read.json("D://dataset//person.json")
df.show()
```

将 DataFrame 数据保存为 JSON 数据源文件，具体代码如下：

Scala：

```
import org.apache.spark.sql.functions._
// 将 DataFrame 保存为 JSON 文件
df.write.mode("overwrite").format("json").save("D://dataset//res_json01");
```

Python：

```
from pyspark.sql.functions import *
df.write.json("D://dataset//res_json01", mode='overwrite')
```

程序运行结果如图 4.9 所示。

此电脑 › 新加卷 (D:) › dataset › res_json01

名称	修改日期	类型	大小
._SUCCESS.crc	2024/10/19 9:53	CRC 文件	1 KB
.part-00000-ab096d97-f849-4964-97...	2024/10/19 9:53	CRC 文件	1 KB
_SUCCESS	2024/10/19 9:53	文件	0 KB
part-00000-ab096d97-f849-4964-976...	2024/10/19 9:53	JSON 文件	1 KB

图 4.9　程序运行结果

4. 读写 Parquet 文件

Parquet 是一种高效的列存储文件格式，在大数据生态系统中扮演重要角色。Spark SQL 默认的数据源类型为 Parquet。Spark SQL 提供了直接读取 Parquet 格式文件的方法。基于 Parquet 文件读取可以使用 read 方法实现。

从本地 Parquet 数据源中读取数据并显示的具体代码如下：

Scala：

```
val df = spark.read.parquet("D://dataset//person.parquet")
df.show()
```

Python：

```
df = spark.read.parquet("D://dataset//person.parquet")
df.show()
```

将 DataFrame 数据保存为 Parquet 数据源文件的具体代码如下：

Scala：

```
df.write.mode("overwrite").format("parquet").save("D://dataset//res_json02");
```

Python：

```
df.write.parquet("D://dataset//res_json02", mode='overwrite')
```

程序运行结果如图 4.10 所示。

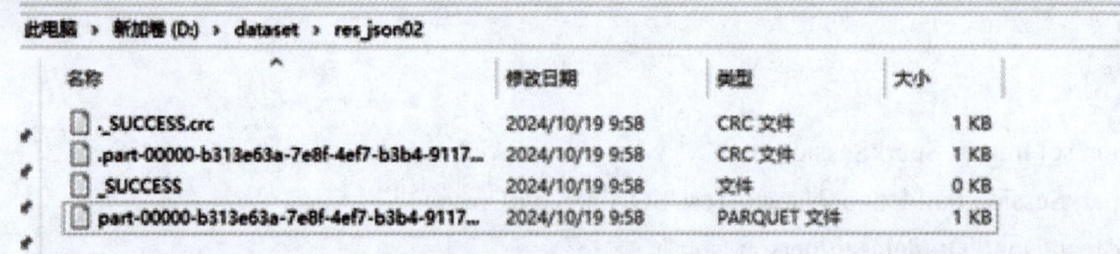

图 4.10　程序运行结果

5. 读写 CSV 文件

CSV 文件是一种简单的文本文件格式，用于存储表格数据。它以纯文本形式存储，每行都表示一条记录，每个值之间由“,”分隔，适合在不同程序间交换数据。CSV 文件易创建和编辑，是一种常用的数据格式。

在 Spark SQL 中，读取 CSV 文件是一个比较简单的操作，主要通过 read 方法实现，具体代码如下：

Scala：

```
val df = spark.read
  .option("header", "true") // 如果 CSV 文件包含表头
  .option("inferSchema", "true") // 自动推断数据类型
  .csv("D:\\dataset\\person.csv")
```

```
df.show() // 显示 DataFrame 内容
```

Python：

```
df = spark.read.csv("path/to/your/file.csv", header=True, inferSchema=True)
```

使用 DataFrame.write.csv() 方法并指定路径和必要的选项，如 header（是否写入表头）、mode（写入模式）等。

Scala：

```
df.write
  .option("header", "true")        // 是否写入表头
  .mode("overwrite")               // 写入模式（overwrite、append 等）
.csv("D://dataset//res_json03")
```

Python：

```
df.write.csv("D://dataset//res_json03",mode='overwrite')
```

程序运行结果如图 4.11 所示。

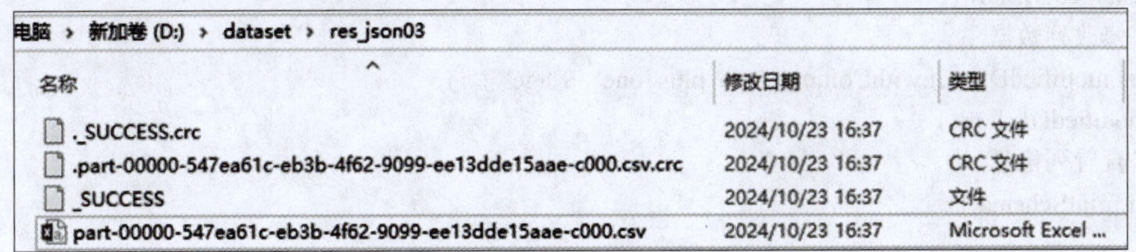

图 4.11 程序运行结果

4.3 DataFrame 的常用操作

对于 DataFrame，Spark SQL 提供了丰富的 API 以供操作，包括列的常用操作、过滤、排序等。但在 Spark 中，DataFrame 是不可变的，意味着上述操作都返回一个新的 DataFrame 对象，而原始 DataFrame 保持不变。

4.3.1 列的操作

在 DataFrame 中，列操作包括选择列、查看列信息、重命名列及修改列数据等。

1. 选择列

使用 select 方法可以选择 DataFrame 中的特定列。可以通过列名字符串或 Column 对象指定要选择的列。

2. 查看列信息

printSchema：打印 DataFrame 的完整模式，包括所有列的名称和类型。

columns：返回一个包含所有列名的数组。

schema：返回一个 StructType 对象，表示 DataFrame 的模式

3. 重命名列

使用 withColumnRenamed 方法可以重命名 DataFrame 中的列。

4. 修改列数据

使用 withColumn 方法可以添加新列或替换现有列的数据。

创建 DataFrame 并对其进行相关操作，具体代码如下：

Scala：

```
val spark=SparkSession.builder().getOrCreate()
import spark.implicits._
// 创建一个示例 DataFrame
val data = Seq(
        (1, " 张三 ", 29),
        (2, " 李四 ", 24),
        (3, " 王五 ", 35)
    )
val df = data.toDF("id", "name", "age")
// 选择列
val selectedDf = df.select("name", "age")
selectedDf.show()
// 重命名列
val renamedDf = df.withColumnRenamed("age", "years_old")
renamedDf.show()
// 修改列数据
val modifiedDf = df.withColumn("age_plus_one", $"age" + 1)
modifiedDf.show()
// 查看列信息
df.printSchema()
```

Python：

```
from pyspark.sql import SparkSession
from pyspark.sql.functions import col
# 创建 SparkSession
spark = SparkSession.builder
    .appName("PySpark DataFrame Example")
    .getOrCreate()
# 创建初始数据
data = [
        (1, " 张三 ", 29),
        (2, " 李四 ", 24),
        (3, " 王五 ", 35)
]
# 定义列名
columns = ["id", "name", "age"]
# 创建 DataFrame
df = spark.createDataFrame(data, columns)
df.show()
# 选择列
df_selected = df.select("name", "age")
# 重命名列
df_renamed = df_selected.withColumnRenamed("age", "years_old")
# 将所有人的年龄加 1
modifiedDf = df_renamed.withColumn("years_old", col("years_old") + 1)
# 查看 DataFrame 的列信息
modifiedDf.printSchema()
# 停止 SparkSession
spark.stop()
```

程序运行结果如图 4.12 所示。

```
root
 |-- id: integer (nullable = false)
 |-- name: string (nullable = true)
 |-- age: integer (nullable = false)
```

图 4.12 程序运行结果

4.3.2 过滤数据

数据过滤是一个非常基础且重要的操作。DataFrame 提供 filter、where 操作，允许根据指定的条件筛选数据。这些条件通常是基于列值的表达式，并且可以使用 Spark SQL 中的不同函数和操作符构建。其中 filter 和 where 操作的功能相同，互为别名，用法相似。

1. 基于单一条件过滤

Scala：

```
val filteredDf = df.filter($"age" > 30)
val filteredDf = df.where($"age" > 30)
```

Python：

```
filtered_df = df.filter(df.age > 30)
filtered_df = df.where(df.age > 30)
```

2. 基于多个条件过滤

可以使用逻辑操作符（如 && 或 AND，|| 或 OR，! 或 NOT）组合多个条件。

Scala：

```
df.filter($"age">30 && $"name" === " 王五 ").show()
df.where($"age">30 && $"name" === " 王五 ").show()
```

Python：

```
filtered_df = df.filter((df.age > 30) & (df.name == " 王五 "))
filtered_df = df.where((df.age > 30) & (df.name == " 王五 "))
```

4.3.3 排序数据

在 Spark SQL 中，使用 DataFrame 进行排序操作可以通过 orderBy 或 sort 方法实现。这两个方法的功能相同，都是根据指定的列或表达式对 DataFrame 中的行排序。

1. 单列排序

单列排序是指按指定的一列排序，默认按升序排序。如果需要降序，就可在列名后加上 .desc 方法。

Scala：

```
val sorted_df = df.sort($"age")
val sorted_df = df.orderBy($"age".desc)
```

Python：

```
sorted_df = df.orderBy(df.age)
sorted_df_desc = df.sort(df.age.desc())
```

2. 多列排序

多列排序是指可以根据多个列排序。例如，首先根据 age 列按降序排序，然后在相同年龄段根据 id 列按升序排序。

Scala：

```
val sortedDfMulti = df.sort($"age".desc, $"id")
```

Python：

```
sorted_df_multi = df.orderBy(df.age.desc(), df.id.asc())
```

程序运行结果如图 4.13 所示。

```
+---+----+---+
| id|name|age|
+---+----+---+
|  3|  王五| 35|
|  4|  马六| 35|
|  5|  赵七| 35|
|  1|  张三| 29|
|  2|  李四| 24|
+---+----+---+
```

图 4.13 程序运行结果

4.3.4 分组聚合

在 Spark SQL 中，可以对 DataFrame 进行分组聚合操作。使用 GROUP BY 子句对数据按某个例或多个列进行分组操作，可以使用聚合函数（如求和、计数、平均值等）对分组后的数据聚合。常见的聚合函数及其含义见表 4.5。

表 4.5 常见的聚合函数及其含义

常见的聚合函数	含义
COUNT	计算行数
SUM	计算总和
AVG	计算平均值
MAX	计算最大值
MIN	计算最小值
DISTINCT COUNT	计算不同值的数量（Spark SQL 2.4.0+ 支持）

示例如下：

Scala：

```
import org.apache.spark.sql.SparkSession
import org.apache.spark.sql.functions._
// 按照性别分组，分组后求每组的平均年龄
df.groupBy($"gender").agg(avg($"age")).show()
```

Python：

```
aggregated_df= = df.groupBy("gender").agg(avg("age").alias("average_age"))
aggregated_df.show()
```

程序运行结果如图 4.14 所示。

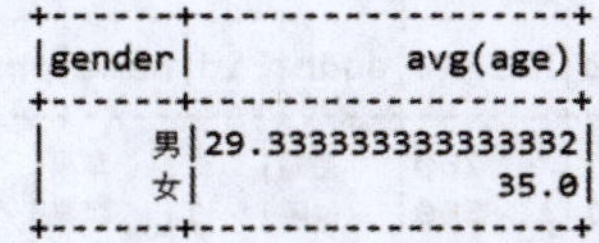

图 4.14 程序运行结果

注意：在 Python 中，通常使用 alias 方法为聚合结果指定一个别名，因为 as 关键字在 Python 中有其他用途。

4.3.5 连接操作

连接(Join)操作用来合并两个或两个以上 DataFrame。Spark SQL 提供丰富的连接类型，如内连接（Inner Join）、左外连接（Left Outer Join）、右外连接（Right Outer Join）、全外连接（Full Outer Join）等。其中，Spark SQL 默认的连接方式为内连接（Inner Join）。

以下示例针对水果表和订单表数据，对水果表和订单表进行连接操作。

Scala：

```
val fruit = Seq(
  (1, " 苹果 ", 4.5),
  (2, " 橘子 ", 1.5),
  (3, " 香蕉 ", 2.9)
)
val order = Seq(
  (1,1, 200 , " 芜湖 "),
  (2,1, 500 , " 铜陵 "),
  (2,3, 400 , " 芜湖 ")
)
val df_f = fruit.toDF("id", "name", "price")
val df_o = order.toDF("id", "fid","Weight", "addr")
df_o.join(df_f,df_f("id")===df_o("fid"),"inner").show()
```

Python：

```
fruit = [
    (1, " 苹果 ", 4.5),
    (2, " 橘子 ", 1.5),
    (3, " 香蕉 ", 2.9)
]

order = [
    (1, 1, 200, " 芜湖 "),
    (2, 1, 500, " 铜陵 "),
    (2, 3, 400, " 芜湖 ")
]
df_f = spark.createDataFrame(fruit, ["id", "name", "price"])
df_o = spark.createDataFrame(order, ["id", "fid", "Weight", "addr"])
df_o.join(df_f, df_f.id==df_o.fid, "inner").show()
```

程序运行结果如图 4.15 所示。

```
+---+---+------+----+---+----+-----+
| id|fid|Weight|addr| id|name|price|
+---+---+------+----+---+----+-----+
|  1|  1|   200|  芜湖|  1|  苹果|  4.5|
|  2|  1|   500|  铜陵|  1|  苹果|  4.5|
|  2|  3|   400|  芜湖|  3|  香蕉|  2.9|
+---+---+------+----+---+----+-----+
```

图 4.15 程序运行结果

在 Python 中，如果连接字段不一致，就可以先使用重命名列的方式使连接字段相同再连接。

Python：

```
df_f = df_f.withColumnRenamed("id", "fid")
joined_df = df_o.join(df_f, on="fid", how="inner")
```

4.3.6 其他常见操作

1. 数据显示

DataFrame 定义了 show 方法用于展示数据。show(n) 返回 DataFrame 的前 *n* 行数据，若不指定 *n*，则返回所有数据（默认为 20 行）。

2. toDF

toDF 函数是一个常用函数，用于将现有数据集合（如 RDD、Dataset、Java Bean、case class 等）转换为 DataFrame。

Scala：

```
// 创建一个 RDD
val data = sc.parallelize(Seq(
  ("Alice", 29),
  ("Bob", 24)
))
// 从 RDD 转换为 DataFrame，并推断 Schema
val df = data.toDF("name", "age")
df.show()
```

Python：

```
# 创建一个 RDD
data = [("Alice", 29), ("Bob", 24), ("Cathy", 27)]
rdd = spark.sparkContext.parallelize(data)
# 定义 schema
schema = ["name", "age"]
# 从 RDD 转换为 DataFrame
df = rdd.toDF(schema)
df.show()
```

3. toJSON

toJSON 将 DataFrame 中的数据转换为 JSON 格式的字符串，对于将结构化数据转换为易传输和存储的 JSON 格式非常有用。

Scala：

```
df.toJSON.collect().foreach(println)
```

Python：

```
json_rdd = df.toJSON()
```

```
for json_str in json_rdd.collect():
    print(json_str)
```

程序运行结果如图 4.16 所示。

```
{"id":1,"name":"张三","age":18,"gender":"男"}
{"id":2,"name":"李四","age":14,"gender":"男"}
{"id":3,"name":"王五","age":35,"gender":"男"}
{"id":4,"name":"马六","age":35,"gender":"女"}
{"id":5,"name":"赵七","age":35,"gender":"女"}
```

图 4.16　程序运行结果

4. repartition

重新分配原 DataFrame 中的数据，以使不同区中的数据分布更均匀。

（1）基于列。基于列是指根据一个或多个列的值重新分区数据。Spark SQL 根据这些列的值对数据进行哈希分区，使得相同值的行被分配到同一个分区。

Scala：

```
val repartitionedDf = df.repartition($"id")
```

Python：

```
repartitioned_df = df.repartition("columnName")
```

（2）基于分区数量。基于分区数量是指一个整数指定重新分区后的分区数量。Spark SQL 尝试将数据均匀地分布在这些分区中。

Scala：

```
val repartitionedDf = df.repartition(5)
```

Python：

```
repartitioned_df = df.repartition(5)
```

5. 保存为临时表

临时表（Temporary Table）是一种用于处理数据的临时结构，可以通过执行 SQL 查询创建和操作。在 Spark SQL 中，临时表是会话级别的，当 Spark 应用程序终止时临时表自动删除。通常可以使用临时表存储中间计算结果。

使用 createOrReplaceTempView 方法可以创建一个临时表，并将 DataFrame 保存到该表中。一个 sqlContext（或 hiveContext）中的临时表不能被另一个 sqlContext（或 hiveContext）使用。

以下示例为创建 DataFrame，并将其保存为临时表。

Scala：

```
import org.apache.spark.sql.SparkSession
// 创建 Spark Session
val spark = SparkSession.builder()
  .appName("Test")
  .master("local[*]")
  .getOrCreate()
// 创建示例数据
val data = Seq(("Alice", 1), ("Bob", 2), ("Cathy", 3))
// 创建 DataFrame
import spark.implicits._
val df = data.toDF("name", "id")
```

```
// 将 DataFrame 保存为临时表
df.createOrReplaceTempView("temp_table")
// 查询临时表
val result = spark.sql("SELECT * FROM temp_table")
result.show()
```

Python：

```
from pyspark.sql import SparkSession
spark = SparkSession.builder.appName("Test").getOrCreate()
data = [("Alice", 1), ("Bob", 2), ("Cathy", 3)]
columns = ["name", "age"]
df = spark.createDataFrame(data, columns)
# 保存为临时表
df.createOrReplaceTempView("temp_person")
spark.sql("SELECT * FROM temp_table").show()
```

程序运行结果如图 4.17 所示。

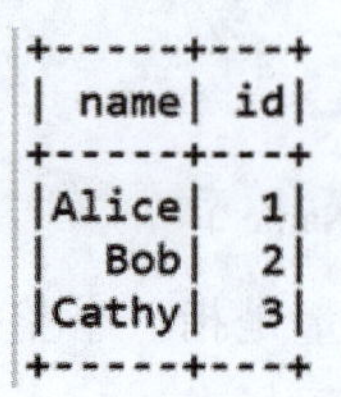

name	id
Alice	1
Bob	2
Cathy	3

图 4.17　程序运行结果

4.4　Spark SQL 操作各类数据源

Spark SQL 支持 Parquet、JSON、Hive 等数据源，极大地扩展了其应用范围、提高了和灵活性。其中，MySQL 和 Hive 是 Spark SQL 支持的重要数据源。

对于 MySQL，Spark SQL 可以通过 JDBC（Java Database Connectivity）接口与其连接，从而实现对 MySQL 数据库中数据的读取和写入。因此，用户能够利用 Spark SQL 的强大处理能力，对 MySQL 中的数据进行复杂的分析和查询。

Hive 作为 Hadoop 生态系统中的数据仓库工具，与 Spark SQL 的集成天衣无缝。Spark SQL 可以直接读取 Hive 中的数据表，利用 Hive 的元数据管理和查询优化能力高效地处理和分析数据。同时，Spark SQL 可以将处理结果写回 Hive，实现数据的持久化存储。

4.4.1　Spark SQL 读写 MySQL 数据库

在 Spark SQL 中，可以使用 JDBC 接口读写 MySQL 数据库。

1. 读取 MySQL 数据

使用 Spark SQL 读取 MySQL 数据库之前，需要下载 MySQL 的 JDBC 驱动程序，例如 mysql-connector-java-5.1.36-bin.jar，并将该驱动复制到 Spark 的安装目录 $SPARK_HOME/jars（或者 %SPARK_HOME%\jars）下。

假设在 Sparks 库中有名为 stus 的表，登录 MySQL 服务的用户名是 root，密码是 12345。以下是创建 stus 表的语句。

```
CREATE TABLE stus (
    id INT AUTO_INCREMENT,          -- 定义 id 为整数，并设置为自动递增
    name VARCHAR(255) NOT NULL,  -- 定义 name 为可变长度字符串，最大长度为 255 个字符，
                                    不允许为空
    age VARCHAR(10),     -- 定义 age 为可变长度字符串，最大长度为 10 个字符，默认允许为空
    PRIMARY KEY (id)     -- 设置 id 为主键
);
```

以下示例用于连接此数据库并读取数据。

Scala：

```
    val spark=SparkSession.builder().getOrCreate()
    val jdbcDF = spark.read.format("jdbc")
                 .option("url", "jdbc:mysql://localhost:3306/sparks")
                 .option("driver","com.mysql.jdbc.Driver")
                 .option("dbtable", "stus")
                 .option("user", "root")
                 .option("password", "123456")
                 .load()
    jdbcDF.show()
```

Python：

```
from pyspark.sql import SparkSession
# 创建 SparkSession
spark = SparkSession.builder.appName("example").getOrCreate()
# 读取 JDBC 数据源
jdbcDF = spark.read \
    .format("jdbc") \
    .option("url", "jdbc:mysql://localhost:3306/sparks") \
    .option("driver", "com.mysql.jdbc.Driver") \
    .option("dbtable", "stus") \
    .option("user", "root") \
    .option("password", "123456") \
    .load()
# 显示数据
jdbcDF.show()
```

程序运行结果如图 4.18 所示。

```
+---+----+---+
| id|name|age|
+---+----+---+
|  1|张三| 18|
|  2|李四| 19|
+---+----+---+
```

图 4.18　程序运行结果

2. 写入 MySQL 数据

Scala 语言代码如下：

```
    val spark=SparkSession.builder().getOrCreate()
    val studentRDD = spark.sparkContext.parallelize(
        Array(" 王五 ,26",
              " 马六 ,27")).map(_.split(","))
// 设置模式信息
    val schema = StructType(
```

```
            List(
                StructField("name", StringType, true),
                StructField("age", IntegerType, true)
                )
)
// 创建 Row 对象
    val rowRDD = studentRDD.map(x => Row(x(0).trim, x(1).trim.toInt))
// 将数据和模式对应
    val studentDF = spark.createDataFrame(rowRDD, schema)
    // 创建 prop 对象以保存 JDBC 连接参数
val prop = new Properties()
        prop.put("user", "root")
        prop.put("password", "123456")
        prop.put("driver","com.mysql.jdbc.Driver")
    studentDF.write.mode("append").jdbc(
        "jdbc:mysql://localhost:3306/sparks",
        "sparks.stus",
        prop)
```

Python 语言代码如下：

```
from pyspark.sql import SparkSession
from pyspark.sql.types import StructType, StructField, StringType, IntegerType
from pyspark.sql import Row
# 创建 Spark Session
spark = SparkSession.builder.getOrCreate()
# 创建 RDD
student_rdd = spark.sparkContext.parallelize([
    " 王五 ,26",
    " 马六 ,27"
]).map(lambda line: line.split(','))
# 定义模式信息
schema = StructType([
    StructField("name", StringType(), True),
    StructField("age", IntegerType(), True)
])
# 创建 Row 对象
row_rdd = student_rdd.map(lambda x: Row(name=x[0].strip(), age=int(x[1].strip())))
# 将数据和模式对应
student_df = spark.createDataFrame(row_rdd, schema)
# 创建 prop 对象以保存 JDBC 连接参数
properties = {
    "user": "root",
    "password": "123456",
    "driver": "com.mysql.cj.jdbc.Driver" # 注意这里使用的是更新的驱动名称
}
# 写入 MySQL 数据库
student_df.write.mode("append").jdbc(
    url="jdbc:mysql://localhost:3306/sparks",
    table="sparks.stus",
    properties=properties
)
# 停止 Spark Session
spark.stop()
```

程序运行如图 4.19 所示。

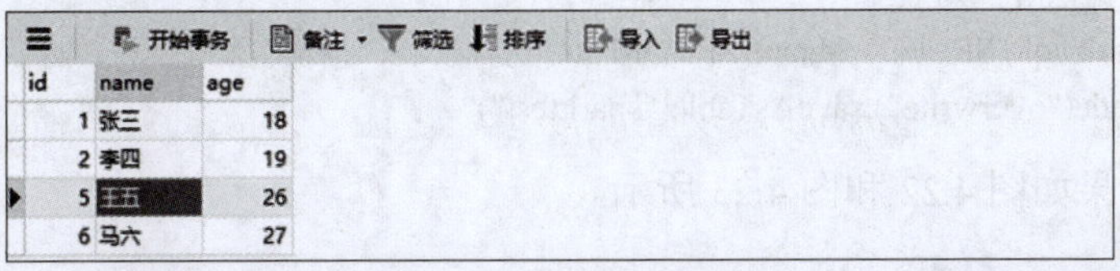

id	name	age
1	张三	18
2	李四	19
5	王五	26
6	马六	27

图 4.19　程序运行结果

4.4.2　Spark SQL 读写 HIVE

Spark SQL 提供与 Hive 集成的强大功能，可以使用 SQL 查询处理存储在 Hive 中的数据，具体步骤如下。

（1）将 hive-site.xml 复制到 $SPARK_HOME / conf（或者 %SPARK_HOME%\ conf）文件夹中。

（2）将 MySQL 驱动复制到 $SPARK_HOME/jars（或者 %SPARK_HOME%\jars）中。

（3）修改 spark-env.sh 配置文件，如图 4.20 所示。

```
export JAVA_HOME=/opt/bigdata/java
export HADOOP_CONF_DIR=/opt/bigdata/hadoop/etc/hadoop
export HIVE_CONF_DIR=/opt/bigdata/hive/conf
export SPARK_CLASSPATH=$SPARK_CLASSPATH:/opt/bigdata/hive/lib/mysql-connector-java-5.1.34-bin.jar
export SPARK_DIST_CLASSPATH=$(/opt/bigdata/hadoop/bin/hadoop classpath)
```

图 4.20　修改 spark-env.sh 配置文件

（4）读取 Hive 数据。

```
import org.apache.spark.sql.SparkSession
// 创建一个启用了 Hive 支持的 Spark Session
val spark = SparkSession.builder()
  .appName("SparkHiveIntegrationExample")
  .config("spark.sql.warehouse.dir", "/user/hive/warehouse")
// 如果需要设置仓库目录
  .config("hive.metastore.uris", "thrift://namenode:9083")
// 设置 Hive Metastore URI
  .enableHiveSupport()            // 启用 Hive 支持
  .getOrCreate()
  val result = spark.sql("SELECT * FROM stu")
  result.show()
  spark.stop()
```

程序运行结果如图 4.21 所示。

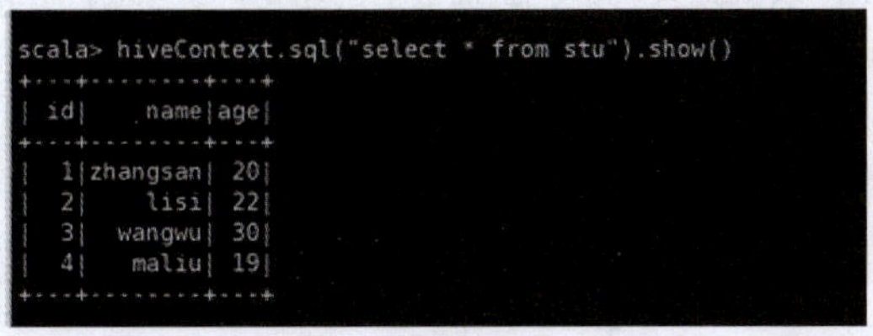

```
scala> hiveContext.sql("select * from stu").show()
+---+--------+---+
| id|    name|age|
+---+--------+---+
|  1|zhangsan| 20|
|  2|    lisi| 22|
|  3|  wangwu| 30|
|  4|   maliu| 19|
+---+--------+---+
```

图 4.21　程序运行结果

（5）写数据。

```
// 将读取的数据保存到新表中
val result = spark.sql("SELECT id,name FROM stu")
result.write.mode("overwrite").saveAsTable("sparktest")
```

程序运行结果如图 4.22 和图 4.23 所示。

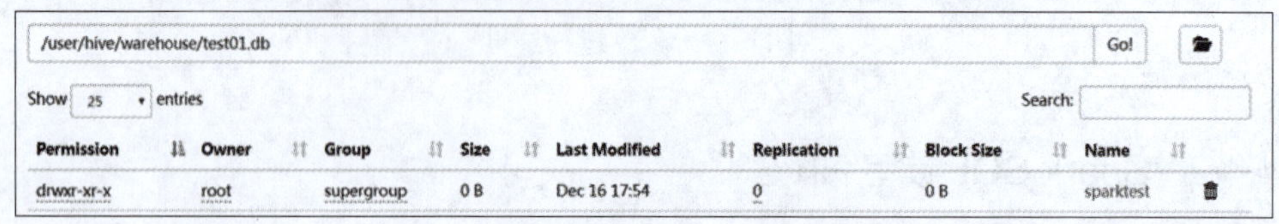

/user/hive/warehouse/test01.db Go!

Show 25 entries Search:

Permission	Owner	Group	Size	Last Modified	Replication	Block Size	Name
drwxr-xr-x	root	supergroup	0 B	Dec 16 17:54	0	0 B	sparktest

图 4.22 sparktest 表

```
hive> select * from sparktest;
OK
1       zhangsan
2       lisi
3       wanwu
4       maliu
5       zhaosi
```

图 4.23 Sparktest 表中的数据

基于 Python 语言的读写 Hive 示例如下：

```
from Python.sql import SparkSession
# 创建 SparkSession，并启用 Hive 支持
spark = SparkSession.builder
      .appName("Python Hive Example")
      .config("spark.sql.warehouse.dir", "hdfs://namenode:8020/user/hive/warehouse")
      .enableHiveSupport()
      .getOrCreate()
# 根据具体的 Hive 配置调整以下属性
spark.conf.set("hive.metastore.uris", "thrift://namenode:9083")
spark.conf.set("hive.exec.dynamic.partition", "true")
spark.conf.set("hive.exec.dynamic.partition.mode", "nonstrict")
# 假设有一个名为 'employees' 的 Hive 表
df = spark.sql("SELECT * FROM employees")
# 显示前几行数据
df.show()
# 创建一个示例 DataFrame
data = [("John Doe", 30), ("Jane Smith", 25)]
columns = ["name", "age"]
df = spark.createDataFrame(data, columns)
# 将 DataFrame 写入 Hive 表（如果表不存在就自动创建）
df.write.mode("overwrite").saveAsTable("employees_new")
spark.stop()
```

Spark SQL 编程实例

4.5 Spark SQL 编程实例

销售数据是商品质量的重要特征，对某超市商品销售情况进行统计分析，以了解每年

的销售趋势、最畅销的商品、每年的最大订单金额等关键信息，从而为其业务决策提供支持。

现有商品信息表和商品订单表。

1. 商品信息表

商品信息表包含商品 ID、商品名称、商品品牌、进货价，见表 4.6。

表 4.6 商品信息表

列数	特征解释	数据类型	数据说明
第一列	ID	String	
第二列	商品名称	String	
第三列	商品品牌	String	
第四列	进货价	Float	单位 : 元 | ¥

2. 商品订单表

商品订单表包含订单 ID，商品 ID，销售数量、订单价，见表 4.7

表 4.7 商品订单表

列数	特征解释	数据类型	数据说明
第一列	订单 ID	Int	
第二列	商品 ID	String	
第三列	销售数量	String	
第四列	订单价	Float	单位 : 元 | ¥

（1）将文件从本地上传到 HDFS 中。

```
hadoop fs -put /root/datas/orders.txt /datas
hadoop fs -put /root/datas/products.txt /datas
```

程序运行结果如图 4.24 所示。

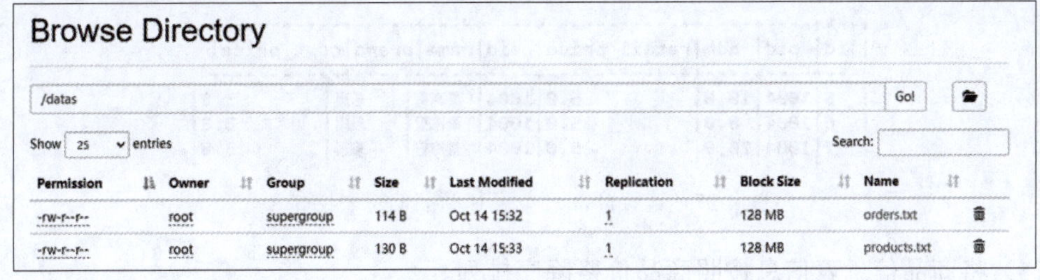

Browse Directory

/datas

Show 25 entries   Search:

Permission	Owner	Group	Size	Last Modified	Replication	Block Size	Name
-rw-r--r--	root	supergroup	114 B	Oct 14 15:32	1	128 MB	orders.txt
-rw-r--r--	root	supergroup	130 B	Oct 14 15:33	1	128 MB	products.txt

图 4.24 文件上传结果

（2）通过 Spark SQL 读取商品信息表信息，并保存为临时表。

```
// 定义样本类
case class Products(id:String,name:String,brand:String,cost_price:Float)
// 以反射机制创建 DataFrame
val spark=SparkSession.builder().getOrCreate()
import spark.implicits._
val rdd_p= spark.sparkContext.textFile("hdfs://192.168.57.125:9000/datas/products.txt").map(_.split(","))
        .map(p=> Products(p(0).trim(),p(1).trim,p(2).trim(),p(3).trim().toFloat))
val products= rdd_p.toDF()
// 注册临时表
```

```
products.registerTempTable("tb_products")
val p = spark.sql("select * from tb_products")
p.show()
```

程序运行结果如图 4.25 所示。

id	name	brand	cost_price
1001	金枕榴莲	佳农	20.0
1002	苹果	佳农	3.0
1003	苹果	甜醉了	3.5
1004	果冻橙	乐琪	3.8

图 4.25　读取商品信息表信息结果

（3）通过 Spark SQL 读取商品订单表信息，并保存为临时表。

```
val rdd_o=spark.sparkContext.textFile("hdfs://192.168.57.125:9000/datas/orders.txt").map(_.split(",")).
        map(p=> Orders(p(0).trim().toInt,p(1).trim,p(2).trim().toFloat,p(3).trim().toFloat))
val orders = rdd_o.toDF()
orders.registerTempTable("tb_ orders ")
val o = spark.sql("select * from tb_ orders ")
o.show()
```

程序运行结果如图 4.26 所示。

id	pid	num	retail_price
1	1001	5.4	39.9
2	1001	12.0	35.9
3	1003	5.0	7.0

图 4.26　读取商品订单表信息结果

（4）连接商品订单表和商品信息表。

```
val res = orders.join(products,orders("pid")===products("id"),"inner");
res.show()
```

程序运行结果如图 4.27 所示。

id	pid	num	retail_price	id	name	brand	cost_price
5	1004	10.0	5.0	1004	果冻橙	乐琪	3.8
6	1004	8.0	5.0	1004	果冻橙	乐琪	3.8
7	1004	20.0	5.0	1004	果冻橙	乐琪	3.8

图 4.27　连接商品订单表和商品信息表结果

（5）将商品信息表信息按照商品价格降序排列。

```
products.sort($"cost_price".desc).show()
```

程序运行结果如图 4.28 所示。

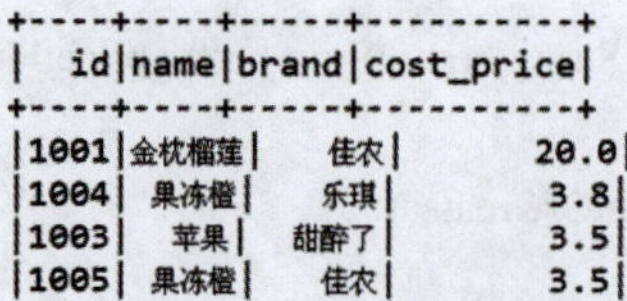

id	name	brand	cost_price
1001	金枕榴莲	佳农	20.0
1004	果冻橙	乐琪	3.8
1003	苹果	甜醉了	3.5
1005	果冻橙	佳农	3.5

图 4.28　将商品信息表信息按照商品价格降序排列结果

（6）求每件商品的总销售金额。将订单表按照商品 ID 分组，求每件商品的总销售额。

```
orders.groupBy($"pid").agg(sum($"num"*$"retail_price")).alias("total_price").show()
```

程序运行结果如图 4.29 所示。

```
+----+--------------------------+
| pid|sum((num * retail_price))|
+----+--------------------------+
|1004|                     190.0|
|1003|          250.4600067138672|
|1001|          945.2600250244141|
```

图 4.29　求每件商品的总销售额结果

（7）统计销售订单最多的商品。将订单表按照商品 ID 分组，求每件商品的总订单数；然后与商品信息表连接，按照订单数排序，找出商品订单最多的两种商品。

```
val res = orders.groupBy($"pid").agg(count($"id").alias("total_orders"))
res.join(products,res("pid")===products("id"),"inner").orderBy(desc("total_orders")).limit(2).show()
```

程序运行结果如图 4.30 所示。

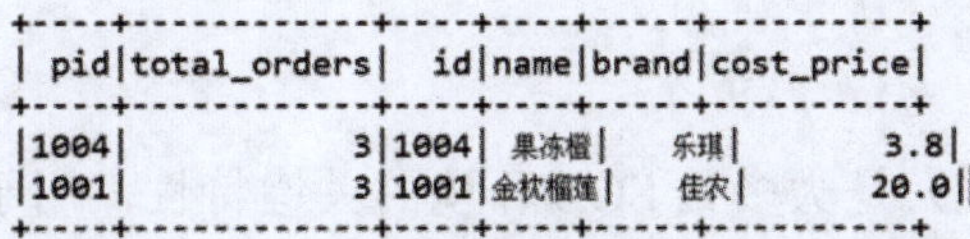

pid	total_orders	id	name	brand	cost_price
1004	3	1004	果冻橙	乐琪	3.8
1001	3	1001	金枕榴莲	佳农	20.0

图 4.30　找出商品订单最多的两种商品结果

Python 语言代码如下：

```
from pyspark.sql import SparkSession
from pyspark.sql.functions import col, sum as _sum
# 创建 Spark Session
spark = SparkSession.builder
    .appName("TestInfo")
    .getOrCreate()
#1) 通过 Spark SQL 读取商品表信息，并保存为临时表
product_df = spark.read.csv("hdfs://192.168.57.125:9000/datas/products.txt", header=True, inferSchema=True)
product_df.createOrReplaceTempView("product_table")
#2) 通过 Spark SQL 读取订单表信息，并保存为临时表
order_df = spark.read.csv("hdfs://192.168.57.125:9000/datas/orders.txt", header=True, inferSchema=True)
order_df.createOrReplaceTempView("order_table")
#3) 连接商品订单表和商品信息表
joined_df = spark.sql("""
SELECT o.order_id, p.name, p.brand, p.cost_price, o.num, o.retail_price
FROM order_table o
JOIN product_table p ON o.pid = p.product_id
""")
#4) 将商品信息表信息按照商品价格降序排列
sorted_product_df = product_df.orderBy(col("cost_price").desc())
#5) 求每件商品的总销售金额
total_sales_df = joined_df.withColumn("total_sales", col("num") * col("retail_price"))
total_sales_per_product = total_sales_df.groupBy("name").agg(_sum("total_sales").alias("total_sales_amount"))
#6) 统计销售订单最多的两种商品
most_sold_product = joined_df.groupBy("name").agg(_sum("num").alias("total_quantity")).
   orderBy(col("total_quantity").desc()).first()
# 显示结果
```

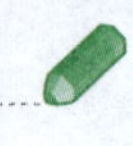

```
sorted_product_df.show()
total_sales_per_product.show()
print(f" 销售订单最多的商品：{most_sold_product['name']}")
# 停止 Spark Session
spark.stop()
```

Spark SQL 的 UDF 操作

实　验

一、实验目的

1. 了解 UDF 的背景知识。

2. 掌握 Spark SQL 的 UDF 使用方式。

二、实验内容

用户定义函数（UDF）是大多数 SQL 环境的关键特性，用于扩展系统的内置功能。UDF 允许开发人员通过抽象其低级语言实现在更高级语言（如 SQL）中启用新功能。Apache Spark 也不例外，并且提供用于将 UDF 与 Spark SQL 工作流集成的选项。使用 Apache Spark 时，直接使用 spark.udf.register(funName,fun) 注册临时函数，然后在 SQL 语句中调用。

实验一根据每行数据的特定字段计算字符长度。通过注册 UDF 完成该功能。在 spark.sql 查询语句中使用 UDF 查询特定字段的字符长度。

实验二从 JSON 文件中读取数据，使用 UDF 将指定字段转成大写字符。

三、实验思路与步骤

实验一

（1）创建一个 SparkSession 实例。

（2）生成包含姓名、性别和年龄的 RDD，并转换为 DataFrame。

（3）注册一个 UDF 用于计算字符串长度。

（4）将 DataFrame 注册为临时视图，并使用 SQL 查询显示每个人的名字及其长度和性别。

实验二

（1）创建 SparkSession。

（2）读取 JSON 文件数据。

（3）定义一个 UDF，将字符串转换为大写。

（4）引入隐式转换包。

（5）使用 withColumn 方法调用 UDF 并显示结果。

（6）停止 SparkSession。

习　题

一、选择题

1．DataFrame 和 RDD 的最大区别（　　）。

A．科学统计支持　　B．多了 Schema

C．存储方式不同　　D．外部数据源支持

2．Parquet 是一种流行的列式存储格式，可以高效地存储具有嵌套字段的记录。从 users．parquet 文件中加载数据生成 DataFrame 使用（　　）语句。

A．sc.read.parquet("../resources/users.parquet")

B．spark.parquet("../resources/users.parquet")

C．spark.read.parquet("../resources/users.parquet")

D．spark.reading.parquet("../resources/users.parquet")

3．Person 是一个 Java 对象，（　　）结构信息或模式代表 DataFrame。

A．[Person]　　B．[[Name][Age][Height]]

C．[[Name][Age Height]]　　D．[[Person][Name Age Height]]

4．如果已经从 parquet 文件中加载数据生成 DataFrame（名称为 peopleDF），那么使用（　　）将生成的 DataFrame 保存成 parquet 文件。

A．peopleDF.writing.parquet()　　B．peopleDF.write.parquet()

C．peopleDF.depict.parquet()　　D．peopleDF.write.json()

二、填空题

1．在 Spark SQL 中，DataFrame 是一个分布式数据集合，类似于关系数据库中的表或 Python/R 中的 data frame，它有一个________模式。

2．要显示 DataFrame 中的前 N 行数据，可以使用 DataFrame 的________方法。

3．在 Spark SQL 中，DataFrame 提供丰富的 API 来执行数据转换和聚合操作，这些操作通常通过________表达式来现。

4．从 people.json 文件中读取数据并生成 DataFrame 显示数据。

5．从 people.json 文件中读取数据，使用 Spark SQL 语句过滤年龄大于 20 岁的数据。

6．从 people.json 文件中读取数据，使用 Spark SQL 语句以年龄降序排序。

课程思政案例

王坚，阿里云创始人，阿里巴巴集团首席架构师，中国工程院院士。自 1994 年获得杭州大学工学博士学位后，他在学术界和工业界均有建树，直至 2008 年加入阿里巴巴，开启了“云计算之旅”。

面对阿里巴巴算力不足的挑战，王坚敏锐洞察到云计算的潜力，提出计算作为公共服务的产业模式，并主导研发“飞天”分布式计算系统。在初期，该创新遭遇内外部质疑，

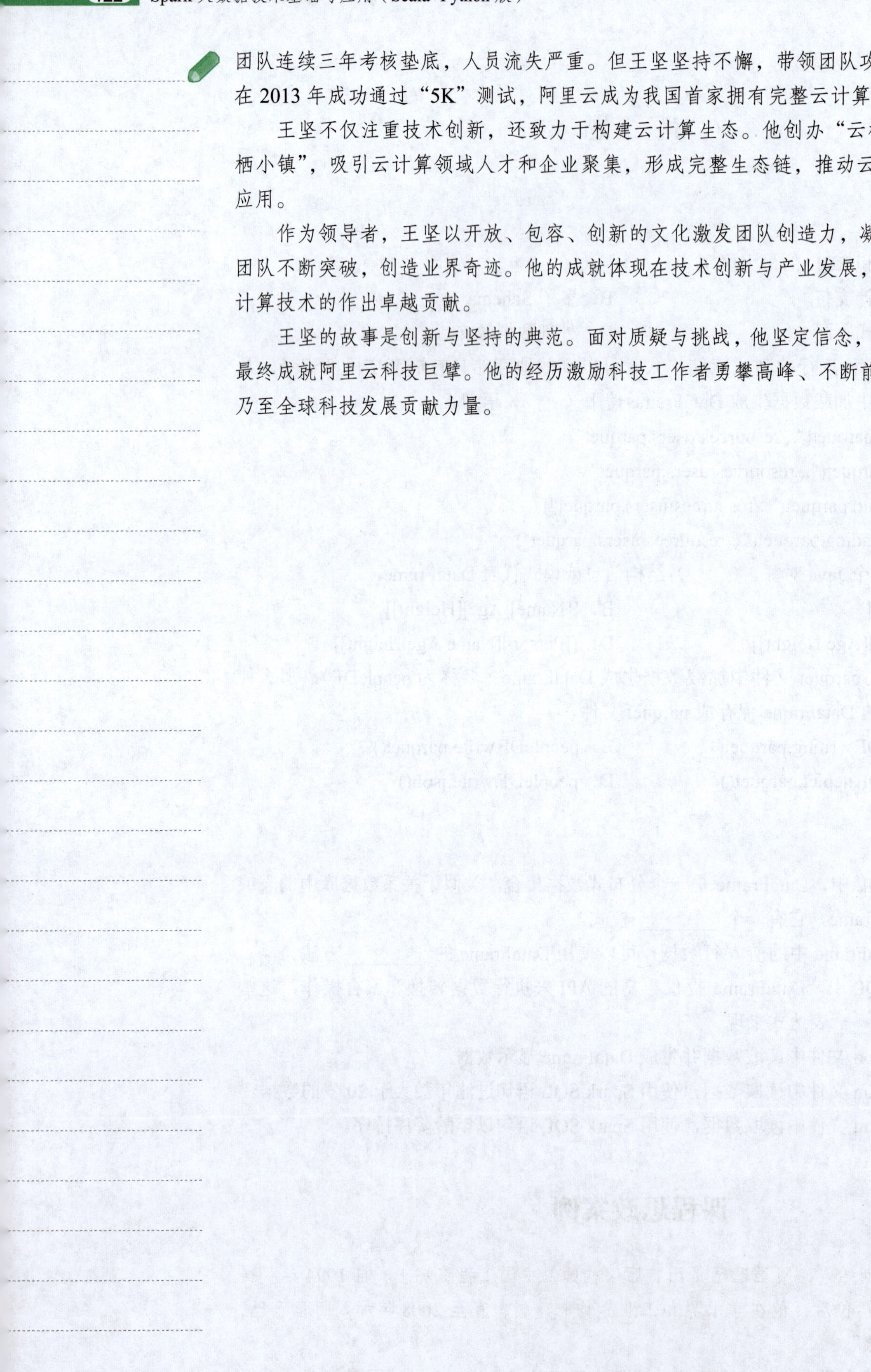

团队连续三年考核垫底，人员流失严重。但王坚坚持不懈，带领团队攻克技术难关，终于在 2013 年成功通过“5K”测试，阿里云成为我国首家拥有完整云计算能力的企业。

王坚不仅注重技术创新，还致力于构建云计算生态。他创办“云栖大会”、创立“云栖小镇”，吸引云计算领域人才和企业聚集，形成完整生态链，推动云计算技术的普及与应用。

作为领导者，王坚以开放、包容、创新的文化激发团队创造力，凝聚人心，使阿里云团队不断突破，创造业界奇迹。他的成就体现在技术创新与产业发展，为我国乃至全球云计算技术的作出卓越贡献。

王坚的故事是创新与坚持的典范。面对质疑与挑战，他坚定信念，带领团队突破自我，最终成就阿里云科技巨擘。他的经历激励科技工作者勇攀高峰、不断前行，为我国云计算乃至全球科技发展贡献力量。

第 5 章　Spark 流数据处理

本章将介绍 Spark Streaming 及其扩展 Structured Streaming 的基本概念、应用场景和编程实例。Spark Streaming 是一个实时计算框架，用于处理连续的数据流，通过 DStream API 实现数据的接收、转换和输出。Structured Streaming 是 Spark Streaming 的升级版，提供结构化的处理模型，支持事件时间处理、水印和容错机制。本章还将介绍 Spark Streaming 和 Structured Streaming 的基础操作及编程实例，包括从数据源读取数据、实时分析数据并通过控制台输出结果。

1. 掌握两种流处理框架的基本概念和运行机理
2. 熟悉两种流处理框架的基本使用方法
3. 理解流处理中的容错机制、状态管理以及时间处理策略等高级特性

5.1　Spark Streaming 概述

实时计算是一种数据处理技术，其核心在于对大规模数据流进行几乎无延迟的分析和处理。这种技术能够持续监控、捕获并处理数据流中的实时信息，保证数据处理的及时性和准确性。实时计算通过运用流式处理框架和内存数据库等技术，实现了对数据的高效处理和响应，企业能够实时获取并利用数据流中的关键信息。这种技术在需要即时响应和决策支持的场景中至关重要，比如金融交易、在线服务、物联网监控等。实时计算不仅提高了数据处理的速度，还为企业提供了更及时、更准确的决策支持，助力企业快速应对市场变化。

5.1.1　Spark Streaming 介绍

1. Spark Streaming 的产生

Spark Streaming 是构建在 Spark 上的实时计算框架，它扩展了 Spark 处理大规模流式数据的能力。Spark Streaming 可结合批处理和交互查询，适合一些需要结合分析历史数据和实时数据的应用场景。

Spark Streaming 支持从多种数据源提取数据，如 Kafka、Flume、Twitter、ZeroMQ、文本文件以及 TCP 套接字等；可以提供一些高级 API 表达复杂的处理算法，如 map、reduce、join 和 window 等；支持将处理完的数据推送到文件系统、数据库或者实时仪表板中展示。SparkStreaming 的应用如图 5.1 所示。

图 5.1 spark Streaming 的应用

2. Spark Streaming 的工作原理

对于流数据，Spark Streaming 接收实时输入的数据流后，将数据流以时间片（秒级）为单位拆分为一个一个小的批次数据，然后经 Spark 引擎以类似批处理的方式处理每个时间片数据，如图 5.2 所示。

图 5.2 Spark Streaming 数据处理过程

Spark Streaming 将流式计算分解成一系列短小的批处理作业，也就是把 Spark Streaming 的输入数据按照时间片段(如 1s)分成一段一段的离散数据流 DStream(Discretized Stream)；每段数据都被转换成 Spark 中的 RDD，然后将 Spark Streaming 中对 DStream 流处理操作转变为针对 Spark 中 RDD 的批处理操作

DStream 表示连续数据流，可以是源数据接收的输入流，也可以是通过转换输入流生成的已处理的数据流。在内部，DStream 由一系列 RDD 组成；DStream 中的每个 RDD 都包含来自特定间隔的数据。DStream 离散数据流如图 5.3 所示。

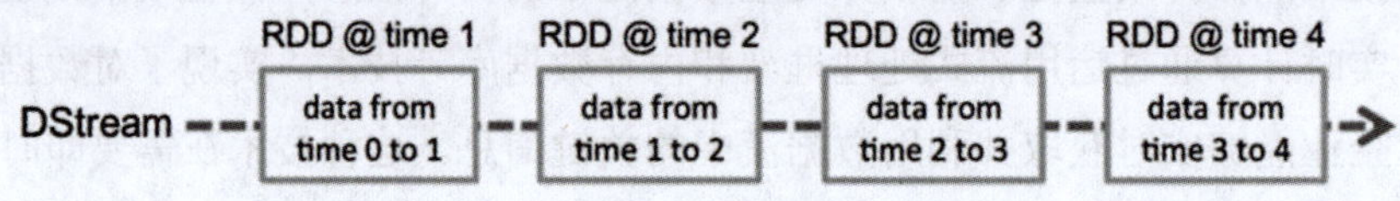

图 5.3 DStream 离散数据流

3. Spark Streaming 实时数据流处理的工作流程

Spark Streaming 实时数据流处理的工作流程如图 5.4 所示，可以分为以下几个关键节点：

（1）接收器（Receiver）。Spark Streaming 的起点是接收器，它负责从数据源（如 Kafka、Flume 等）接收实时数据流。接收器将接收的数据分割成一系列离散的数据批次，每个批次的数据都可以独立处理。

（2）驱动器（Driver）。驱动器程序是 Spark Streaming 作业的入口点。在这里定义了一个 StreamingContext 对象，它告诉 Spark 运行流计算任务的方法。驱动器程序还会指定要处理的数据源、处理逻辑以及输出结果的目标位置。

（3）StreamingContext。在 Spark Streaming 中，所有操作都是基于 StreamingContext 的。因此，在 DStream 操作之前，创建一个 StreamingContext 对象。创建该对象时需要指定一

些重要参数，其中较重要的是 Spark 集群的地址和批处理的时间间隔。批处理时间间隔决定了 Spark Streaming 从数据源接收数据并处理的频率。例如，如果将批处理时间间隔设置为 1s，那么 Spark Streaming 每秒处理一次接收的数据。

（4）SparkContext。SparkContext 是 Spark 作业的核心，负责整个应用的上下文管理。当驱动器程序启动时，它创建一个 SparkContext 对象，该对象负责与 Spark 集群通信，分配资源并执行任务。

（5）工作节点（Worker Nodes）。在 Spark 集群中，工作节点是执行实际计算任务的机器。SparkContext 接收驱动器程序的指令后，将任务分发到各工作节点上执行。每个工作节点都运行一个或多个执行器（Executor）进程，负责处理分配给自己的任务。

（6）执行器（Executors）。执行器是工作节点上运行的任务处理进程。在 Spark Streaming 中，执行器处理由驱动器程序分配的数据批次，执行相应的计算逻辑，并将结果返回驱动器程序。

（7）长期运行任务（Long-Running Tasks）。Spark Streaming 的设计目标是支持长期运行的任务。一旦任务启动，它就持续不断地从接收器接收新的数据流并处理，然后输出结果。在该过程中，Spark Streaming 根据系统负载和数据量的变化自动调整任务的执行速度和资源分配。

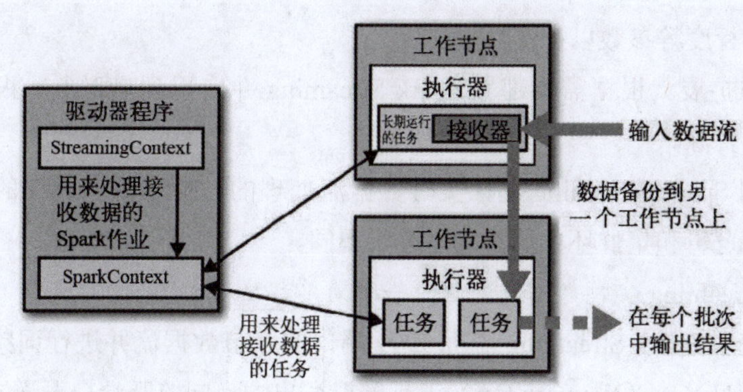

图 5.4　Spark Streaming 实时数据流处理的工作流程

5.1.2　第一个 Spark Streaming 程序

1. Spark Streaming 实时数据流处理的一般步骤

（1）引入必要的库。在项目中引入 Spark Streaming 相关的库。如果是 Python 就导入 pyspark.streaming 模块。

Scala 语言代码如下：

```
import org.apache.spark.streaming. StreamingContext
```

Python 语言代码如下：

```
from pyspark.streaming import StreamingContext
```

（2）创建 StreamingContext。创建 StreamingContext 对象，它是 Spark Streaming 的入口点。指定一个批处理间隔，它决定处理一次数据流的间隔。其中，第 2 个参数是批处理间隔。

Scala 语言代码如下：

```
val ssc = new StreamingContext(sparkConf, Seconds(3))
```

Python 语言代码如下：

```
ssc = StreamingContext(sparkConf, 3)
```

（3）创建 DStream。使用 StreamingContext 从数据源接收数据，并创建 DStream。例如：

Scala 语言代码如下：

```
val lineDStream = ssc.socketTextStream("localhost", 9999)
```

Python 语言代码如下：

```
lineDStream = ssc.socketTextStream("localhost", 9999)
```

（4）转换与操作。对 DStream 进行转换操作，如 map、filter、reduceByKey 等。也可以使用窗口操作处理时间窗口内的数据，以及使用 transform 方法执行更复杂的操作。

（5）启动流处理。使用 start() 方法启动流处理，开始按指定的批处理间隔处理数据流。

（6）等待处理完成。使用 awaitTermination() 或 awaitTerminationOrTimeout() 方法等待流处理完成。这些方法会阻塞当前线程，直到流处理停止或超时。

（7）停止 StreamingContext。当不再需要流处理时，使用 stop() 方法停止 StreamingContext，释放与流处理相关的所有资源。

（8）监控与调优。使用 Spark UI 或第三方监控工具监控流处理的性能。根据需要调整批处理间隔、并行度等参数以提高性能。

（9）部署与扩展。根据需要部署 Spark Streaming 并应用到集群上。根据数据量和处理需求扩展集群资源。

以上是使用 Spark Streaming 进行实时数据流处理的一般步骤。具体的实现细节可能因数据源、处理逻辑和集群环境的不同而有所不同。

2. Spark Streaming 实时数据流处理的一个简单程序

以下程序使用 Spark Streaming 监听 9999 端口的字节数据流并进行词频统计。为了实现该目的，使用 NetCat（Network Cat）工具模拟客户端，向监听端口发送文本字节数据。

NetCat 是一个功能强大的网络工具，通常被简称为“nc”。它能够在计算机之间建立网络连接，并通过这些连接读取和写入数据。NetCat 的用途广泛，可以用于建立 TCP 与 UDP 连接、监听指定端口、传输文件等。由于其具有强大的功能和灵活性，因此在网络安全和系统管理中扮演重要的角色。具体的使用方法请参考相关的使用说明，此处不再赘述。

在编程环境下输入以下程序，启动运行后，Spark Streaming 开始监听端口。

Scala 语言代码如下：

```
import org.apache.spark.SparkConf
import org.apache.spark.streaming.{Seconds, StreamingContext}
object SparkStreaming01_WordCount {
  def main(args: Array[String]): Unit = {
    //1. 初始化 Spark 配置信息
    val sparkConf = new SparkConf().setMaster("local[*]").setAppName("sparkstreaming")
    //2. 初始化 SparkStreamingContext
```

```
        val ssc = new StreamingContext(sparkConf, Seconds(3))
        //3. 通过监控端口创建 DStream，读取的数据为一行
        val lineDStream = ssc.socketTextStream("localhost", 9999)
        //3.1 对每行数据做切分，形成一个一个单词
        val wordDStream = lineDStream.flatMap(_.split(" "))
        //3.2 将单词映射成元组（word,1）
        val wordToOneDStream = wordDStream.map((_, 1))
        //3.3 对相同的单词次数做统计
        val wordToSumDStream = wordToOneDStream.reduceByKey(_+_)
        //3.4 打印
        wordToSumDStream.print()
        //4 启动 SparkStreamingContext
        ssc.start()
        // 将主线程阻塞，主线程不退出
        ssc.awaitTermination()
    }
}
```

Python 语言代码如下：

```
from pyspark import SparkContext, SparkConf
from pyspark.streaming import StreamingContext
def main():
    #1. 初始化 Spark 配置信息
    sparkConf = SparkConf().setAppName("sparkstreaming").setMaster("local[*]")
    #2. 创建 SparkContext 并基于它创建 StreamingContext
    sc = SparkContext.getOrCreate(sparkConf)
    ssc = StreamingContext(sc, 3)  #3s 作为一个批次的时间间隔
    #3. 通过 socket 创建 DStream，读取的数据为一行
    lineDStream = ssc.socketTextStream("localhost", 9999)
    #3.1 对每行数据切分，形成一个一个单词
    wordDStream = lineDStream.flatMap(lambda line: line.split(" "))
    #3.2 将单词映射成元组（word,1）
    wordToOneDStream = wordDStream.map(lambda word: (word, 1))
    #3.3 对相同的单词次数做统计
    wordToSumDStream = wordToOneDStream.reduceByKey(lambda a, b: a + b)
    #3.4 打印结果
    wordToSumDStream.pprint()
    #4. 启动 SparkStreamingContext
    ssc.start()
    # 等待所有任务完成或者手动停止 ssc
    ssc.awaitTermination()
if __name__ == "__main__":
    main()
```

启动 NetCat 工具。输入 nc -l -p 9999，如图 5.5 所示。然后输入任意文本，按“回车”键换行。程序运行结果如图 5.6 所示。

```
D:\netcat>nc -l -p 9999
hello world
hello hefei
```

图 5.5 启动 NetCat

```
-------------------------------------------
Time: 1710155469000 ms
-------------------------------------------
(hello,1)
(world,1)

-------------------------------------------
Time: 1710155472000 ms
-------------------------------------------
(hefei,1)
(hello,1)
```

图 5.6 程序运行结果

Spark Streaming 至少需要两个线程（一个接收流数据，另一个处理数据）；在本地运行时，需要使用“local[N]”作为 master URL，其中 $N>1$ 表示运行接收器的数量。

5.2 DStream 基本操作

DStream 是 Spark Streaming 中的基本抽象概念，代表持续不断的数据流。DStream 允许以微批次的方式处理流式数据，从而实时处理不断产生的数据源。通过 DStream，可以应用一系列的转换操作和输出操作处理和分析数据流，从而实现实时计算和响应。

5.2.1 DStream 的创建

可以通过 SparkContext 的 StreamingContext 对象创建 DStream，首先需要指定数据源和持续时间间隔，例如可以通过 StreamingContext.socketTextStream(hostname,port) 方法从指定的主机和端口接收数据流；然后通过 StreamingContext.checkpoint("hdfs://path") 设置检查点保存路径。

创建 DStream 时，首先需要确定数据源。Spark Streaming 支持多种输入源，包括 Kafka、Flume、HDFS 等，可以根据实际业务场景选择。

1. HDFS 文件数据源

文件数据流能够读取所有与 HDFS API 兼容的文件系统文件，当通过 fileStream 方法读取时，Spark Streaming 监控数据所在目录并不断处理移动进来的文件。目前文件数据流不支持嵌套目录。

注意：①文件需要有相同的数据格式；②文件进入数据所在目录的方式需要通过移动或者重命名实现；③一旦文件移动进目录就不能修改，即使修改了也不会读取新数据。

（1）HDFS 文件数据源的例子。在 HDFS 上准备一个空目录。启动下列程序，Spark Streaming 监控该目录。上传文本文件至该目录，Spark Streaming 监测到新文件后，对新文件统计词频。程序运行结果如图 5.7 所示。

```
-------------------------------------------
Time: 1710237640000 ms
-------------------------------------------
(Our,1)
(Great,1)
(Hadoop,3)
(Hello,3)
(Real,1)
(MapReduce,1)
(World,2)
(BigData,2)
```

图 5.7　程序运行结果

（2）完整的程序。

Scala 语言代码如下：

```
import org.apache.spark._
import org.apache.spark.streaming._
object HDFSTextWordCount {
  def main(args: Array[String]) {
    // 初始化 SparkConf 和 StreamingContext
val conf = new SparkConf()
.setAppName("HDFSTextWordCount")
.setMaster("local[*]")
    val ssc = new StreamingContext(conf, Seconds(5))  // 设置批次间隔为 5 秒
    //HDFS 目录路径
    val directory = "hdfs://localhost:9000/streamingdata"
    // 监控 HDFS 目录
    val lines = ssc.textFileStream(directory)
    // 对每个批次的数据进行词频统计
    val words = lines.flatMap(_.split(" "))
    val wordCounts = words.map(x => (x, 1)).reduceByKey(_ + _)
    // 输出结果
    wordCounts.print()
    // 启动并运行 Spark Streaming 应用
    ssc.start()
    ssc.awaitTermination()
  }
}
```

Python 语言代码如下：

```
from pyspark import SparkConf, SparkContext
from pyspark.streaming import StreamingContext
# 初始化 SparkConf 和 StreamingContext
conf = SparkConf().setAppName("HDFSTextWordCount")
sc = SparkContext.getOrCreate(conf)
ssc = StreamingContext(sc, batchDuration=3)  # 设置批次间隔为 3 秒
#HDFS 目录路径
directory = "/streamingdata"
# 监控 HDFS 目录
lines = ssc.textFileStream(directory)
# 对每个批次的数据进行词频统计
```

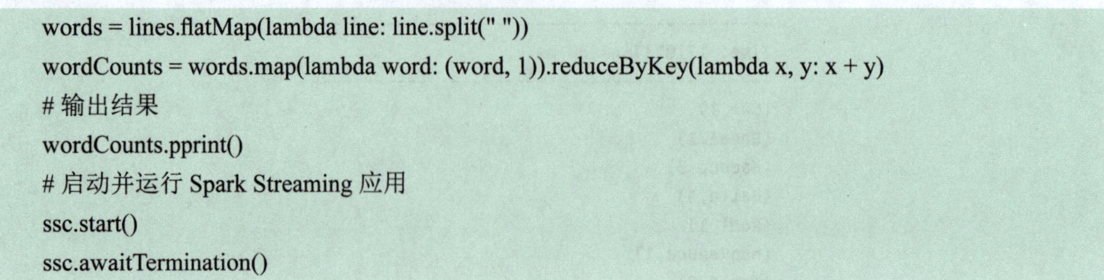

```
words = lines.flatMap(lambda line: line.split(" "))
wordCounts = words.map(lambda word: (word, 1)).reduceByKey(lambda x, y: x + y)
# 输出结果
wordCounts.pprint()
# 启动并运行 Spark Streaming 应用
ssc.start()
ssc.awaitTermination()
```

2. RDD 队列创建 DStream

在 Apache Spark Streaming 框架中，可以利用 RDD 队列创建 DStream，以模拟实时数据流或用于测试。具体来说，调用 StreamingContext 对象的 queueStream 方法能够从一个 RDD 队列创建一个 DStream。

每当一个新 RDD 被添加到 queueOfRDDs 队列中时，Spark Streaming 将其视为一个新的数据批次，并按设定的批处理时间间隔执行相应的计算逻辑，开发人员能够在本地测试环境中方便地模拟连续的数据流行为，无须实际连接外部数据源。在生产环境中，虽然不经常直接使用此方式创建 DStream，但这种方式对单元测试和原型验证来说非常有用。

以下程序是一个使用 Spark Streaming 处理数据流的示例。首先，它通过创建一个 RDD 队列，并不断向队列中添加 RDD 模拟数据流的输入。然后，它通过 Spark Streaming 的 queueStream 方法创建一个 InputDStream，并处理接收的 RDD，包括映射和归约操作。最后，打印结果，并启动 Spark Streaming 任务，等待任务完成。

程序中的 queueStream 方法省略了 oneAtATime 参数。oneAtATime 参数指定是否每次只处理一个 RDD。如果 oneAtATime 为 False 就同时处理多个 RDD。该参数默认值为 False，因此在 Scala 程序中没有显式使用该参数。

程序的作用是对 inputStream 中的元素计数，并将结果存储在 reduceDStream 中。由于循环创建了 5 组 RDD，因此结果中的每个元素都出现 5 次。

Scala 语言代码如下：

```
import org.apache.spark.rdd.RDD
import org.apache.spark.streaming._
import scala.collection.mutable.Queue
object RDDStreamScala {
  def main(args: Array[String]): Unit = {
    //1. 初始化 Spark 配置信息
val conf = new SparkConf()
.setAppName("RDDStream")
.setMaster("local[*]")
    val ssc = new StreamingContext(conf, Seconds(4))
    //2. 创建一个队列存储即将被处理的 RDD
val rddQueue = new Queue[RDD[Int]]()
// 预先添加一个空 RDD 以避免开始时的异常
    rddQueue += ssc.sparkContext.emptyRDD[Int]
    //3. 循环创建并在 RDD 队列中放入 RDD
    for (i <- 1 to 5) {
      val rdd = ssc.sparkContext.parallelize((1 to 300), 10)
      rddQueue += rdd
```

```
            Thread.sleep(1000) // 暂停 1s
        }
        //4. 创建 QueueInputDStream
        val inputStream = ssc.queueStream(rddQueue)
        //5. 处理队列中的 RDD 数据
        val mappeDStream = inputStream.map(x => (x, 1))
        val reduceDStream = mappeDStream.reduceByKey(_ + _)
        //6. 打印结果
        reduceDStream.print()
        //7. 启动任务
        ssc.start()
        ssc.awaitTermination()
    }
}
```

Python 语言代码如下：

```
from pyspark import SparkConf, SparkContext
from pyspark.streaming import StreamingContext
from time import sleep
def main():
    #1. 初始化 Spark 配置信息
    conf = SparkConf().setMaster("local[*]").setAppName("RDDStream")
    #2. 初始化 SparkStreamingContext
    sc = SparkContext.getOrCreate(conf)
    ssc = StreamingContext(sc, 4)
    #3. 创建 RDD 队列，并预先添加一个空 RDD 以避免在开始时出现 "IndexError"
    rdd_queue = [ssc.sparkContext.emptyRDD()]
    # 循环创建并在 RDD 队列中放入 RDD
    for i in range(1, 6):
        rdd = ssc.sparkContext.parallelize(range(1, 300), 10)
        rdd_queue.append(rdd)
        sleep(1)
    #4. 创建 QueueInputDStream
    inputStream = ssc.queueStream(rdd_queue, oneAtATime=False)
    #5. 处理队列中的 RDD 数据
    mappeDStream = inputStream.map(lambda x: (x, 1))
    reduceDStream = mappeDStream.reduceByKey(lambda x, y: x + y)
    #6. 打印结果
    reduceDStream.pprint()
    #7. 启动任务
    ssc.start()
    ssc.awaitTermination()
if __name__ == "__main__":
    main()
```

程序运行结果如图 5.8 所示。

```
-------------------------------------------
Time: 1710318384000 ms
-------------------------------------------
(196,1)
(296,1)
(96,1)
(52,1)
(4,1)
(180,1)
(16,1)
(156,1)
(216,1)
(28,1)
...
-------------------------------------------
Time: 1710318388000 ms
-------------------------------------------
(196,1)
(296,1)
(96,1)
(52,1)
(4,1)
(180,1)
(16,1)
(156,1)
(216,1)
(28,1)
...
-------------------------------------------
Time: 1710318392000 ms
-------------------------------------------
(196,1)
(296,1)
(96,1)
(52,1)
(4,1)
(180,1)
(16,1)
(156,1)
(216,1)
(28,1)
...
-------------------------------------------
Time: 1710318396000 ms
-------------------------------------------
(196,1)
(296,1)
(96,1)
(52,1)
(4,1)
(180,1)
(16,1)
(156,1)
(216,1)
(28,1)
...
-------------------------------------------
Time: 1710318400000 ms
-------------------------------------------
(196,1)
(296,1)
(96,1)
(52,1)
(4,1)
(180,1)
(16,1)
(156,1)
(216,1)
(28,1)
...
```

图 5.8 程序运行结果

5.2.2 DStream 的转换

使用 DStream 进行转换操作大致上可以分为两种：有状态转换和无状态转换。

1. DStream 无状态转换操作

无状态转换操作是指不需要维护状态信息的转换操作，每个批次相互独立，不依赖之前的数据处理结果，即把简单的 RDD 转化操作应用到每个批次上，也就是转化 DStream 中的每个 RDD。每次使用无状态转换操作处理新的批次数据时，只记录当前批次数据的状态，而不记录历史数据状态信息。无状态转换操作非常适用于一些独立的数据转换和过滤，比如映射、过滤、扁平化等操作。常用的无状态转换操作见表 5.1。

表 5.1 常用的无状态转换操作

操作	描述
map(func)	采用 func 函数对 DStream 的每个元素进行转换，返回新 DStream 对象
flatMap(func)	与 map 操作类似，不同的是每个元素都可以被映射为 0 个或多个元素
filter(func)	返回一个新 DStream，仅包含源 DStream 中满足 func 函数的元素
repartition(numPartitions)	增加或减少 DStream 中的分区数，从而改变 DStream 的并行度

续表

操作	描述
union(otherStream)	将源 DStream 和输入参数为 otherDStream 的元素合并，并返回一个新 DStream
count()	对 DStream 中各 RDD 中的元素计数，然后返回由只有一个元素的 RDD 构成的 DStream
reduce(func)	利用函数 func（有两个参数并返回一个结果）对源 DStream 中各 RDD 中的元素聚合，返回一个包含单元素 RDD 的新 DStream
countByValue()	计算 DStream 中每个 RDD 内元素出现的频率并返回一个 (K, V) 键值对类型的 DStream，其中 K 是 RDD 中元素的值，V 是 K 出现的次数
reduceByKey(func, [numTasks])	当被由（K,V）键值对组成的 DStream 调用时，返回一个新的由（K,V）键值对组成的 DStream，其中每个键 K 的值 V 都由源 DStream 中键为 K 的值使用 func 函数聚合而成
groupByKey()	对构成 DStream 的 RDD 中的元素分组
join(otherStream, [numTasks])	当在两个（K,V）和（K,W）键值对的 DStreams 上调用时，返回 (K,(V,W)) 键值对的 DStream
cogroup(otherStream, [numTasks])	当在两个（K,V）和（K,W）键值对的 DStreams 上调用时，返回 (K, Seq[V], Seq[W]) 类型的 DStream
transform(func)	通过对源 DStream 的每个 RDD 应用 RDD-to-RDD 函数，创建一个新的 DStream

DStream 无状态转换操作示例，请参看前述示例中转换操作部分的代码。

2. DStream 有状态转换操作

DStream 有状态转换操作是指在 Spark Streaming 中，允许对 DStream 的数据进行跨时间批次的状态管理操作。这些操作不同于无状态转换，无状态转换只关注当前批次的数据，而不记忆之前批次的数据。采用有状态转换操作处理连续的流数据时，可以维护每个键（key）的状态，从而在多个批次之间保存和更新这些状态。

有状态转换操作的主要目的是在处理数据流时跟踪和存储状态信息，对一些需要累积历史数据或跟踪历史状态的场景来说非常有用。例如，处理实时点击流数据时，可能想要跟踪每个用户的点击次数，并在每个时间窗口内计算点击次数的统计数据。在这种情况下，需要使用有状态转换操作。

在 Spark Streaming 中，updateStateByKey 是常见的有状态转换操作。该操作接收一个函数作为参数，该函数定义了根据当前状态和新值更新每个键状态的方法。对于每个键，Spark Streaming 都会跟踪其状态，并在每个批次中使用提供的函数更新状态。如果某个键在当前批次中没有出现，函数通常就接收一个 None 值作为输入，此时可以定义处理这种情况的方法。

若使用有状态转换操作则需要在创建 StreamingContext 时启用检查点（checkpointing）。检查点机制允许 Spark Streaming 在失败或重启时恢复状态，从而保证状态数据的持久性和容错性。然而，由于需要在内存中维护每个键的状态，当键的数量非常大时可能导致内存不足问题。因此，使用有状态转换操作时，需要谨慎设计状态更新策略，并确保有足够的资源支持这些操作。

以下程序使用 DStream 状态转换操作实现了词频统计功能。从本地的 9999 端口接

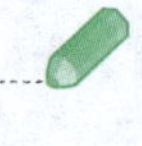

收文本行数据，如图 5.9 所示，将文本行分割成单词，并统计每个单词词频。最后，打印每个单词出现的次数。在该示例中，使用 updateStateByKey 函数保持单词计数的累计状态，且每 *n* 秒更新一次。程序设置了检查点目录，检查点间隔默认是批处理间隔的 10 倍。

```
C:\Users\alan.lin>nc -l -p 9999
hello world
hello hefei
```

图 5.9　nc 输入数据

Scala 语言代码如下：

```
import org.apache.spark.SparkConf
import org.apache.spark.streaming.{Seconds, StreamingContext}
import org.apache.spark.streaming.DStream.DStream
object UpdateState {
  def main(args: Array[String]) {
    val conf = new SparkConf().setAppName("updatestate")
    .setMaster("local[*]")
    // 设置检查点目录（请确保该目录存在且可以写入）
    val checkpointDirectory = "/streamingdata"
    val ssc = new StreamingContext(conf, Seconds(2))
    ssc.checkpoint(checkpointDirectory)
    // 假设 lines 是一个从网络接收文本行数据的 DStream
    val lines: DStream[String] = ssc.socketTextStream("localhost", 9999)
    // 将文本行分割成单词并转换为 (word, 1) 键值对
    val words: DStream[(String, Int)] = lines.flatMap(_.split(" "))
      .map((_, 1))
    // 使用 updateStateByKey 统计词频
    val wordCounts: DStream[(String, Int)] = words.updateStateByKey[Int](
      (values: Seq[Int], state: Option[Int]) => {
        Option(values.sum + state.getOrElse(0))
      }
    )
    // 打印结果
    wordCounts.print()
    ssc.start()
    ssc.awaitTermination()
  }
}
```

Python 语言代码如下：

```
from pyspark import SparkConf, SparkContext
from pyspark.streaming import StreamingContext
from pyspark.streaming.DStream import DStream
def update_state_func(new_values, state):
"""
    更新状态函数
    参数 : new_values: 一个包含新值的列表，这些值将被用来更新状态。
    state: 当前状态值。若为 None 或 False 则默认为 0。
```

```
    返回值 : 返回更新后的状态值，即新值列表的总和加上当前状态值。
"""
    return sum(new_values) + (state or 0)
def main():
    conf = SparkConf().setAppName("updatestate").setMaster("local[*]")
    # 设置检查点目录（请确保该目录存在且可以写入）
    checkpointDirectory = "/streamingdata"
    # 创建 StreamingContext 并设置检查点目录
    sc = SparkContext.getOrCreate(conf)
    ssc = StreamingContext(sc, 4)
    ssc.checkpoint(checkpointDirectory)
    # 假设 lines 是一个从网络接收文本行数据的 DStream
    lines: DStream[str] = ssc.socketTextStream("localhost", 9999)
    # 将文本行分割成单词并转换为 (word, 1) 键值对
    words: DStream[(str, int)] = lines.flatMap(lambda line: line.split(" ")).map(lambda word: (word, 1))
    # 使用 updateStateByKey 统计词频
wordCounts:DStream[(str,int)]=words.updateStateByKey(update_state_func)
    # 打印结果
    wordCounts.pprint()
    # 启动并等待终止
    ssc.start()
    ssc.awaitTermination()
if __name__ == "__main__":
    main()
```

程序运行结果如图 5.10 所示。

```
-------------------------------------------
Time: 1710664462000 ms
-------------------------------------------
(hefei,1)
(hello,2)
(world,1)
```

图 5.10　程序运行结果

HDFS 上生成的状态检查点文件如图 5.11 所示。

```
17:03 /streamingdata/checkpoint-1710666188000
17:03 /streamingdata/checkpoint-1710666192000
17:03 /streamingdata/checkpoint-1710666196000
17:03 /streamingdata/checkpoint-1710666200000
17:03 /streamingdata/checkpoint-1710666200000.bk
17:03 /streamingdata/checkpoint-1710666204000
17:03 /streamingdata/checkpoint-1710666208000
17:03 /streamingdata/checkpoint-1710666212000
17:03 /streamingdata/checkpoint-1710666216000
17:03 /streamingdata/checkpoint-1710666216000.bk
```

图 5.11　HDFS 上生成的状态检查点文件

3. DStream 的窗口操作

在 Spark Streaming 中，为 DStream 提供窗口操作，即在 DStream 流上将一个可配置的长度设置为窗口，以一个可配置的速率向前移动窗口。根据窗口操作，计算窗口内的数

据，每次落在窗口内的 RDD 数据都被聚合计算，生成的 RDD 作为 WindowDStream 的一个 RDD。窗口操作属于有状态转换操作

图 5.12 所示的滑动窗口长度为 3 个时间单位，三个时间单位内的 3 个 RDD 会被聚合处理；两个时间单位后，对最近三个时间单位内的数据执行滑动窗口计算。所以，每个滑动窗口操作都必须指定两个参数——窗口长度和滑动间隔，且两个参数值都必须都是 batch（批处理时间）间隔的整数倍。

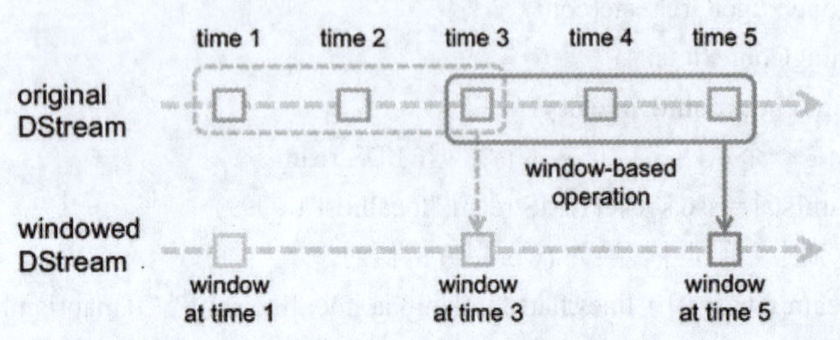

图 5.12　DStream 滑动窗口

可能初始的窗口没有被流入的数据撑满，但是随着时间的推进，窗口最终会被撑满。图 5.12 中每过两个时间单位窗口滑动一次，此时新的数据流入窗口，窗口移除最早的两个时间单位的数据，而对最新的两个时间单位的数据汇总，形成新的窗口（time 3 ～ time 5）。

（1）DStream 常用的窗口转换操作。

1）window(windowLength, slideInterval)：基于源 DStream 产生的窗口化的批数据计算一个新的 DStream。

2）countByWindow(windowLength, slideInterval)：返回流中元素的一个滑动窗口数。

3）reduceByWindow(func, windowLength, slideInterval)：返回一个单元素流。利用 func 函数聚集滑动时间间隔的流的元素创建这个单元素流。函数必须关联，以使能够正确地并行计算。

4）reduceByKeyAndWindow(func, windowLength, slideInterval, [numTasks])：应用到一个由 (K,V) 键值对组成的 DStream 上，返回一个由 (K,V) 键值对组成的新 DStream。每个 key 的值都由给定的 reduce 函数聚集。在默认情况下，该算子利用 Spark 默认的并发任务数分组。可以用 numTasks 参数设置不同的任务数。

5）reduceByKeyAndWindow(func, invFunc, windowLength, slideInterval, [numTasks])：上述 reduceByKeyAndWindow() 的更高效版本，使用前一个窗口的 reduce 计算结果递增地计算每个窗口的 reduce 值。通过对进入滑动窗口的新数据进行 reduce 操作，以及“逆减 (inverse reducing)”离开窗口的旧数据完成。像 reduceByKeyAndWindow 一样，通过可选参数可以配置 reduce 任务的数量。使用此操作必须启用检查点。

6）countByValueAndWindow(windowLength, slideInterval, [numTasks])。应用到一个由 (K,V) 键值对组成的 DStream 上，返回一个由 (K,V) 键值对组成的新的 DStream。每个 key 的值都是在滑动窗口中出现的频率。

（2）DStream 窗口操作的示例。该示例使用滑动窗口处理和分析数据，从本地主机的

9999 端口读取数据，如图 5.13 所示，然后统计词频。对单词计数结果应用滑动窗口，窗口大小为 10s，滑动间隔为 5s。

```
C:\Users\alan.lin>nc -l -p 9999
hello world
hello hefei
```

图 5.13 nc 输入数据

Scala 语言代码如下：

```
import org.apache.spark.SparkConf
import org.apache.spark.streaming.DStream.DStream
import org.apache.spark.streaming.{Seconds, StreamingContext}
object DStreamWindows {
  def main(args: Array[String]): Unit = {
    val conf = new SparkConf().setAppName("DStreamwindows").setMaster("local[*]")
    /**
      * 创建一个流处理上下文，设置批处理时间为 2s
      * @param conf 配置信息，通常包含 Spark 的运行配置
      * @param batchDuration 批处理时间间隔，此处为 2s
      * @return 返回一个配置好的 StreamingContext 对象
      */
    val ssc = new StreamingContext(conf, Seconds(2))
    val lines: DStream[String] = ssc.socketTextStream("localhost", 9999)
    val words: DStream[(String, Int)] = lines.flatMap(_.split(" ")).map((_, 1))
    /**
      * 对单词计数结果应用滑动窗口，窗口大小为 10s，滑动间隔为 2s
      * @return 返回一个包含窗口内单词计数结果的 DStream
      */
    val windowedWordCounts: DStream[(String, Int)] = words.window(Seconds(10),
        Seconds(2)).reduceByKey(_ + _)
windowedWordCounts.print()
ssc.start()
ssc.awaitTermination()
  }
}
```

Python 语言代码如下：

```
from pyspark import SparkConf, SparkContext
from pyspark.streaming import StreamingContext
from pyspark.streaming.DStream import DStream
def main():
    # 创建 Spark 配置对象
    conf = SparkConf().setAppName("DStreamwindows").setMaster("local[*]")
    # 创建流处理上下文，设置批处理时间为 2s
    ssc = StreamingContext(conf, 2)
    # 从 localhost:9999 接收文本数据流
    lines: DStream[str] = ssc.socketTextStream("localhost", 9999)
    # 将文本行分割成单词并转换为 (word, 1) 键值对
    words: DStream[(str, int)] = lines.flatMap(lambda line: line.split(" ")).map(lambda word: (word, 1))
```

```
        # 对单词计数结果应用滑动窗口，窗口大小为 10s，滑动间隔为 2s
        windowedWordCounts: DStream[(str, int)] = words.window(windowDuration=10,
            slideDuration=2).reduceByKey(lambda a, b: a + b)
        # 打印滑动窗口内的单词计数结果
        windowedWordCounts.pprint()
        # 启动并等待终止
        ssc.start()
        ssc.awaitTermination()
if __name__ == "__main__":
        main()
```

程序运行结果如图 5.14 所示。

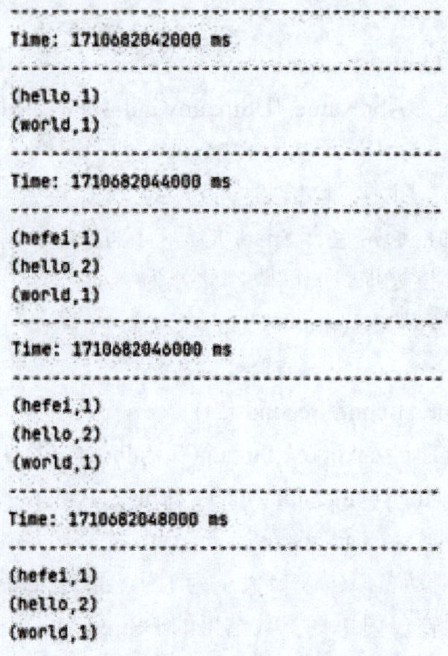

```
-------------------------------------------
Time: 1710682042000 ms
-------------------------------------------
(hello,1)
(world,1)
-------------------------------------------
Time: 1710682044000 ms
-------------------------------------------
(hefei,1)
(hello,2)
(world,1)
-------------------------------------------
Time: 1710682046000 ms
-------------------------------------------
(hefei,1)
(hello,2)
(world,1)
-------------------------------------------
Time: 1710682048000 ms
-------------------------------------------
(hefei,1)
(hello,2)
(world,1)
```

图 5.14　程序运行结果

5.2.3　DStream 的输出

DStream 的输出是 Spark Streaming 处理数据流的最终步骤，决定了将经过转换和计算后的数据流发送到外部系统或进一步处理的方法。在 Spark Streaming 中，DStream 的输出通常涉及将处理后的数据持久化到外部存储系统、发送给其他处理系统或实时分析和可视化。

输出操作通常在 DStream 转换操作的最后阶段，例如经过 map、filter、reduceByKey 等转换后。输出操作可以基于不同的需求选择不同的目标，比如将结果写入到文件系统或数据库中、发送到消息队列中或者通过 REST API 发送给外部服务等。

DStream 主要的输出操作见表 5.2。

表 5.2　DStream 主要的输出操作

转换	描述
print()	在 Driver 中打印 DStream 中数据的前 10 个元素
saveAsTextFiles (prefix,[suffix])	将 DStream 中的内容以文本的形式保存为文本文件，其中每次批处理间隔内产生的文件以 prefix-TIME_IN_MS[.suffix] 的方式命名

续表

转换	描述
saveAsObjectFiles (prefix,[suffix])	将 DStream 中的内容按对象序列化，并以 SequenceFile 的格式保存，其中每次批处理间隔内产生的文件以 prefix-TIME_IN_MS[.suffix] 的方式命名
saveAsHadoopFiles (prefix,[suffix])	将 DStream 中的内容以文本的形式保存为 Hadoop 文件，其中每次批处理间隔内产生的文件以 prefix-TIME_IN_MS[.suffix] 的方式命名
foreachRDD(func)	最基本的输出操作，将 func 函数应用于 DStream 中的 RDD 上，使用该操作输出数据到外部系统，如保存 RDD 到文件或者网络数据库等。func 函数是在该 Streaming 应用的 Driver 进程里执行的

以下程序从指定的 socket 地址读取文本数据，然后将每行文本拆分为单词，并将这些单词保存为 HDFS 上的文本文件。文件名以指定的前缀和后缀命名，其中前缀以 prefix-TIME_IN_MS 的方式命名。

Scala 语言代码如下：

```
import org.apache.spark.SparkConf
import org.apache.spark.streaming.{Seconds, StreamingContext, Time}
object DStreamOutput {
  def main(args: Array[String]): Unit = {
    val sparkConf = new SparkConf().setAppName("DStreamsaveasfiles").setMaster("local[*]")
    val ssc = new StreamingContext(sparkConf, Seconds(5))
    // 假设有一个从 socket 接收文本数据的 DStream
    val lines = ssc.socketTextStream("localhost", 9999)
    // 处理 DStream，只保留单词（假设一行就是一个单词）
    val words = lines.flatMap(_.split(" "))
    val prefix = "hdfs://localhost:9000/streamingdata/s_"
    val suffix = "txt"
    words.saveAsTextFiles(prefix,suffix)
    ssc.start()
    ssc.awaitTermination()
  }
}
```

Python 语言代码如下：

```
import org.apache.spark.SparkConf
import org.apache.spark.rdd.RDD
import org.apache.spark.streaming._

object DStreamSaveAsTextFile {
  def main(args: Array[String]): Unit = {
    // 创建 SparkConf 并设置 Streaming 上下文
    val sparkConf = new SparkConf().setAppName("DStreamsaveasfiles").setMaster("local[*]")
    val ssc = new StreamingContext(sparkConf, Seconds(5))
    // 假设有一个从 socket 接收文本数据的 DStream
    val lines = ssc.socketTextStream("localhost", 9999)
    // 对 DStream 进行展平处理，过滤出单词
    val words = lines.flatMap(_.split(" "))
```

```
        // 获取批次时间戳
        def getTimeStamp(batchTime: Time): String = batchTime.milliseconds.toString
        // 使用 saveAsTextFiles 算子将每个批次的单词写入 HDFS，文件名包含前缀和批次时间戳后缀
        words.foreachRDD { (rdd: RDD[String], time: Time) =>
          if (!rdd.isEmpty()) {
            val timeSuffix = getTimeStamp(time)
            val prefix = "hdfs://localhost:9000/streamingdata/"
            val suffix = "s_" + timeSuffix
            rdd.saveAsTextFile(prefix + suffix)
          }
        }
        // 启动 Spark Streaming 计算
        ssc.start()
        ssc.awaitTermination()
    }
}
```

程序运行结果如图 5.15 所示。

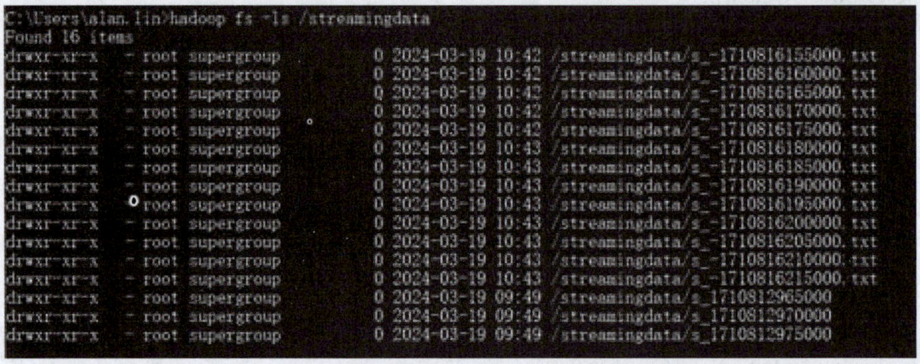

```
C:\Users\alan.lin>hadoop fs -ls /streamingdata
Found 16 items
drwxr-xr-x   - root supergroup          0 2024-03-19 10:42 /streamingdata/s_-1710816155000.txt
drwxr-xr-x   - root supergroup          0 2024-03-19 10:42 /streamingdata/s_-1710816160000.txt
drwxr-xr-x   - root supergroup          0 2024-03-19 10:42 /streamingdata/s_-1710816165000.txt
drwxr-xr-x   - root supergroup          0 2024-03-19 10:42 /streamingdata/s_-1710816170000.txt
drwxr-xr-x   - root supergroup          0 2024-03-19 10:42 /streamingdata/s_-1710816175000.txt
drwxr-xr-x   - root supergroup          0 2024-03-19 10:43 /streamingdata/s_-1710816180000.txt
drwxr-xr-x   - root supergroup          0 2024-03-19 10:43 /streamingdata/s_-1710816185000.txt
drwxr-xr-x   - root supergroup          0 2024-03-19 10:43 /streamingdata/s_-1710816190000.txt
drwxr-xr-x   - root supergroup          0 2024-03-19 10:43 /streamingdata/s_-1710816195000.txt
drwxr-xr-x   - root supergroup          0 2024-03-19 10:43 /streamingdata/s_-1710816200000.txt
drwxr-xr-x   - root supergroup          0 2024-03-19 10:43 /streamingdata/s_-1710816205000.txt
drwxr-xr-x   - root supergroup          0 2024-03-19 10:43 /streamingdata/s_-1710816210000.txt
drwxr-xr-x   - root supergroup          0 2024-03-19 10:43 /streamingdata/s_-1710816215000.txt
drwxr-xr-x   - root supergroup          0 2024-03-19 09:49 /streamingdata/s_1710812965000
drwxr-xr-x   - root supergroup          0 2024-03-19 09:49 /streamingdata/s_1710812970000
drwxr-xr-x   - root supergroup          0 2024-03-19 09:49 /streamingdata/s_1710812975000
```

图 5.15　程序运行结果

5.3　Structured Streaming 结构化流

Spark 2.0 版本发布了新的流计算的 API——Structured Streaming（结构化流）。Structured Streaming 是一个基于 Spark SQL 引擎的可扩展、容错的流处理引擎。它统一了流处理和批处理的编程模型，可以使用像静态数据批处理一样的方式编写流式计算操作，简单来说，开发人员根本不用考虑是流式计算还是批处理，只需使用相同的方式编写计算操作即可。

5.3.1　Structured Streaming 概述

Spark 结构化流是一种用于内存中处理的常用平台，具有用于批处理和流式处理的统一范例。因为任何批处理的知识和用法都可以用于流式处理，所以从批处理数据发展为流式处理数据很轻松。结构化流创建长时间运行的查询，其间可对输入数据应用操作，如选择、投影、聚合、开窗以及将流数据帧与引用数据帧连接。下面使用自定义代码将结果输出到文件存储或任何数据存储。

1. 编程模型

Structured Streaming 的核心在于将数据流视作一个持续更新的表（无界表 Unbounded Table），新数据不断被追加至该表中。该模型革新了流式计算方式，使之与离线数据处理在逻辑上高度相似，允许开发者使用与处理静态数据表相同的查询逻辑编写流式查询。Spark 通过增量处理机制实时查询和处理动态表中的新增数据，每条新到达的数据均视为表中新增的一行记录。

Spark 结构化流将数据流抽象为动态增长的表，随着新数据的实时到达，该表持续扩展，这就是输入表。输入表由长时间运行的查询连续处理，产生的结果直接流向结果表。数据一旦进入系统就被即时纳入输入表，如图 5.16 所示。用户利用 DataFrame 和数据集 API，可以编写查询以操作此输入表。查询结果形成结果表，可以轻松地将结果表的内容导出至外部数据存储系统，如关系数据库。

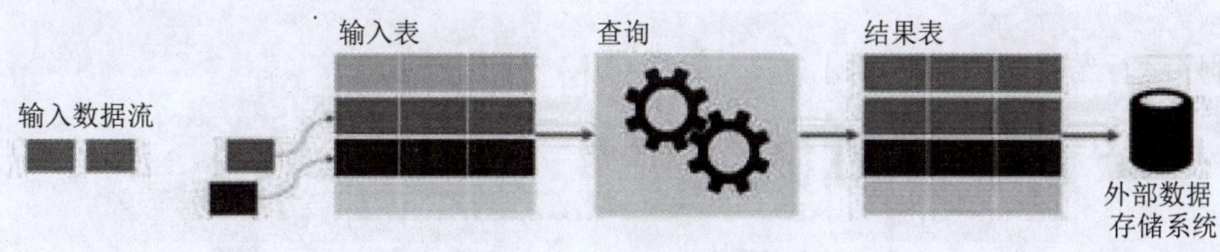

图 5.16　结构化流处理流程

2. 输出模式

输入的查询将生成“结果表”。每个触发间隔（如每 1s），新的行都会附加到输入表中，这最终会更新结果表。每当结果表更新时，一般都希望将更改后的结果行写入外部接收器。因此，“输出”定义为写入外部存储器的内容。结构化流有以下三种输出模式。

（1）完成模式（Complete Mode）：整个更新的结果表被写入外部存储器，存储连接器决定处理整个表写入的方法。

（2）追加模式（Append Mode）：只有自上一个触发器以来追加到结果表中的新行才会写入外部存储器，仅适用于结果表中不希望更改现有行的查询。

（3）更新模式（Update Mode）：只有自上次触发器以来在结果表中更新的行才会写入外部存储器（从 Spark 2.1.1 开始可用）。由于其这与完整模式不同，因为只输出自上一个触发器以来已更改的行。如果查询不包含聚合就等同于追加模式。

3. 处理事件时间（Event-time）和延迟数据（Late Data）

在 Structured Streaming 中，事件时间（数据实际发生时间）对保证数据处理的准确性至关重要，尤其是在跨时间窗口处理时。Structured Streaming 通过 Watermark 机制支持事件时间处理，Watermark 标识最早可能到达的延迟数据的时间戳。晚于 Watermark 的数据视为延迟数据，可能在后续窗口处理，提升了系统处理延迟数据的鲁棒性和准确性。

4. 容错机制和语义

Spark 结构化流以卓越的容错机制保证数据流处理的可靠性与连续性。其从设计之初便融入容错数据源的概念，即使遭遇节点故障或任务中断也能无缝衔接，从上次读取点继续处理，避免数据丢失。基于事件时间的处理逻辑，结构化流能有效应对数据延迟与乱序问题，通过水印机制保证正确处理数据。

在状态管理方面，Spark 结构化流利用检查点机制将处理状态定期记录至可靠的存储，确保在任务重启或失败时迅速恢复状态，保持数据处理的一致性。此外，Spark 的任务调度与资源管理框架（如 YARN、Mesos 等）具有强大的容错能力，支持节点故障恢复与任务重试，保证资源的高效利用与系统的稳定运行。

5. 第一个 Structured Streaming 程序

该程序通过 socket 连接 localhost:9999 的数据流中读取数据，并对 NetCat 输入文本行的单词计数，如图 5.17 所示。程序展示了使用 Structured Streaming 处理和分析简单流数据，并将结果实时输出到控制台的方法。程序设置输出模式为 complete。

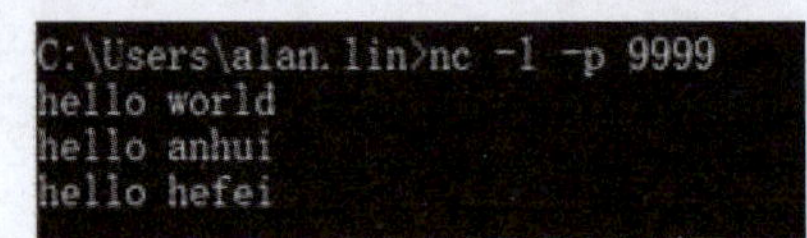

图 5.17 NetCat 的输入

程序运行结果如图 5.18 所示。

```
-------------------------------------------
Batch: 0
-------------------------------------------
+-----+-----+
|value|count|
+-----+-----+
+-----+-----+

-------------------------------------------
Batch: 1
-------------------------------------------
+-----+-----+
|value|count|
+-----+-----+
|hello|    3|
|anhui|    1|
|world|    1|
|hefei|    1|
+-----+-----+
```

图 5.18 程序运行结果

6. 完整程序

Scala 语言代码如下：

```
import org.apache.spark.sql.SparkSession
import org.apache.spark.sql.functions._
import org.apache.spark.sql.streaming._

// 创建一个 SparkSession 实例，并设置应用程序名
val spark = SparkSession.builder()
  .appName("ScalaStructured 网络单词计数 ")
  .getOrCreate()
// 创建 DataFrame 表示从连接到 localhost:9999 数据流中的输入行
val lines = spark.reaDStream
  .format("socket")              // 设置数据源格式为 socket
  .option("host", "localhost")   // 设置主机地址为 localhost
  .option("port", 9999)          // 设置端口号为 9999
  .load() // 加载数据流
// 将每行文本分割成单词
```

```
val words = lines.as[String]        // 将 DataFrame 转为 String 类型 RDD
  .flatMap(line => line.split(" ")) // 使用 flatMap 函数对每行拆分，生成单词序列
// 生成实时单词计数
val wordCounts = words.groupBy("value").count()
// 按照单词（value）进行分组并计算每个单词的数量
// 开始执行查询任务，将程序运行结果输出到控制台
val query = wordCounts.writeStream
  .outputMode("complete") // 设置输出模式为 complete，即每次更新都会输出所有数据
  .format("console") // 设置输出格式为 console
  .start() // 启动流处理查询
// 等待查询任务终止（例如直到程序手动停止或遇到错误）
query.awaitTermination()
```

Python 语言代码如下：

```
from pyspark.sql import SparkSession
# 创建 SparkSession
spark= SparkSession.builder.appName("word_count_streaming").getOrCreate()
# 设置 socket 源
socket_stream=spark.reaDStream.format("socket").option("host", "localhost").option("port", 9999).load()
# 将接收的原始数据按行分割并转换为单词数组
lines = socket_stream.selectExpr("explode(split(value, ' ')) as word")
# 对单词计数
word_counts = lines.groupBy("word").count()
# 设置输出模式为 complete，根据需要将检查点路径设置为本地路径
query = word_counts.writeStream.outputMode("complete").format("console")\
    .option("checkpointLocation","file:///d:/temp").start(path="file:///d:/temp")
# 等待流处理结束
query.awaitTermination()
```

5.3.2 Structured Streaming 操作

1. Structured Streaming 内置的输入源

Structured Streaming 引擎支持从多种内置数据源读取数据，这些数据源可以根据需要组合和转换。Structured Streaming 中的一些内置输入源如下：

Kafka 源：要求 Apache Kafka 0.10 或更高版本，这是生产环境中流行的数据源，连接和读取 Kafka 主题的数据。

文件源：文件位于本地文件系统、HDFS 上。当新的文件被放入一个目录时，该数据源把它挑选出来处理。支持常用的文件格式，如文本、CSV、JSON、ORC 和 Parquet。处理该数据源时，一个好的经验操作是先完全地写出输入文件，再将它移动到这个数据源的路径中（例如，流程序监控的是 HDFS 上的 A 目录，先将输入文件写出到 HDFS 的 B 目录中，再从 B 目录将它移动到 A 目录）。

Socket 源：仅用于测试，它从一个监听特定的主机和端口的 socket 上读取 UTF-8 数据。

Rate 源：仅用于测试和基准测试。该数据源以每秒指定的行数生成数据，每个输出行都包含时间戳和值。其中，timestamp 是包含消息调度时间的 timestamp 类型，value 是包含消息计数的 long 类型，从 0 开始并作为第一行。

数据源需要提供的一个重要属性是跟踪流中读位置的方法，该属性决定一个特定的数据源是否具有容错能力。表 5.3 所列为常用内置数据源的一些选项。

表 5.3 常用内置数据源的一些选项

数据源	是否容错	配置
File	是	path：输入目录的路径；maxFilesPerTrigger：每个触发器都读取新行的最大数量；latestFirst：是否处理最新文件（根据 modification time）
Socket	否	要求有参数 host（要连接到的主机）、port（要连接到的端口号）
Rate	是	rowsPerSecond：每秒生成的行的数量；rampUpTime：到达 rowsPerSecond 之前的时间，以秒为单位；numPartitions：分区数量
Kafka	是	kafka.bootstrap.servers：Kafka brokers 列表，由逗号分隔；host: portsubscribe：主题列表，由逗号分隔

- Structured Streaming 文件源的例子。

假设程序有一个 HDFS 目录，不断地写入新 CSV 文件，而程序的任务是实时读取这些文件并计算一些简单的统计数据。程序运行前，应保证检查点目录为空且有写入的权限。由于程序是实时计数，因此采用 update 模式。因为 complete 模式会在每次触发时都计算整个数据集的最新状态。

虽然程序没有明确指定追踪读位置的方式，但实际上 Spark 结构化流在处理文件输入源时自动管理这些偏移量。当一个新的文件被添加到监控的目录下时，Spark 读取新的数据，并跟踪处理过的文件的位置。如果希望更精细地控制读取位置，就可以设置 startingOffsets 或 endingOffsets 参数，但通常用于 Kafka 等特定数据源。

Scala 语言代码如下：

```
import org.apache.spark.sql.SparkSession
import org.apache.spark.sql.types.{StructType, StructField, StringType, IntegerType}
object StructureDStreamFileSource {
  def main(args: Array[String]): Unit = {
    // 初始化 SparkSession
    val spark = SparkSession
      .builder
      .appName("StructureDStreamingFileInputExample")
      .master("local[*]")
      .getOrCreate()
    // 设置日志级别
    spark.sparkContext.setLogLevel("WARN")
    // 定义文件输入源路径
    val input_path = "hdfs://localhost:9000/structedtemp"
    // 定义数据的 Schema
    val schema = new StructType()
      .add(StructField(" 地区 ", StringType, true))
      .add(StructField(" 考生类别 ", IntegerType, true))
      .add(StructField(" 批次 ", StringType, true))
      .add(StructField(" 分数线 ", IntegerType, true))
    // 创建一个从指定目录读取 CSV 文件的 DataFrame
    val df = spark.reaDStream
      .option("header", "true")
      .schema(schema)
      .csv(input_path)
    // 对每个批次的数据计数
    val count_df = df.selectExpr("count(*) as count")
```

```
    // 选择合适的输出模式（这里是 "update"，在实时计数场景中通常应使用 "update" 或 "append"）
    val output_mode = "update"
    // 定义检查点位置
    val checkpoint_location = "file:///d:/temp/checkpoint"
    // 开始流式查询，并将结果输出到控制台
    val query = count_df
      .writeStream
      .outputMode(output_mode)
      .format("console")
      .start()
    // 在终端显示查询的状态信息
    query.awaitTermination()
  }
}
```

Python 语言代码如下：

```
from pyspark.sql import SparkSession
from pyspark.sql.types import StructType, StructField, StringType, IntegerType
# 初始化 SparkSession
spark = SparkSession \
    .builder \
    .appName("StructureDStreamingFileInputExample") \
    .getOrCreate()
# 设置日志级别
spark.sparkContext.setLogLevel("WARN")

# 定义文件输入源路径
input_path = "/structedtemp"
# 定义数据的 Schema
schema = StructType([
    StructField(" 地区 ", StringType(), True),
    StructField(" 考生类别 ", IntegerType(), True),
    StructField(" 批次 ", StringType(), True),
    StructField(" 分数线 ", IntegerType(), True)
])
# 创建一个从指定目录读取 CSV 文件的 DataFrame
df=spark.reaDStream.option("header","true").schema(schema).csv(input_path)
# 对每个批次的数据计数
count_df = df.groupBy().count()
# 选择合适的输出模式
output_mode = "update"
# 定义检查点位置
checkpoint_location = "file:///d:/temp/checkpoint"
# 开始流式查询，并将结果输出到控制台
query = count_df \
    .writeStream \
    .outputMode(output_mode) \
    .format("console") \
    .option("checkpointLocation", checkpoint_location) \
    .start()
# 在终端显示查询的状态信息
query.awaitTermination()
```

程序运行结果如图 5.19 所示。

图 5.19　程序运行结果

2. Structured Streaming 内置的输出 Sink

数据接收器(Data Sink)用来存储流应用程序的输出。不同的 Sink 支持不同的输出模式，并且具有不同的容错能力。在 Structured Streaming 中，输出 Sink 是整个流处理流水线的终点，它是将经过实时计算后的结果数据写出到外部存储系统或服务的关键组件。

Sink 可以存储不同数据，如 HDFS、数据库、消息队列(如 Kafka)甚至实时 Dashboard 等。例如，可以配置 Structured Streaming 应用，将处理过的实时数据持续地写入 HDFS 上供批处理分析，或者实时推送至 MySQL 数据库用于在线查询和业务展示，也可以将其发送到 Kafka topic 中以便其他下游服务进一步消费处理。

配置输出 Sink 时，Spark 提供强大的容错性和一致性保证机制，如至少一次、精确一次等语义，确保在出现故障或重启的情况下，数据准确无误地被写入目标系统。此外，Spark 还支持动态分区写入、事务性写入等高级特性，极大地提升了流处理系统的稳定性和灵活性。

Structured Streaming 内置 FileSink、Console Sink、Foreach Sink（ForeachBatch Sink）、Memory Sink、Kafka Sink，其中测试最方便的是 Console Sink。

3. Structured Streaming 输出 Sink 的例子

以下程序用于实现简单的流式单词处理，通过读取 Socket 的数据流，如图 5.20 所示，将每行数据分割为单词数组，然后对每个单词反转，并将结果写入 JSON 文件。

```
C:\Users\alan.lin>nc -l -p 9999
hello world
hello anhui
hello hefei
```

图 5.20　NetCat 输入

Scala 语言代码如下：

```
import org.apache.spark.sql.SparkSession
import org.apache.spark.sql.functions._
object StructureDStreamingFileSink {
  def main(args: Array[String]): Unit = {
    // 创建 SparkSession
valspark=SparkSession.builder.appName("word_count_streaming").master("local[*]").getOrCreate()
    // 设置 Socket 源
    val socket_stream = spark.reaDStream.format("socket").option("host", "localhost").option("port",
        9999).load()
    // 将接收的原始数据按行分割并转换为单词数组
```

```
        val lines = socket_stream.select(explode(split(socket_stream.col("value"), " ")).as("word"))
        // 对每个单词反转
        val word_results=lines.withColumn("reversed_word", reverse(col("word")))
        // 使用 File Sink 将结果写入 JSON 文件
        val query = word_results.writeStream
          .outputMode("append")
          .format("json")
          .option("path", "file:///f:/sparktestdata/structured.json")
          .option("checkpointLocation", "file:///d:/temp")
          .start()
        query.awaitTermination()
    }
}
```

Python 语言代码如下：

```
from pyspark.sql import SparkSession
from pyspark.sql.functions import explode, split, reverse
# 创建 SparkSession
spark=SparkSession.builder.appName("word_reverse_streaming").getOrCreate()
# 设置 Socket 源
socket_stream=spark.reaDStream.format("socket").option("host", "localhost").option("port", 9999).load()
# 将接收的原始数据按行分割并转换为单词数组
lines = socket_stream.select(explode(split(socket_stream.value, ' ')).alias('word'))
# 对每个单词反转
word_results = lines.withColumn("reversed_word", reverse("word"))
# 使用 File Sink 将结果写入 JSON 文件
query = word_results.writeStream.outputMode("append") \
    .format("json") \
    .option("path", "file:///f:/sparktestdata/structured.json") \
    .option("checkpointLocation", "file:///d:/temp").start()
query.awaitTermination()
```

程序运行结果如图 5.21 所示。

part-00000-42651a2a-074d-4840-976a-6b6aa8cb998f-c000.json - 记事本

文件(F) 编辑(E) 格式(O) 查看(V) 帮助(H)

{"word":"hello","reversed_word":"olleh"}
{"word":"world","reversed_word":"dlrow"}

图 5.21 程序运行结果

5.3.3 Structured Streaming 高级特性

1. 事件时间窗口

Spark Structured Streaming 的核心特性是对事件时间窗口的支持，用户能够根据事件发生的时间对数据流进行切片和聚合，从而实现计算每分钟点击量、滑动窗口平均值等复杂实时分析任务。

（1）事件时间和处理时间。流处理涉及两个时间概念：事件时间和处理时间（Processing Time）。

事件时间是事件在生产设备上发生的时间。事件时间处理可用于无序事件。

处理时间是机器执行数据流处理的系统时间，是执行基于时间操作的每个操作符的本地时间。

判断应该使用处理时间还是事件时间时，可以遵循以下原则：当应用程序遇到一些问题时，需要从前一个检查点或保存点重放它时，是否希望结果完全相同。如果想要结果完全相同，就只能使用事件时间；如果接受不同的结果，就可以使用处理时间。

（2）事件时间窗口概念。在 Structured Streaming 中，事件时间是指事件实际发生的物理时间，而非数据被系统处理的时间。基于事件时间的窗口操作允许按照事件时间将数据流分割成一个个连续的、不重叠或重叠的时间窗口，并在每个窗口上执行聚合操作。

（3）事件时间窗口类型。

固定窗口（Tumbling Window）：一种特殊的窗口划分方式，它将数据流分成一系列不重叠的、固定长度的时间区间。每个窗口内的数据都是相互独立的，即一个事件只属于一个窗口。例如，若设置一个每 5min 的固定窗口，意味着数据会被聚集在每 5min 的整点时刻开始至下一个 5min 整点结束的时间段内。每次窗口结束后，系统都生成一个新的、独立的窗口，并对新窗口内的数据进行聚合计算，如求和、求平均值等。

滑动窗口（Sliding Window）：基于时间长度划分的窗口，与固定窗口的不同之处在于窗口之间存在重叠部分。滑动窗口连续不断地移动，并在每次移动后再次计算新的时间区间内的数据。例如，若设置一个每 3min 的窗口长度，并且每 1min 滑动一次，那么在第一个窗口（t=0 ～ 3min）之后，第二个窗口会覆盖 t=1 ～ 4min 的时间区间，然后是 t=2 ～ 5min，依此类推，意味着一个事件可能同时出现在多个连续的滑动窗口中，导致窗口间的计算结果有所关联。

会话窗口（Session Window）：不同于固定窗口和滑动窗口，会话窗口不是基于固定时间间隔划分的，而是依据事件之间的活跃程度或者会话活动间隙动态定义窗口的边界。在会话窗口中，窗口的开始时间和结束时间由事件到达的时间间隔决定。如果在一段时间间隔（如 10min）内都有事件连续到达，这些事件就被归入同一个会话窗口。但如果在这段时间间隔内没有任何事件到达，当前会话窗口就被关闭，后续的新事件会开启一个新的会话窗口。这种窗口类型特别适用于需要跟踪用户活动会话或设备连接会话等场景，能够自然地处理活动间歇期和突发活动高峰的情况。

2. 水印

水印（Watermarking）作为另外一个核心特性，针对流处理中的一个重要挑战——事件时间乱序问题提供优雅的解决方案。

（1）水印的概念。在实时数据流场景下，事件的发生时间不总是与其到达处理系统的顺序一致，即可能存在乱序事件。水印是对事件时间的一种滞后标记，代表数据流处理系统可以接受的最大延迟界限。当系统接收一个新的数据记录时，如果其事件时间戳晚于当前水印时间戳，该事件就被认为是“迟到”的。

水印是一个动态更新的阈值，反映系统当前处理到的事件时间戳集合中可以容忍的最大延迟时间点。该时间点通常落后于当前最新的已知事件时间戳，以确保处理大部分乱序事件，但又不至于因等待极少数极端延迟的事件而降低整体数据流的处理进度。

例如，如果系统当前的水印是 10:00:00，说明系统已经准备好处理所有事件时间戳不大于 10:00:00 的事件，即使它实际到达处理系统的时间可能更晚。当一个事件的事件时间戳是 10:05:00 且到达时间比水印晚，那么这个事件被认为是迟到的。系统可以通过配置水印策略决定处理迟到事件的方式，比如丢弃、存储待后期处理或者触发重新计算等。

水印机制在流处理框架（如 Apache Flink、Spark Streaming 等）中扮演关键角色，它有助于在保证数据处理时效性的同时，尽可能保证数据处理结果的完整性。通过合理设置水印，流处理系统能够在乱序事件常态化的环境下，高效、可靠地实现基于事件时间的窗口操作和状态清理等任务。

（2）水印的作用。

窗口触发计算：当水印时间戳向前推进时，事件时间早于或等于当前水印的所有窗口都触发计算，从而输出窗口内的汇总结果。

乱序事件处理：水印机制允许一定范围内的乱序事件参与计算，超出水印阈值的迟到事件可能无法影响已经完成计算的窗口，但仍可能参与尚未关闭的窗口或者后续窗口的计算。

数据一致性保障：尽管不能完全避免乱序带来的影响，但通过合理设置水印，可以在乱序容忍度和数据一致性之间取得平衡，确保在面对乱序事件时系统给出尽可能准确且及时的结果。

3. 事件时间窗口和水印的例子

以下程序从指定的 Socket 源读取数据，如图 5.22 所示，对数据进行解析和处理，并将结果输出到控制台。解析原始输入数据，将数据格式化为“单词，事件时间”的形式。程序使用 withWatermark 方法为事件时间列添加水印，设置水印的延迟时间上限为 2min。使用 groupBy 方法按照窗口和单词对数据分组，并计算每组单词数。该程序展示了添加水印以处理延迟数据的方法。

```
C:\Users\alan.lin>nc -l -p 9999
hello,2024-04-01 19:51:00
hello,2024-04-01 20:03:00
hello,2024-04-01 19:58:00
```

图 5.22　NetCat 输入

程序运行结果如图 5.23 所示。

```
+------------------------------------------+-----+-----+
|window                                    |word |count|
+------------------------------------------+-----+-----+
|[2024-04-01 19:55:00, 2024-04-01 20:10:00]|hello|2    |
|[2024-04-01 19:50:00, 2024-04-01 20:05:00]|hello|3    |
+------------------------------------------+-----+-----+
```

图 5.23　Scala 的运行结果

Scala 语言代码如下：

```
import org.apache.spark.sql.{DataFrame, Dataset, Row, SparkSession}
import org.apache.spark.sql.functions._
import org.apache.spark.sql.streaming.Trigger.ProcessingTime
object StructureDStreamingWaterMark{
  def main(args: Array[String]): Unit = {
    // 创建 SparkSession
    val spark = SparkSession.builder()
      .appName("WaterMark")
```

```
            .master("local[*]")
            .config("spark.log.level", "WARN")
            .getOrCreate()
        // 导入隐式转换
        import spark.implicits._
        // 创建一个流式 DataFrame，这里从 Socket 中读取数据
        val lines: DataFrame = spark.reaDStream
            .format("socket") // 设置数据源
            .option("host", "localhost")
            .option("port", 9999)
            .option("checkpointLocation", "file:///d:/temp")
            .load()
        // 解析原始输入数据，假设原始数据格式为“单词 1 单词 2 单词 3, 事件时间”
        val wordsWithTimestamp: DataFrame = lines
            .withColumn("parts", split(col("value"), ","))
            .withColumn("word", split(col("parts")(0), " "))
            .withColumn("timestamp", to_timestamp(col("parts")(1), "yyyy-MM-dd HH:mm:ss"))
            .select(explode($"word").as("word"), $"timestamp")
        // 按照窗口和单词分组，并且计算每组的单词数
        val wordCounts: Dataset[Row] = wordsWithTimestamp
            .withWatermark("timestamp", "2 minutes") // 添加水印 , 参数 (event-time 列名，延迟时间上限）
            .groupBy(
              // 调用 window 函数，返回一个 Column 参数（df 中表示时间戳的列、窗口长度、滑动步长）
              window($"timestamp", "15 minutes", "5 minutes"), $"word")
            .count() // 计数
        // 启动查询，把结果打印到控制台
        val query = wordCounts.writeStream
            .outputMode("update")
            .trigger(ProcessingTime(0))
            .format("console")
            .option("truncate", "false") // 不截断，为了在控制台能看到完整信息，最好设置为 false
            .start()
        // 等待应用程序终止
        query.awaitTermination()
        // 关闭 Spark
        spark.stop()
    }
}
```

因为 Structured Streamings 按整数时间构造窗口，所以根据输入信息，程序共产生两个窗口 19:50-20:05 和 19:55-20:10。（15min 宽度，5min 滑动步长）。给定的输入数据如下：

```
hello,2024-04-01 19:51:00
hello,2024-04-01 20:03:00
hello,2024-04-01 19:58:00
```

根据定义的窗口规则如下：

第一个窗口：19:50:00 - 20:05:00 包含 19:49:00-19:51:00 和 19:56:00-19:58:00 两段水印（水印延时 2min），因此共计产生两次“hello”。

第二个窗口：19:55:00 - 20:10:00 包含 19:56:00-19:58:00 和 20:01-20:03:00 两段水印（水

印延时 2min），因此共计产生两次“hello”。

虽然原始数据中 19:58:00 的 hello 落在两个窗口中，但在窗口分组与计数的过程中，这条数据会被计入两个窗口各自的计数。因为窗口之间有重叠，所以每个窗口在计算时只关注自己的起止时间范围内的数据。由于采用“update”输出模式，因此“hello”的次数又增加 1 次。

4. 容错机制和语义

Spark 结构化流具有内建的容错机制和语义，以保证故障或异常情况下数据处理的可靠性。下面是 Spark 结构化流的容错语义：

容错数据源：Spark 结构化流可以从容错的数据源读取数据。当某个任务失败时，Spark 自动从上次读取的位置继续读取数据，并确保不丢失数据。通过数据源的重复性保证，Spark 能够从错误或故障中恢复，并继续处理数据。

容错数据处理：Spark 结构化流使用基于事件时间的处理方式，可以处理延迟数据和乱序数据。即使数据到达的顺序与事件发生的顺序不一致，Spark 也可以正确地对处理数据，使用水印机制确定迟到数据的处理逻辑。此外，当任务失败或重启时，Spark 使用检查点机制跟踪处理的状态，以便从故障中恢复并保持处理的一致性。

容错状态管理：在具有状态的计算中，Spark 结构化流提供容错的状态管理机制。它会根据数据处理的进度和检查点信息，自动恢复任务状态，保证每个触发间隔结果的准确性。Spark 通过将状态定期检查点到可靠存储系统中，以便在失败或重启时恢复状态，并从故障中恢复计算。

任务调度和资源管理：Spark 结构化流使用 Spark 的任务调度和资源管理机制，例如 Spark Standalone、Apache Mesos 或 Apache Hadoop YARN 等。这些机制具有容错性和故障恢复能力，可以处理节点故障、任务失败和资源调度等情况，确保数据处理的可靠性和高可用性。

总的来说，Spark 结构化流具有强大的容错机制和语义，能够应对不同故障和异常情况。它通过容错的数据源、数据处理、状态管理和任务调度等机制，确保数据处理的可靠性和一致性。将这些机制的结合使用，Spark 能够有效地处理连续流数据，并在出现故障或异常情况下恢复和容错。

5.4 Spark Streaming 编程实例

IOT 温度数据流的应用

1. 项目需求

在一个数据中心中，服务器机架的温度是一个重要的监控指标。为了确保设备运行在安全的温度范围内，需要周期性地检测每个服务器机架的温度，并根据这些数据生成报告。本案例要求使用结构化流技术来处理来自不同服务器机架的温度数据流，计算出每个机架在窗口长度为 10min、滑动间隔为 5min 的平均温度。

2. 实现思路

（1）数据源：假设有一个或多个文件目录，其中包含 JSON 格式的温度记录文件。每个文件中的每行都是一个独立的事件记录，包括 rack、temperature 和 ts 字段。

（2）数据读取：使用 Spark Structured Streaming API 从文件系统中读取数据。由于数据是 JSON 格式的，因此指定 schema 以提高性能。

（3）时间窗口：定义一个滑动窗口，窗口长度为 10min，每次滑动 5min。对于每个窗口，计算各机架的平均温度。

（4）数据聚合：基于 rack 和窗口时间对数据分组，并计算 temperature 的平均值。

（5）结果输出：将计算的结果以易阅读的格式输出到控制台，或者配置为写入其他存储系统（如数据库或文件系统）。

（6）持续运行：程序应能够持续运行，不断处理新的输入数据并更新结果。

3. 代码实现

以下代码构建了一个能够实时处理 IOT 温度数据流的应用，它通过设置合理的窗口和水印策略，高效地计算和报告每个服务器机架的平均温度变化情况，同时保证对迟到数据的适当处理，保持良好的性能和资源管理。

代码通过把 rack 列添加到 groupBy 转换中，从而弄清楚不断升温的机架。

Scala 语言代码如下：

```
import org.apache.spark.sql.SparkSession
import org.apache.spark.sql.functions._
import org.apache.spark.sql.types.{DoubleType, StringType, StructField, StructType, TimestampType}

object SlidingWindowTemperatureAnalysis {

  def processTemperatureData(dataPath: String): Unit = {
    // 创建 SparkSession 实例
    val spark = SparkSession.builder()
      .appName("SlidingWindowTemperatureAnalysis")
      .master("local[*]")
      .config("spark.sql.streaming.checkpointLocation", "file:///d:/temp")
      .getOrCreate()

    // 设置 shuffle 分区数（可以根据实际情况调整）
    spark.conf.set("spark.sql.shuffle.partitions", "2")
    spark.sparkContext.setLogLevel("ERROR")

    try {
      // 定义 IOT 事件数据的 Schema
      val iotDataSchema = new StructType(Array(
       StructField("rack", StringType, nullable = false),
       StructField("temperature", DoubleType, nullable = false),
       StructField("ts", TimestampType, nullable = false)
      ))

      // 读取指定目录下的 JSON 格式源数据文件，每次触发只读取一个文件
      val iotDF = spark.readStream
       .option("maxFilesPerTrigger", "1")
```

```
          .schema(iotDataSchema)
          .json(dataPath)

        // 定义水印，假设可以接受的最大延迟为 1h
        val watermarkedDF = iotDF.withWatermark("ts", "1 hour")

        // 分组计算滑动窗口内的平均温度，并应用水印
        val windowAvgDF = watermarkedDF
          .groupBy(window(col("ts"), "10 minutes", "5 minutes"), col("rack"))
          .agg(avg(col("temperature")).alias("avg_temp"))

        // 将结果输出到控制台，使用 update 模式
        val query = windowAvgDF
          .select("rack", "window.start", "window.end", "avg_temp")
          .orderBy("rack", "window.start")
          .writeStream
          .outputMode("complete")
          .format("console")
          .option("truncate", "false")
          .start()

        // 等待流程序执行结束
        query.awaitTermination()

      } catch {
        case e: Exception => println(s"An error occurred: ${e.getMessage}")
      }
    }

    def main(args: Array[String]): Unit = {
      // 使用时需要提供正确的数据路径
      processTemperatureData("hdfs://localhost:9000/streamdata")
    }
  }
```

Python 语言代码如下：

```
from pyspark.sql import SparkSession
from pyspark.sql.types import StructType, StructField, StringType, DoubleType, TimestampType
from pyspark.sql.functions import window, col, avg

def process_temperature_data(data_path):
    # 创建 SparkSession 实例
    spark = SparkSession.builder \
        .appName("SlidingWindowTemperatureAnalysis") \
        .master("local[*]") \
        .config("spark.sql.streaming.checkpointLocation", "file:///d:/temp") \
        .getOrCreate()

    # 设置 shuffle 分区数（可以根据实际情况调整）
```

```
        spark.conf.set("spark.sql.shuffle.partitions", 2)

        try:
            # 定义 IOT 事件数据的 Schema
            iotDataSchema = StructType([
                StructField("rack", StringType(), False),
                StructField("temperature", DoubleType(), False),
                StructField("ts", TimestampType(), False)
            ])

            # 读取指定目录下的 JSON 格式源数据文件
            # 每次触发只读取一个文件
            iotDF = spark.readStream \
                .option("maxFilesPerTrigger", 1) \
                .schema(iotDataSchema) \
                .json(data_path)

            # 定义水印，假设可以接受的最大延迟为 1h
            watermarkedDF = iotDF.withWatermark("ts", "1 hour")

            # 分组计算滑动窗口内的平均温度，并应用水印
            windowAvgDF = watermarkedDF \
                .groupBy(window(col("ts"), "10 minutes", "5 minutes"), col("rack")) \
                .agg(avg(col("temperature")).alias("avg_temp"))

            # 将结果输出到控制台，使用 complete 模式
            query = windowAvgDF \
                .select("rack", "window.start", "window.end", "avg_temp") \
                .orderBy("rack", "window.start") \
                .writeStream \
                .outputMode("complete") \
                .format("console") \
                .option("truncate", "false") \
                .start()

            # 等待流程序执行结束
            query.awaitTermination()
        except Exception as e:
            print(f"An error occurred: {e}")

        finally:
            # 无论是否发生异常，都执行这部分代码
            if 'spark' in locals():
                spark.stop()  # 停止 SparkSession 以确保资源释放

    # 使用时需要提供正确的数据路径
    process_temperature_data("/streamdata")
```

程序运行结果如图 5.24 所示。

```
-------------------------------------------
Batch: 0
-------------------------------------------
+-----+-------------------+-------------------+--------+
|rack |start              |end                |avg_temp|
+-----+-------------------+-------------------+--------+
|rack1|2017-06-02 07:55:00|2017-06-02 08:05:00|99.5    |
|rack1|2017-06-02 08:00:00|2017-06-02 08:10:00|100.0   |
|rack1|2017-06-02 08:05:00|2017-06-02 08:15:00|100.75  |
|rack1|2017-06-02 08:10:00|2017-06-02 08:20:00|101.5   |
|rack1|2017-06-02 08:15:00|2017-06-02 08:25:00|102.0   |
+-----+-------------------+-------------------+--------+

-------------------------------------------
Batch: 1
-------------------------------------------
+-----+-------------------+-------------------+--------+
|rack |start              |end                |avg_temp|
+-----+-------------------+-------------------+--------+
|rack1|2017-06-02 07:55:00|2017-06-02 08:05:00|99.5    |
|rack1|2017-06-02 08:00:00|2017-06-02 08:10:00|100.0   |
|rack1|2017-06-02 08:05:00|2017-06-02 08:15:00|100.75  |
|rack1|2017-06-02 08:10:00|2017-06-02 08:20:00|101.5   |
|rack1|2017-06-02 08:15:00|2017-06-02 08:25:00|102.0   |
|rack2|2017-06-02 07:55:00|2017-06-02 08:05:00|99.5    |
|rack2|2017-06-02 08:00:00|2017-06-02 08:10:00|102.5   |
|rack2|2017-06-02 08:05:00|2017-06-02 08:15:00|104.75  |
|rack2|2017-06-02 08:10:00|2017-06-02 08:20:00|106.0   |
|rack2|2017-06-02 08:15:00|2017-06-02 08:25:00|108.0   |
+-----+-------------------+-------------------+--------+
```

图 5.24 程序运行结果

模拟广告日志数据分析演示

实 验

一、实验目的

1. 掌握 Spark 流数据处理的过程。
2. 了解 Kafka 数据源的一般用法。
3. 掌握 Structured Streaming 编程框架的使用方法。

二、实验内容

本实验利用 Spark Streaming 框架实时分析模拟生成的广告点击流数据。系统通过 Kafka 消息队列实现数据缓冲与稳定传输，避免数据峰值对处理过程的影响。实验统计并分析陕西省各城市广告的总点击数量，以评估用户对不同广告的偏好。最终，将处理结果存储于数据库中，为后续的数据可视化与深入分析提供坚实的数据基础。

三、实验思路与步骤

1. Kafka 创建生产者消费者主题，用于数据消费。
2. Scala 编程模拟数据生成，并将数据发送到 Kafka 主题。

广告信息数据来源于用户浏览广告等日志数据，数据包含四个字段，分别是用户所在地区、城市、用户 ID 以及广告 ID。

```
{"area":" 陕西省 ","city":" 商洛 ","userid":5,"adid":3}
{"area":" 陕西省 ","city":" 西安 ","userid":2,"adid":3}
{"area":" 陕西省 ","city":" 延安 ","userid":5,"adid":2}
```

{"area":" 陕西省 ","city":" 商洛 ","userid":4,"adid":5}

3．通过 Spark 从 Kafka 主题消费数据，实时分析数据，并将数据写入 MySQL 数据库。

4．准备 MySQL 数据表，用于写入数据。

习　题

1．Spark Streaming 是基于（　　）大数据处理框架构建的实时计算框架。

A．Hadoop　　B．Apache Spark

C．Apache Flink　　D．Apache Kafka

2．Spark Streaming 主要用于处理（　　）。

A．静态数据　　B．实时数据流

C．离线批处理数据　　D．关系型数据库数据

3．在 Spark Streaming 中，（　　）用于表示连续数据流的抽象。

A．RDD　　B．DStream　　C．DataFrame　　D．DataSet

4．Spark Streaming 将数据流按照（　　）单位进行拆分处理。

A．毫秒　　B．秒　　C．分钟　　D．小时

5．以下（　　）不是 Spark Streaming 支持的数据源。

A．Kafka　　B．Flume　　C．MySQL　　D．TCP 套接字

6．Structured Streaming 相比 Spark Streaming（　　）。

A．支持结构化数据处理　　B．降低了处理延迟

C．提高了处理复杂度　　D．减少了内存使用

7．Structured Streaming 使用（　　）处理事件时间。

A．时间戳　　B．水印

C．批处理时间　　D．处理时间

8．在 Structured Streaming 中，（　　）组件负责执行流处理作业。

A．Receiver　　B．Driver　　C．SparkSession　　D．Executor

9．Spark Streaming 和 Structured Streaming 都可以将数据推送到（　　）。

A．实时仪表盘　　B．文件系统　　C．数据库　　D．以上都是

10．以下（　　）操作不是 Spark Streaming DStream API 支持的。

A．Map　　B．Reduce　　C．Join　　D．SortMergeJoin

11．Spark Streaming 中的 DStream 是由（　　）组成的。

A．一系列 RDD　　B．静态数据集

C．实时数据流　　D．内存中的数据结构

12．Structured Streaming 相比传统流处理框架的主要优势是（　　）。

A．处理延迟更高　　B．编程模型更简单

C．容错能力更低　　D．扩展性更差

13．在 Spark Streaming 中，（　　）组件负责从数据源接收数据。

A．Receiver　　B．Driver

C．Executor　　D．SparkContext

14. Structured Streaming 通过（　　）机制保证数据处理的容错性。

A. 检查点　　B. 数据冗余

C. 备份恢复　　D. 事务处理

15. 以下（　　）场景最适合使用实时计算技术。

A. 离线数据分析　　B. 实时金融交易监控

C. 批处理报表生成　　D. 静态图片处理

课程思政案例

在科技的长河中，每次创新都是对未知世界的深入探索。慈云桂是我国计算机科技的先驱者，他以卓越的智慧和不懈的努力，为我国计算机事业写下了浓墨重彩的一笔。

20 世纪 60 年代初，慈云桂主持研制了我国第一台晶体管计算机——109 机。它不仅是我国计算机发展史上的重要里程碑，还是慈云桂科研生涯中的高光时刻。109 机的成功研制，标志着我国在计算机技术领域迈出了坚实的一步，为国家信息化建设奠定了坚实的基础。

慈云桂深知，科技创新需要不断突破自己。在 109 机的研制过程中，他带领团队克服了重重困难，解决了众多技术难题。他以严谨的科学态度和顽强的拼搏精神，引领团队不断前行，最终将设想变为现实。慈云桂不仅是一位杰出的科学家，还是一位卓越的教育家。他深知人才培养的重要性，在科研工作的同时，致力于培养新一代科技人才。他的教诲如春风化雨，滋润了无数年轻学子的心田，为我国计算机行业输送大量人才。

慈云桂与晶体管计算机的故事是我国科技发展史上的一段佳话。他的精神激励了一代又一代科技工作者为实现科技强国的梦想而努力奋斗。让我们铭记慈云桂的贡献，传承他的精神，在科技创新的道路上不断前行。

第 6 章　Spark 机器学习

本章将主要介绍 Spark 生态系统中关于机器学习的 ML 库。ML 库提供一系列机器学习算法和工具，基于 Spark DataFrame 的 API 使得机器学习任务可以在大规模数据集上高效地执行。本章将首先介绍机器学习的概念以及 Spark 机器学习库 ML；然后介绍 ML 的基本数据类型、流水线和特征工程，以及回归、分类、聚类和协同过滤算法等常用机器学习算法。通过学习本章内容，读者将深入了解 ML，并根据实际需求选择合适的算法和工具。

学习目标

1. 了解机器学习和 ML 的基本概念。
2. 掌握 ML 基本数据类型概念和创建。
3. 掌握 ML 流水线的概念和创建。
4. 理解 ML 特征工程处理。
5. 理解 ML 常用机器学习算法的使用场景和模型选择。

6.1　Spark 机器学习库概述

机器学习作为人工智能的核心驱动力，正在以前所未有的速度重塑人类社会的方方面面。在大数据时代，大数据为机器学习提供丰富的训练数据和测试数据，使得机器学习模型不断优化和提升性能，将大数据和机器学习高效融合成为新的目标。Spark 立足于内存计算，天然地适应于迭代式计算，并且丰富的生态系统提供一个基于海量数据的机器学习库。Spark 提供常用机器学习算法的分布式实现，本节将介绍机器学习的概念和 Spark 机器学习库 ML。

6.1.1　机器学习简介

机器学习是人工智能的一个重要分支，它致力于开发能够从数据中自动学习并改进的算法和模型。机器学习系统通过分析大量的输入数据识别模式、提取特征，并据此构建数学模型，从而对新数据进行预测或决策。因此，机器学习在处理复杂且动态变化的问题时尤其有效。

机器学习主要分为四类：监督学习、无监督学习、半监督学习和强化学习。在监督学习中，算法从标记的训练数据中学习，并尝试对新的、未见过的数据预测或分类。无监督学习处理未标记的数据，并试图找到数据中的结构或模式。半监督学习结合了监督学习和无监督学习的特点，使用少量标记数据和大量未标记数据。强化学习是一种让智能体通过与环境交互学习最佳行为策略的方法，算法通过奖励和惩罚学习，目标是最大化累积奖励。

传统机器学习方法通常受限于较小规模的数据集和有限的计算资源，导致模型过拟合、泛化能力不足以及对复杂模式识别有局限性；而基于大数据的机器学习利用海量数据和强大的分布式计算框架训练更复杂的模型，不仅提高了模型的准确性和鲁棒性，还能够发现更细微、更深层的数据模式，从而在预测、分类和决策支持等方面提供更精准、更可靠的结果。

Apache Spark 丰富的生态系统就拥有一个强大的机器学习库，能够提供一个强大的分布式计算框架，可用于大规模数据集上的高效机器学习任务。

6.1.2 Spark MLlib

MLlib 是 Spark 中较旧的机器学习库，它主要基于弹性分布式数据集（Resilient Distributed Dataset，RDD）提供一系列机器学习算法和工具，旨在简化机器学习的工程实践工作，并方便扩展到更大规模。MLlib 由一些通用的学习算法和工具组成，包括分类、回归、聚类、协同过滤等。具体来说，MLlib 主要包括以下内容。

（1）算法工具：常用的学习算法，如分类、回归、聚类和协同过滤。

（2）特征化工具：特征提取、特征转化和特征选择工具。

（3）持久性：保存和加载算法、模型。

（4）实用工具：线性代数、统计、数据处理等工具。

6.1.3 Spark ML

Spark 机器学习库从 Spark 1.2 版本以后被分为 Spark.mllib 和 Spark.ml 两个包：

（1）Spark.mllib：包含基于 RDD 的原始算法 API。Spark MLlib 历史比较长，Spark 1.0 版本以前的版本已经包含，提供的算法实现都是基于原始的 RDD。

（2）Spark.ml：提供基于 DataFrame 高层次的 API，可以用来构建机器学习流水线。ML Pipeline 弥补了原始 MLlib 库的不足，向用户提供一个基于 DataFrame 的机器学习流水线式 API 套件。

使用 ML Pipeline API 可以很方便地处理数据和特征，支持多种机器学习算法，以构建一个完整的机器学习流水线。这种方式提供更灵活的方法，更符合机器学习过程的特点，也更容易从其他语言迁移，Spark 官方推荐使用 Spark.ml。如果新的算法能够适用于机器学习流水线的概念，就应该将其放到 spark.ml 包中，如：特征提取器和转换器。

从 Spark 2.0 开始，基于 RDD 的 MLlib API 进入维护模式，不再增加新的特性。因此，本书全部以基于 DataFrame 的 ML API 介绍，导入包均为 spark.ml。

6.2 基本数据类型

ML 提供一系列基本数据类型以支持底层的机器学习算法，主要数据类型包括本地向量（Local Vector）、标签点（Labeled Point）、本地矩阵（Local Matrix）等。本节将介绍这些基本数据类型的用法。

6.2.1 本地向量

1. 概念

本地向量存储在单机上，ML 提供两种本地向量——稠密向量（DenseVector）和稀疏向量（SparseVector）。稠密向量使用一个 Double 类型数组表示每维元素，稀疏向量基于一个 Int 类型索引数组和一个 Double 类型的值数组。

例如，向量 (1.0, 0.0, 3.0) 的稠密向量表示形式是 [1.0,0.0,3.0]，稀疏向量形式是 (3, [0,2], [1.0, 3.0])。其中，3 是向量的长度；[0,2] 是向量中非零维度的索引值，表示位置为 0、2 的两个元素为非零值；[1.0, 3.0] 是按索引排列的数组元素值。

2. 向量创建程序

Scala 语言代码如下：

```
import org.apache.spark.ml.linalg.{Vector, Vectors}

object VectorExample {
  def main(args: Array[String]): Unit = {
    // 创建一个稠密向量
    val dv: Vector = Vectors.dense(Array(1.0, 2.0, 3.0))
    println(s"DenseVector: $dv")

    // 创建一个稀疏向量
    // 参数顺序是向量值、非零元素的索引列表、非零元素的值列表
    val sv: Vector = Vectors.sparse(3, Array(0, 2), Array(1.0, 3.0))
    println(s"SparseVector: $sv")
  }
}
```

所有本地向量都以 org.apache.spark.ml.linalg.Vector 为基类，DenseVector 和 SparseVector 分别是它的两个实现类，故推荐使用 Vectors 工具类下定义的工厂方法创建本地向量，程序默认引入 scala.collection.immutable.Vector，需要显式地引入 org.apache.spark.ml.linalg.Vector 来使用 ML 提供的向量类型。

Python 语言代码如下：

```
from pyspark.ml.linalg import Vectors

def main():
    # 创建一个稠密向量
    dv = Vectors.dense([1.0, 2.0, 3.0])
    print(f"DenseVector: {dv}")

    # 创建一个稀疏向量
    # 参数顺序是向量值、非零元素的索引列表、非零元素的值列表
    sv = Vectors.sparse(3, [0, 2], [1.0, 3.0])
    print(f"SparseVector: {sv}")

if __name__ == "__main__":
    main()
```

程序运行结果如图 6.1 所示。

```
DenseVector: [1.0,2.0,3.0]
SparseVector: (3,[0,2],[1.0,3.0])
```

图 6.1 程序运行结果

6.2.2 标签点

1. 概念

标签点是一种带有标签的本地向量，它可以是稠密向量，也可以是稀疏向量。在 ML 中，标注点应用于监督学习。由于标签是用 Double 类型存储的，因此标签点类型在回归和分类问题上均可使用。例如，对于二分类问题，正样本的标签为 1，负样本的标签为 0；对于多类别的分类问题，标签是一个以 0 开始的索引序列 0, 1, 2 ...。

2. 创建标签点程序

在 PySpark 的 ML 库中没有 LabeledPoint 类，监督学习的数据通常以 DataFrame 形式存在，DataFrame 包含 label 和 features 两列。label 列包含监督学习的目标值，而 features 列包含一个向量，该向量包含用于模型训练的特征值。在新的 PySpark API 设计下，不需要专门的 LabeledPoint 类，而直接使用 DataFrame 组织和处理数据。此部分只提供 Scala 语言代码。

Scala 语言代码如下：

```
import org.apache.spark.ml.linalg.Vectors
import org.apache.spark.ml.feature.LabeledPoint

object LabeledPointExample {
  def main(args: Array[String]): Unit = {

    // 创建一个标签为 1.0（分类中可视为正样本）的稠密向量标签点
    val pos: LabeledPoint = LabeledPoint(1.0, Vectors.dense(Array(1.0, 2.0, 3.0)))
    println(s"PostiveLabel: $pos")

    // 创建一个标签为 0.0（分类中可视为负样本）的稀疏向量标签点
    val neg: LabeledPoint = LabeledPoint(0.0, Vectors.sparse(3, Array(0, 2), Array(1.0, 3.0)))
    println(s"NegativeLabel: $neg")
  }
}
```

标签点的实现类是 org.apache.spark.ml.feature.LabeledPoint，注意它与前面介绍的本地向量不同，不在 linalg 包下。程序运行结果如图 6.2 所示。

```
PostiveLabel: (1.0,[1.0,2.0,3.0])
NegativeLabel: (0.0,(3,[0,2],[1.0,3.0]))
```

图 6.2 程序运行结果

6.2.3 本地矩阵

1. 概念

本地矩阵存储在单机上，具有 Int 类型的行、列索引值和 Double 类型的元素值。ML 支持稠密矩阵（Dense Matrix）和稀疏矩阵（Sparse Matrix）两种本地矩阵，稠密矩阵将所有元素的值存储在一个列优先的 Double 类数组中，稀疏矩阵将非零元素以列优先的压缩稀疏列（Compressed Sparse Column，CSC）模式存储。

2. 创建本地矩阵程序

对于$\begin{pmatrix} 1.0 & 0.0 & 0.0 \\ 0.0 & 2.0 & 0.0 \\ 0.0 & 0.0 & 3.0 \\ 4.0 & 0.0 & 0.0 \end{pmatrix}$矩阵，使用程序创建稠密矩阵和稀疏矩阵。

Scala 语言代码如下：

```
import org.apache.spark.ml.linalg.{Matrix,Matrices}

object MatrixExample {
  def main(args: Array[String]): Unit = {

    // 创建一个 4×3 的稠密矩阵 ((1.0, 0.0, 0.0), (0.0, 2.0, 0.0), (0.0, 0.0, 3.0), (4.0, 0.0, 0.0))，按列优先
      顺序逐列填充矩阵
    val dm: Matrix = Matrices.dense(4, 3, Array(1.0, 0.0, 0.0, 0.0, 2.0, 0.0, 0.0, 0.0, 3.0, 4.0, 0.0, 0.0))
    println(s"Dense Matrix:\n$dm")

    // 创建一个 4×3 的稀疏矩阵 ((1.0, 0.0, 0.0), (0.0, 2.0, 0.0), (0.0, 0.0, 3.0), (4.0, 0.0, 0.0))
    val sm: Matrix = Matrices.sparse(4, 3, Array(0, 2, 3, 4), Array(0, 3, 1, 2), Array(1.0, 4.0, 2.0, 3.0))
    println(s"Sparse Matrix:\n$sm")
  }
}
```

稠密矩阵按列优先顺序逐列填充。

稀疏矩阵的三个数组参数解释如下：

第一组数组对应列指针数组 colPtrs，数组元素数 = 列数 +1，由后一个元素值减去前一个元素值可知该列非零元素数；由第一个数组（0,2,3,4）可知，第 1 列非零元素有（2-0）=2 个，第 2 列非零元素有（3-2）=1 个，第 3 列非零元素有（4-3）=1 个。

第二组数组对应行索引数组 rowIndices，表示按列优先顺序填充第三组数组所示非零数值对应的行索引，实际行号 = 行索引值 +1；由第二个数组 (0, 3, 1, 2) 可知，第一个非零值在第 1（0+1）行，第二个非零值在第 4（3+1）行，同理，第三个非零值在第 2 行，第四个值在第 3 行。

第三组数组对应值数组 values，表示按列优先顺序依次填充的非零值。由第三个数组 (1.0, 4.0, 2.0, 3.0) 可知，第一个填充的非零值为 1.0，第二个为 4.0，第三个为 2.0，第三个为 3.0。

综上可知，该稀疏矩阵第 1 列有两个非零值，依次在第 1 行和第 4 行位置填充 1.0 和 4.0。同理，在第 2 列第 2 行填充 2.0，在第 3 列第 3 行填充 3.0，其余位置填充零值。

Python 语言代码如下：

```
from pyspark.ml.linalg import Matrices

def main():
    # 创建一个 4×3 的稠密矩阵 ((1.0, 0.0, 0.0), (0.0, 2.0, 0.0), (0.0, 0.0, 3.0), (4.0, 0.0, 0.0)), 按列优先顺
      序逐列填充矩阵
    dm = Matrices.dense(4, 3, [1.0, 0.0, 0.0, 0.0, 2.0, 0.0, 0.0, 0.0, 3.0, 4.0, 0.0, 0.0])
    print(f"Dense Matrix:\n {dm}")

    # 创建一个 4×3 的稀疏矩阵 ((1.0, 0.0, 0.0), (0.0, 2.0, 0.0), (0.0, 0.0, 3.0), (4.0, 0.0, 0.0))
```

```
    sm = Matrices.sparse(4, 3, [0, 2, 3, 4], [0, 3, 1, 2], [1.0, 4.0, 2.0, 3.0])
    print(f"Sparse Matrix:\n {sm}")

if __name__ == "__main__":
    main()
```

程序运行结果如图 6.3 所示。

```
Dense Matrix:
1.0  2.0  3.0
0.0  0.0  4.0
0.0  0.0  0.0
0.0  0.0  0.0
Sparse Matrix:
4 x 3 CSCMatrix
(0,0) 1.0
(3,0) 4.0
(1,1) 2.0
(2,2) 3.0
```

图 6.3　程序运行结果

6.2.4　数据源

ML 支持多种数据源格式，可以方便地从不同的存储系统中读取数据并处理。下面介绍一些特定数据源，包括图像数据源和 LIBSVM 数据源。

1. 图像数据源

图像数据源用于从目录中加载图像文件，它可以通过 Java 库中的 ImageIO 加载压缩的图像（如 JPEG、PNG 等格式）到原始图像。加载的 DataFrame 有一个 StructType 列 image，其中包含以图像模式存储的图像数据。image 列的属性如下：

（1）origin：StringType，表示图像文件的路径。

（2）height：IntegerType，表示图像的高度。

（3）width：IntegerType，表示图像的宽度。

（4）nChannels：IntegerType，表示图像通道的数量。

（5）mode：IntegerType，表示与 OpenCV 兼容的类型。

（6）data：BinaryType，表示以 OpenCV 兼容顺序排列的图像字节，在大多数情况下按行优先排列 BGR 像素点。

2. LIBSVM 数据源

LIBSVM 数据源用于从目录加载 LIBSVM 类型文件，通过 LibSVMDataSource 类将 LIBSVM 格式加载后生成 DataFrame。LIBSVM 起初是一个支持向量机模式识别与回归的开源机器学习库，主要提供有关支持向量机的算法，后来提供多种编程语言的接口，经过不断改进与其他机器学习技术融合，以解决更复杂的问题。

通过 LIBSVM 数据源读取的 DataFrame 有两列：包含以 Double 类型存储的标签和包含以 Vectors 类型存储的特征向量的特征；每行代表一条记录，同时是一个特征向量，格式如下：

```
<label1> <index1>:<value1> <index2>:<value2>..
```

其中，<label1> 是该记录的标签；<index> 是索引；<value> 是对应位置特征的属性值。

3. 读取数据源案例程序

Scala 语言代码如下：

```
import org.apache.spark.sql.SparkSession

// 定义一个 Scala 对象 ImageDataExample
object ImageDataExample {
  // 主函数入口
  def main(args: Array[String]): Unit = {
    // 创建 SparkSession，是与 Spark 交互的入口点
    val spark = SparkSession
      .builder
      .appName("ImageDataExample")   // 设置应用名称
      .master("local")               // 设置运行模式为本地模式（单机）
      .getOrCreate()                 // 获取或创建 SparkSession 实例

    // 读取图像数据，使用 image 格式加载图像文件
    // 将选项 dropInvalid 设置为 true，表示在读取过程中丢弃无效的图像文件
    val picdf = spark.read.format("image")
      .option("dropInvalid", true)
      .load("data/mllib/images/origin/kittens") // 指定图像文件的路径

    // 显示图像数据中的 origin、width 和 height 字段
    //truncate = false 表示不截断输出内容
    picdf.select("image.origin", "image.width", "image.height").show(truncate = false)

    // 读取 LIBSVM 格式的数据，使用 libsvm 格式加载数据
    // 将选项 numFeatures 设置为 780，表示每个样本都有 780 个特征
    val libsvmdf = spark.read.format("libsvm")
      .option("numFeatures", "780")
      .load("data/mllib/sample_libsvm_data.txt") // 指定 LIBSVM 数据文件的路径

    // 显示 LIBSVM 数据的前 10 条记录
    libsvmdf.show(10)

    // 停止 SparkSession，释放资源
    spark.stop()
  }
}
```

Python 语言代码如下：

```
from pyspark.sql import SparkSession

def main():
    # 创建 SparkSession，是与 Spark 交互的入口点
    spark = SparkSession \
        .builder \
        .appName("ImageDataExample") # 设置应用名称
        .master("local") # 设置运行模式为本地模式（单机）
        .getOrCreate() # 获取或创建 SparkSession 实例

    # 读取图像数据，使用 image 格式加载图像文件
    # 将选项 dropInvalid 设置为 True，表示在读取过程中丢弃无效的图像文件
```

```
    picdf = spark.read.format("image") \
        .option("dropInvalid", True) \
        .load("data/mllib/images/origin/kittens") # 指定图像文件的路径

    # 显示图像数据中的 origin、width 和 height 字段
    #truncate=False 表示不截断输出内容
    picdf.select("image.origin", "image.width", "image.height").show(truncate=False)

    # 读取 LIBSVM 格式的数据，使用 libsvm 格式加载数据
    # 将选项 numFeatures 设置为 780，表示每个样本都有 780 个特征
    libsvmdf = (spark.read.format("libsvm")
                .option("numFeatures", "780")
                .load("data/mllib/sample_libsvm_data.txt")) # 指定 LIBSVM 数据文件的路径

    # 显示 LIBSVM 数据的前 10 条记录
    libsvmdf.show(10)

    # 停止 SparkSession，释放资源
    spark.stop()

if __name__ == "__main__":
    main()
```

程序运行结果如图 6.4 所示。

```
+---------------------------------------------------------------------------------------------+-----+------+
|origin                                                                                       |width|height|
+---------------------------------------------------------------------------------------------+-----+------+
|file:///C:/Users/60578/PycharmProjects/pythonProject/data/mllib/images/origin/kittens/54893.jpg |300  |311   |
|file:///C:/Users/60578/PycharmProjects/pythonProject/data/mllib/images/origin/kittens/DP802813.jpg |199  |313   |
|file:///C:/Users/60578/PycharmProjects/pythonProject/data/mllib/images/origin/kittens/29.5.a_b_EGDP022204.jpg|300  |200   |
|file:///C:/Users/60578/PycharmProjects/pythonProject/data/mllib/images/origin/kittens/DP153539.jpg |300  |296   |
+---------------------------------------------------------------------------------------------+-----+------+

+-----+--------------------+
|label|            features|
+-----+--------------------+
|  0.0|(780,[127,128,129...|
|  1.0|(780,[158,159,160...|
|  1.0|(780,[124,125,126...|
|  1.0|(780,[152,153,154...|
|  1.0|(780,[151,152,153...|
|  0.0|(780,[129,130,131...|
|  1.0|(780,[158,159,160...|
|  1.0|(780,[99,100,101,...|
|  0.0|(780,[154,155,156...|
|  0.0|(780,[127,128,129...|
+-----+--------------------+
only showing top 10 rows
```

图 6.4　程序运行结果

6.3　机器学习流水线

机器学习构建的过程通常包括源数据 ETL、数据预处理、特征选取和模型训练与验证四个步骤，四个步骤可以抽象为一个包括多个步骤的流水线式工作，从数据收集开始至输出最终结果。因此，对多个步骤进行抽象建模，简化为流水线式的机器学习工作流程更高效、更易用。本节将介绍机器学习流水线的概念及工作过程。

6.3.1 转换器和评估器

1. 概念

受到 scikit-learn 项目的启发，并且总结了 MLlib 在处理复杂机器学习问题中工作繁杂、流程不清晰等弊端，ML 旨在向用户提供基于 DataFrame 的更高层次的 API 库，以更方便地构建复杂的机器学习工作流式应用。ML Pipeline 流水线通常包含以下几个重要概念。

（1）DataFrame：以 Spark SQL 中的 DataFrame 为数据集，支持多种数据类型。与 RDD 相比，DataFrame 内嵌 schema 信息，更贴近传统数据库的表格结构。它用于 ML Pipeline 中，以存储原始数据。例如，DataFrame 的列可以存储文本、特征向量、实际标签和预测结果等。

（2）转换器（Transformer）：转换器是一种抽象，包括特征转换器和学习模型。转换器通过 transform() 方法，该方法将一个 DataFrame 转换为另一个 DataFrame，通常通过添加一个或多个列。例如，一个特征转换器可能会接收一个 DataFrame，读取一列（如文本），并将其映射到一个新列（例如特征向量），最终生成一个包含新列的 DataFrame。一个学习模型可能会接收一个 DataFrame，读取包含特征向量的列，为每个特征向量预测标签，并输出一个将预测标签作为列附加的新 DataFrame。

（3）评估器（Estimator）：评估器是机器学习算法或在训练数据上的训练方法的概念抽象，在流水线中通常用来被操作 DataFrame 数据并生产一个转换器。评估器实现了方法 fit()，它接收一个 DataFrame 并产生一个转换器。例如，逻辑回归算法（Logistic Regression）就是一个评估器，通过调用 fit() 方法训练特征数据而得到一个逻辑斯蒂回模型，该学习模型就是一个新生成的转换器。

（4）流水线（Pipeline）：流水线又称管道，连接多个工作流阶段（转换器和评估器），形成机器学习的工作流，并获得结果输出。具体工作流程将在 6.3.2 部分详细介绍。

（5）参数（Parameter）：参数被用来设置转换器或者评估器，所有转换器和评估器都可共享用于指定参数的公共 API。

2. 转换器和评估器实例程序

下面以一个逻辑回归算法（将在 6.5.2 部分介绍）训练过程体现转换器、评估器和参数设置，以下代码为官方示例。

Scala 语言代码如下：

```
import org.apache.spark.sql.SparkSession    // 导入 SparkSession，以创建 Spark 应用
import org.apache.spark.ml.classification.LogisticRegression    // 导入逻辑回归模型类
import org.apache.spark.ml.linalg.{Vector, Vectors}    // 导入向量类和向量工厂类
import org.apache.spark.ml.param.ParamMap    // 导入参数映射类
import org.apache.spark.sql.Row    // 导入行类，用于处理 DataFrame 的行

object EstimatorandTransformerExample {
  def main(args: Array[String]): Unit = {    //Scala 的主函数
    val spark = SparkSession
      .builder
      .appName("EstimatorandTransformerExample")    // 设置应用名称
      .master("local")    // 设置运行模式为本地模式
      .getOrCreate()    // 创建或获取一个 SparkSession 对象
```

```
    // 准备训练数据，创建一个包含标签和特征的 DataFrame
    val training = spark.createDataFrame(Seq(
      (1.0, Vectors.dense(0.0, 1.1, 0.1)),
      (0.0, Vectors.dense(2.0, 1.0, -1.0)),
      (0.0, Vectors.dense(2.0, 1.3, 1.0)),
      (1.0, Vectors.dense(0.0, 1.2, -0.5))
    )).toDF("label", "features")

    // 创建一个逻辑回归模型实例，这是一个评估器
    val lr = new LogisticRegression()
    // 打印逻辑回归模型的参数，包括文档和默认值
    println(s"LogisticRegression parameters:\n ${lr.explainParams()}\n")

    // 使用 setter 方法设置参数
    lr.setMaxIter(10) // 设置最大迭代次数为 10
      .setRegParam(0.01) // 设置正则化参数为 0.01

    // 使用训练数据拟合模型，返回一个模型（转换器）
    val model1 = lr.fit(training)
    // 打印模型 1 训练时使用的参数
    println(s"Model 1 was fit using parameters: ${model1.parent.extractParamMap}")

    // 使用 ParamMap 设置参数
    val paramMap = ParamMap(lr.maxIter -> 20)
      .put(lr.maxIter, 30) // 覆盖原始最大迭代次数为 30
      .put(lr.regParam -> 0.1, lr.threshold -> 0.55) // 正则化参数为 0.1，阈值为 0.55

    // 创建另一个 ParamMap，用于更改输出列的名称
    val paramMap2 = ParamMap(lr.probabilityCol -> "myProbability")
    // 合并 ParamMap
    val paramMapCombined = paramMap ++ paramMap2

    // 使用合并后的 ParamMap 训练新的模型
    val model2 = lr.fit(training, paramMapCombined)
    println(s"Model 2 was fit using parameters: ${model2.parent.extractParamMap}")

    // 准备测试数据
    val test = spark.createDataFrame(Seq(
      (1.0, Vectors.dense(-1.0, 1.5, 1.3)),
      (0.0, Vectors.dense(3.0, 2.0, -0.1)),
      (1.0, Vectors.dense(0.0, 2.2, -1.5))
    )).toDF("label", "features")

    // 使用模型 2 预测测试数据
    model2.transform(test)
      .select("features", "label", "myProbability", "prediction") // 选择需要的列
      .collect() // 收集结果
      .foreach { case Row(features: Vector, label: Double, prob: Vector, prediction: Double) =>
        println(s"($features, $label) -> prob=$prob, prediction=$prediction") // 打印每个样本的预测结果
      }

    spark.stop() // 停止 SparkSession
  }
}
```

Python 语言代码如下：

```
from pyspark.sql import SparkSession # 导入 SparkSession，用于创建 Spark 应用
from pyspark.ml.linalg import Vectors # 用于创建特征向量
from pyspark.ml.classification import LogisticRegression # 用于创建逻辑回归模型

def main():
    # 创建一个 SparkSession 对象，这是使用 Spark 的入口点
    spark = SparkSession \
        .builder \
        .appName("EstimatorandTransformerExample") \
        .master("local") \
        .getOrCreate()

    # 准备训练数据，创建一个包含标签和特征向量的 DataFrame
    training = spark.createDataFrame([
        (1.0, Vectors.dense([0.0, 1.1, 0.1])),
        (0.0, Vectors.dense([2.0, 1.0, -1.0])),
        (0.0, Vectors.dense([2.0, 1.3, 1.0])),
        (1.0, Vectors.dense([0.0, 1.2, -0.5]))], ["label", "features"])

    # 创建一个逻辑回归模型实例，这是一个评估器，设置最大迭代次数为 10，设置正则化参数为 0.01
    lr = LogisticRegression(maxIter=10, regParam=0.01)

    # 打印逻辑回归模型的参数，包括文档和默认值
    print("LogisticRegression parameters:\n" + lr.explainParams() + "\n")

    # 使用训练数据拟合模型，返回一个模型（转换器）
    model1 = lr.fit(training)

    # 打印模型 1 训练时使用的参数
    print("Model 1 was fit using parameters: ")
    print(model1.extractParamMap())

    # 创建一个参数映射
    paramMap = {lr.maxIter: 20}
    # 覆盖原始最大迭代次数为 30
    paramMap[lr.maxIter] = 30
    # 正则化参数为 0.1，阈值为 0.55
    paramMap.update({lr.regParam: 0.1, lr.threshold: 0.55})

    # 创建另一个参数映射，用于更改输出列的名称
    paramMap2 = {lr.probabilityCol: "myProbability"}
    # 复制参数映射
    paramMapCombined = paramMap.copy()
    # 合并参数映射
    paramMapCombined.update(paramMap2)

    # 使用合并后的参数映射训练新的模型
    model2 = lr.fit(training, paramMapCombined)
    print("Model 2 was fit using parameters: ")
    print(model2.extractParamMap())

    # 准备测试数据
    test = spark.createDataFrame([
```

```
        (1.0, Vectors.dense([-1.0, 1.5, 1.3])),
        (0.0, Vectors.dense([3.0, 2.0, -0.1])),
        (1.0, Vectors.dense([0.0, 2.2, -1.5]))], ["label", "features"])

    # 使用模型 2 预测测试数据
    prediction = model2.transform(test)
    # 收集结果
    result = prediction.select("features", "label", "myProbability", "prediction") \
        .collect()

    # 打印预测结果
    for row in result:
        print("features=%s, label=%s -> prob=%s, prediction=%s"
              % (row.features, row.label, row.myProbability, row.prediction))

    # 停止 SparkSession
    spark.stop()

if __name__ == "__main__":
    main()
```

程序运行结果如图 6.5 所示，控制台输出分为如下三部分：

```
lowerBoundsOnIntercepts: The lower bounds on intercepts if fitting under bound constrained optimization. (undefined)
maxBlockSizeInMB: Maximum memory in MB for stacking input data into blocks. Data is stacked within partitions. If more th
maxIter: maximum number of iterations (>= 0) (default: 100)
predictionCol: prediction column name (default: prediction)
probabilityCol: Column name for predicted class conditional probabilities. Note: Not all models output well-calibrated pr
rawPredictionCol: raw prediction (a.k.a. confidence) column name (default: rawPrediction)
regParam: regularization parameter (>= 0) (default: 0.0)
standardization: whether to standardize the training features before fitting the model (default: true)
threshold: threshold in binary classification prediction, in range [0, 1] (default: 0.5)
thresholds: Thresholds in multi-class classification to adjust the probability of predicting each class. Array must have
tol: the convergence tolerance for iterative algorithms (>= 0) (default: 1.0E-6)
upperBoundsOnCoefficients: The upper bounds on coefficients if fitting under bound constrained optimization. (undefined)
upperBoundsOnIntercepts: The upper bounds on intercepts if fitting under bound constrained optimization. (undefined)
weightCol: weight column name. If this is not set or empty, we treat all instance weights as 1.0 (undefined)

Model 1 was fit using parameters: {
    logreg_45d692022587-aggregationDepth: 2,
    logreg_45d692022587-elasticNetParam: 0.0,
    logreg_45d692022587-family: auto,
    logreg_45d692022587-featuresCol: features,
    logreg_45d692022587-fitIntercept: true,
    logreg_45d692022587-labelCol: label,
    logreg_45d692022587-maxBlockSizeInMB: 0.0,
    logreg_45d692022587-maxIter: 10,
    logreg_45d692022587-predictionCol: prediction,
    logreg_45d692022587-probabilityCol: probability,
    logreg_45d692022587-rawPredictionCol: rawPrediction,
    logreg_45d692022587-regParam: 0.01,
    logreg_45d692022587-standardization: true,
    logreg_45d692022587-threshold: 0.5,
    logreg_45d692022587-tol: 1.0E-6
}
Model 2 was fit using parameters: {
    logreg_45d692022587-aggregationDepth: 2,
    logreg_45d692022587-elasticNetParam: 0.0,
    logreg_45d692022587-family: auto,
    logreg_45d692022587-featuresCol: features,
    logreg_45d692022587-fitIntercept: true,
    logreg_45d692022587-labelCol: label,
    logreg_45d692022587-maxBlockSizeInMB: 0.0,
    logreg_45d692022587-maxIter: 30,
    logreg_45d692022587-predictionCol: prediction,
    logreg_45d692022587-probabilityCol: myProbability,
    logreg_45d692022587-rawPredictionCol: rawPrediction,
    logreg_45d692022587-regParam: 0.1,
    logreg_45d692022587-standardization: true,
    logreg_45d692022587-threshold: 0.55,
    logreg_45d692022587-tol: 1.0E-6
}
([-1.0,1.5,1.3], 1.0) -> prob=[0.0570730499357254,0.9429269500642746], prediction=1.0
([3.0,2.0,-0.1], 0.0) -> prob=[0.9238521956443227,0.07614780435567725], prediction=0.0
([0.0,2.2,-1.5], 1.0) -> prob=[0.1097278028618777,0.8902721971381223], prediction=1.0
```

图 6.5 程序运行结果

（1）第一部分（截图显示不完整）输出列出了逻辑回归模型的所有参数及其默认值或当前值，参考表 6.1。

表 6.1 逻辑回归模型列表

参数名	描述	默认值	当前设置
aggregationDepth	树聚合的层次深度	2	—
elasticNetParam	ElasticNet 混合参数	0.0	—
family	标签分布的家族名	“auto”	—
featuresCol	特征列名	“features”	—
fitIntercept	是否拟合截距项	True	—
labelCol	标签列名	“label”	—
maxIter	最大迭代次数	100	10
predictionCol	预测列名	“prediction”	—
probabilityCol	预测类别条件概率的列名	“probability”	—
rawPredictionCol	原始预测（信心分数）列名	“rawPrediction”	—
regParam	正则化参数	0.0	0.01
standardization	是否在拟合模型前对训练特征进行标准化	True	—
threshold	二元分类预测中的阈值	0.5	—
tol	迭代算法的收敛容差	1e-06	—

（2）第二部分为模型 1 和模型 2 的参数，输出显示了两个模型训练时使用的参数。将模型 1 的 maxIter 最大迭代次数设置为 10，意味着最多进行 10 次迭代，将正则化参数 regParam 设置为 0.01，其他参数保持默认值。将模型 2 的 maxIter 最大迭代次数通过 ParamMap 覆盖设置为 30，将正则化参数 regParam 设置为 0.1。模型 2 比模型 1 有更强的正则化，将阈值 threshold 设置为 0.55，意味着只有当预测的概率大于 0.55 时才会预测为正类，probabilityCol 被重命名为 myProbability。

（3）第三部分输出显示了模型 2 对测试数据集的预测结果。每行显示一个测试样本的特征、实际标签、预测概率和预测类别。

第一个样本的特征是 [-1.0, 1.5, 1.3]，实际标签是 1.0。模型预测为类别 0 的概率是 0.0570730499357254，预测为类别 1 的概率是 0.9429269500642746，因此最终预测为类别 1.0。

第二个样本的特征是 [3.0, 2.0, -0.1]，实际标签是 0.0。模型预测为类别 0 的概率是 0.9238521956443227，预测为类别 1 的概率是 0.07614780435567725，因此最终预测为类别 0.0。

第三个样本的特征是 [0.0, 2.2, -1.5]，实际标签是 1.0。模型预测为类别 0 的概率是 0.1097278028618777，预测为类别 1 的概率是 0.8902721971381223，因此最终预测为类别 1.0。

在以上案例中，通过 LogisticRegression 类创建的 lr 是一个评估器，LR 通过 fit() 方法训练模型，得到新的转换器 model1 和 model2。model2 通过 transform 方法被用来将测试数据集 test 转换成包含预测结果的新 DataFrame。选择特定的列并收集结果，然后打印每个样本的特征、标签、概率和预测值，该过程就是一个转换过程。转换器和评估器使用统一的 API 指定参数，既可以直接设置实例的参数，又可以通过传递一个 ParamMap 对象给评估器的 fit() 方法来指定。

6.3.2 流水线

1. 概念

要构建一个流水线，首先需要定义流水线中的各个流水线阶段（PipelineStage），不同段包括不同转换器和评估器，以完成特定的任务。上一个流水线阶段的输出可以作为下一个流水线阶段的输入。这些阶段按顺序执行，输入的 DataFrame 在通过每个阶段时被转换。在转换器阶段，在 DataFrame 上调用 transform() 方法。在评估器阶段，调用 fit() 方法产生一个转换器，然后在 DataFrame 上调用该转换器的 transform() 方法。图 6.6 所示为一个流水线的工作过程。

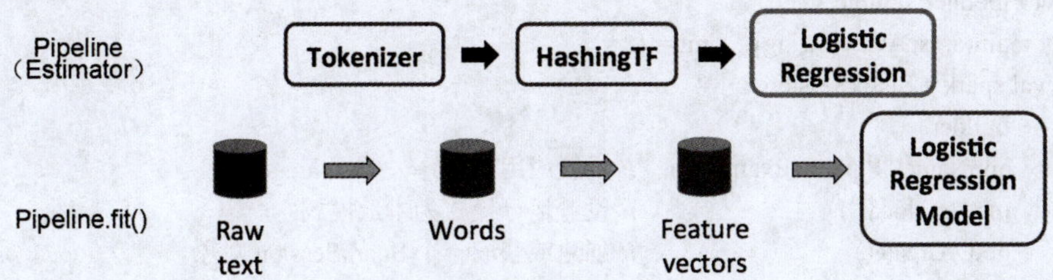

图 6.6 流水线的工作过程

图 6.5 所示流水线有三个阶段，Tokenizer 和 HashingTF 作为前两个阶段是转换器，第三阶段 Logistic Regression 是评估器，下一行图标中的圆柱表示 DataFrame，各阶段的完整过程如下：

（1）Tokenizer 阶段，调用 transform() 方法将原始文本拆分为单词，并向 DataFrame 添加一个带有单词的新列。

（2）HashingTF 阶段，调用 transform() 方法将 DataFrame 中的单词列转换成特征向量，把这些向量添加一个新列到 DataFrame。

（3）Logistic Regression 阶段，评估器通过调用 fit() 方法，产生一个 LogisticRegression-Model。如果流水线后续仍有阶段，就将 DataFrame 传递到下阶段前，调用 Logistic-RegressionModel 的 transform() 方法。

因为流水线本身就是一个评估器，所以调用流水线的 fit() 方法后，产生一个流水线模型（PipelineModel）；同时流水线模型是一个转换器，可用于数据测试。图 6.7 所示为流水线模型的工作过程。

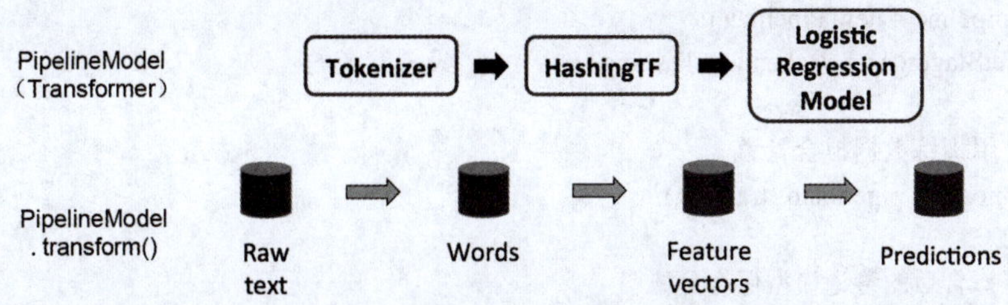

图 6.7 流水线模型的工作过程

在图 6.7 中，流水线模型具有与原流水线相同的阶段数，但是原流水线中的所有评估

器都变为转换器。当在测试数据集上调用流水线模型的 transform() 方法时，测试数据按顺序通过流水线的各阶段，每个阶段的 transform() 方法更新 DataFrame 并将其传递到下一个阶段。这种方式可以保证流水线和流水线模型通过相同的特征处理步骤训练数据及测试数据。

2. 流水线实例程序

Scala 语言代码如下：

```
import org.apache.spark.sql.SparkSession   // 导入 SparkSession，用于创建 Spark 应用
import org.apache.spark.ml.{Pipeline, PipelineModel}          // 导入流水线和流水线模型类
import org.apache.spark.ml.classification.LogisticRegression   // 导入逻辑回归模型类
import org.apache.spark.ml.feature.{HashingTF, Tokenizer}     // 导入 Tokenizer 和 HashingTF 类
import org.apache.spark.ml.linalg.Vector    // 导入向量类
import org.apache.spark.sql.Row // 导入行类，用于处理 DataFrame 的行

object PipelineExample {
  def main(args: Array[String]): Unit = {
    val spark = SparkSession
      .builder
      .appName("PipelineExample")    // 设置应用名称
      .master("local")               // 设置运行模式为本地模式
      .getOrCreate()                 // 创建或获取一个 SparkSession 对象

    // 准备训练数据，创建一个包含 ID、文本和标签的 DataFrame
    val training = spark.createDataFrame(Seq(
      (0L, "a b c d e spark", 1.0),
      (1L, "b d", 0.0),
      (2L, "spark f g h", 1.0),
      (3L, "hadoop mapreduce", 0.0)
    )).toDF("id", "text", "label")

    // 配置机器学习管道，包括 Tokenizer、HashingTF 和 LR 三个阶段
    val tokenizer = new Tokenizer()
      .setInputCol("text")                          // 设置输入列
      .setOutputCol("words")                        // 设置输出列
    val hashingTF = new HashingTF()
      .setNumFeatures(1000)                         // 设置特征数量
      .setInputCol(tokenizer.getOutputCol)          // 设置输入列
      .setOutputCol("features")                     // 设置输出列
    val lr = new LogisticRegression()
      .setMaxIter(10)                               // 设置最大迭代次数
      .setRegParam(0.001)                           // 设置正则化参数
    val pipeline = new Pipeline()
      .setStages(Array(tokenizer, hashingTF, lr))   // 设置管道的阶段

    // 使用训练数据拟合管道
    val model = pipeline.fit(training)

    // 将拟合后的管道模型保存到磁盘
    model.write.overwrite().save("/tmp/spark-logistic-regression-model")

    // 将未训练的管道保存到磁盘
```

```
    pipeline.write.overwrite().save("/tmp/unfit-lr-model")

    // 在生产环境中加载模型
    val sameModel = PipelineModel.load("/tmp/spark-logistic-regression-model")

    // 准备测试数据，创建一个包含 ID 和文本的 DataFrame
    val test = spark.createDataFrame(Seq(
      (4L, "spark i j k"),
      (5L, "l m n"),
      (6L, "spark hadoop spark"),
      (7L, "apache hadoop")
    )).toDF("id", "text")

    // 使用模型预测测试数据
    model.transform(test)
      .select("id", "text", "probability", "prediction") // 选择需要的列
      .collect() // 收集结果
      .foreach { case Row(id: Long, text: String, prob: Vector, prediction: Double) =>
        println(s"($id, $text) --> prob=$prob, prediction=$prediction") // 打印每个文档的预测结果
      }

    spark.stop() // 停止 SparkSession
  }
}
```

Python 语言代码如下：

```
from pyspark.sql import SparkSession        # 导入 SparkSession，用于创建 Spark 应用
from pyspark.ml import Pipeline # 导入流水线类
from pyspark.ml.classification import LogisticRegression        # 导入逻辑回归模型类
from pyspark.ml.feature import HashingTF, Tokenizer             # 导入 Tokenizer 和 HashingTF 类

def main():
    spark = SparkSession \
        .builder \
        .appName("EstimatorandTransformerExample") \        # 设置应用名称
        .master("local") \ # 设置运行模式为本地模式
        .getOrCreate() # 创建或获取一个 SparkSession 对象

    # 准备训练数据，创建一个包含 ID、文本和标签的 DataFrame
    training = spark.createDataFrame([
        (0, "a b c d e spark", 1.0),
        (1, "b d", 0.0),
        (2, "spark f g h", 1.0),
        (3, "hadoop mapreduce", 0.0)
    ], ["id", "text", "label"])

    # 配置机器学习管道，包括 Tokenizer、HashingTF 和 LR 三个阶段
    tokenizer = Tokenizer(inputCol="text", outputCol="words") # 创建分词器
    hashingTF = HashingTF(inputCol=tokenizer.getOutputCol(), outputCol="features") # 创建哈希技术
                                                                                   # 特征转换器
    lr = LogisticRegression(maxIter=10, regParam=0.001) # 创建逻辑回归分类器
    pipeline = Pipeline(stages=[tokenizer, hashingTF, lr]) # 创建管道
```

```
        # 使用训练数据拟合管道
        model = pipeline.fit(training)

        # 准备测试数据，创建一个包含 ID 和文本的 DataFrame
        test = spark.createDataFrame([
            (4, "spark i j k"),
            (5, "l m n"),
            (6, "spark hadoop spark"),
            (7, "apache hadoop")
        ], ["id", "text"])

        # 使用模型预测测试数据，并打印预测结果
        prediction = model.transform(test)
        selected = prediction.select("id", "text", "probability", "prediction")
        for row in selected.collect():
            rid, text, prob, prediction = row
            print(
                "(%d, %s) --> prob=%s, prediction=%f" % (
                    rid, text, str(prob), prediction   #type: ignore
                )
            )

        spark.stop()  # 停止 SparkSession

if __name__ == "__main__":
        main()
```

程序运行结果如图 6.8 所示。

```
(4, spark i j k) --> prob=[0.6292098489668484,0.3707901510331516], prediction=0.000000
(5, l m n) --> prob=[0.984770006762304,0.015229993237696027], prediction=0.000000
(6, spark hadoop spark) --> prob=[0.13412348342566147,0.8658765165743385], prediction=1.000000
(7, apache hadoop) --> prob=[0.9955732114398529,0.004426788856014711], prediction=0.000000
```

图 6.8　程序运行结果

上述代码展示了构建和使用一个简单文本分类流水线的方法，包括文本预处理和模型训练，模型经过训练能够根据文本内容正确地预测标签，对于包含 hadoop 和 mapreduce 的文本，模型倾向于预测为负类（标签 0）；对于包含 spark 的文本，模型更可能预测为正类（标签 1），除非文本中还包含其他特征词，如 hadoop。这种方式可以轻松地将多个步骤组合，形成一个端到端的机器学习流水线。

6.4　特征工程

“数据和特征决定了机器学习的上限，而模型和算法只是逼近这个上限而已”在业界广泛流传。特征工程是指用一系列工程化的方式从原始数据中筛选更好的数据特征，以提升模型的训练效果。简而言之，特征工程就是为算法提供更友好的输入，以最大化地发挥算法的作用。同时，虽然特征工程是一种技术，但其前提是对数据以及产生这些数据的具体业务场景有比较深入的理解。

Spark 中的特征工程在 ML 中分为特征提取（Feature Extractors）、特征转换（Feature Transformers）、特征选择（Feature Selectors）以及局部敏感哈希（Locality Sensitive Hashing）。其中，特征提取是从原始数据中提取特征，特征转换是从已有特征中构建更有用的特征，特征选择是从原特征中选择最有效的一组子特征，局部敏感哈希是一种用于海量高维数据的近似最近邻快速查找技术（本书不介绍）。

6.4.1 特征提取

ML 中常用以下四种特征提取操作。

（1）TF-IDF。TF-IDF(Term Frequency-Inverse Document Frequency）是一种统计方法，用于评估一个字词对一个文件集或一个语料库中的其中一份文件的重要程度。词频（TF）指的是某个词在文档中出现的频率，逆文档频率（IDF）是一个词在语料库中的罕见程度的度量。TF-IDF 值随着词语在文档中出现的频率成正比增加，但同时会随着词语在语料库中出现的频率成反比下降。意味着 TF-IDF 倾向于过滤常见的词语，保留重要的词语。

（2）Word2Vec。Word2Vec 是一个基于神经网络的模型，用于从文本语料中学习单词的向量表示。它通过预测上下文单词学习每个单词的向量，从而捕捉单词之间的语义关系。Word2Vec 生成的是密集向量，可以用于不同下游任务，如句子分类、情感分析等。

（3）CountVectorizer。CountVectorizer 是一种将文本数据转换为词频矩阵的工具。它计算单词在文档中出现的次数，通常用于构建词袋模型。这种转换不考虑单词在文档中的顺序，但保留单词出现的频率信息。

（4）FeatureHasher。FeatureHasher（又称哈希特征）是一种使用哈希技术将特征转换为固定长度的向量的方法。因为它可以减少内存消耗并避免维度灾难，所以特别适合处理具有大量特征维度的数据。FeatureHasher 通过哈希函数将特征映射到一个固定大小的向量，从而实现特征的多对一编码。

6.4.2 特征转换

决策树分类器

ML 中常用的 24 种特征转换方法可以具体归纳为以下操作。

（1）文档转换。文档转换主要对文档内容数据进行转换。在 ML 中，主要用于文档转换的方法有 Tokenizer、StopWordsRemover、n-gram、StringIndexer、IndexToString。

（2）正则化。正则化将每个样本缩放到单位范数上，对二次型（点积）或者其他核函数方法计算两个样本之间的相似性比较有用。ML 中主要进行正则化的方法有 Normalizer。

（3）标准化。标准化是在不改变原数据分布的前提下，将数据按比例缩放，使之落入一个限定的区间，使数据之间具有可比性。但当特征明显不遵从高斯正态分布时，标准化的效果比较差。ML 中主要使用标准化的方法有 StandardScaler 和 RobustScaler。

（4）归一化。归一化是对数据集进行区间缩放，缩放到单位区间内，把有单位的数据转化为没有单位的数据，即统一数据的衡量标准，消除单位的影响。ML 中主要使用归一化的方法有 MinMaxScaler 与 MaxAbsScaler。

（5）离散化。离散化指的是将连续特征划分离散的过程，将原始定量特征的一个区间一一映射到单一值。ML 中主要使用离散化的方法有 QuantileDiscretizer、Bucketizer、

Binarizer。

（6）独热编码。独热编码（又称哑变量）将分类转换为二进制向量，该向量中只有一位为 1，其他位都为 0。独热编码一般在需要计算空间距离的算法中处理原始的无先后顺序的分类数据。例如，在一般的系统中，通过 1、2、3 标识红灯、绿灯和黄灯，但是红、黄、绿三种状态本来没有大小和顺序，如果不做处理，计算距离时就会出现绿灯离红灯比黄灯离红灯近的情况。通过独热编码将其转换为红灯 [1,0,0]、黄灯 [0,1,0]、绿灯 [0,0,1]，三个分类的空间距离相等。ML 中主要使用独热编码的方法有 OneHotEncoderEstimator。

（7）缺失值补全。缺失值补全用以处理数据集中存在的空缺或缺失值的问题。常用策略包括使用固定值填充、使用统计量（如平均数、中位数）填充或通过预测模型估计缺失值。ML 中主要使用缺失值补全的方法有 Imputer。

（8）特征构造。特征构造通过对已有特征进行拆分、组合构建新的特征。在特征构建过程中，需要对原始数据以及业务特征有一定的理解。例如在销量分析中，通常把时间拆分成月份和日期，以分析哪些月份、每个月哪几天的销量较高。ML 中主要使用特征构造的方法有 PolynomialExpansion、Discrete Cosine Transform (DCT)、Interaction、ElementwiseProduct、SQLTransformer、VectorAssembler

（9）降维。降维是指减少特征数量的同时尽量保留原数据的重要信息。ML 中主要使用降维的方法有 PCA。

常用的 ML 特征转换方法见表 6.2。

表 6.2 常用的 ML 特征转换方法

	类型	方法	备注
1		Tokenizer	将文本字符串分割成单词或词汇的列表
2		StopWordsRemover	移除文本中的停用词
3	文档转换	n-gram	将文本中的单词序列转换为 n-gram 特征，用于捕捉局部词序信息
4		StringIndexer	将标签列中的字符串转换为模型可以使用的数值索引
5		IndexToString	将数值索引转换回原始的字符串标签
6	正则化	Normalizer	将特征值缩放到一个指定的范围或使其具有单位范数
7	标准化	StandardScaler	对特征进行标准化（均值为 0，方差为 1）
8		RobustScaler	通过移除中位数并缩放到四分位数范围缩放特征
9	归一化	MinMaxScaler	将特征值缩放到一个指定的最小值和最大值之间（通常是 0 到 1）
10		MaxAbsScaler	将特征值缩放，使得所有特征的最大绝对值都不超过 1
11		Bucketizer	将连续特征值分箱为离散值
12	离散化	QuantileDiscretizer	将连续特征值分箱为离散值，使得每个箱中的数据点数量大致相等
13		Binarizer	将特征值二值化，大于阈值的特征值被设置为 1，否则为 0
14	独热编码	OneHotEncoderEstimator	将分类特征的数值索引转换为二进制特征向量
15	缺失值补全	Imputer	填充缺失值

续表

类型	方法	备注
16 特征构造	PolynomialExpansion	对特征进行多项式扩展，用于生成新的特征
17	DCT	离散余弦变换，用于将数据转换为频率域表示
18	Interaction	生成特征之间的交互项，用于捕捉特征之间的非线性关系
19	ElementwiseProduct	对特征向量的每个元素进行加权
20	SQLTransformer	使用 SQL 表达式转换 DataFrame 的列
21	VectorAssembler	将多个特征列组成一个特征向量
22 降维	PCA	主成分分析，用于降低数据集的维度，同时尽可能保留原始数据的变异性
23 其他	VectorIndexer	将多个特征列组成一个特征向量
24	VectorSizeHint	提供向量值的提示，以优化性能

KMeans 聚类算法

6.4.3 特征选择

ML 中常见的特征选择操作有以下 5 种。

（1）VectorSlicer。VectorSlicer 是一个特征转换器，它允许从特征向量中选择一个子集，可以用来选择特定的特征或删除不重要的特征，适用于已经知道重要特征，并且希望从特征向量中提取特定特征的场景。

（2）RFormula。RFormula 解析类似于 R 语言中的模型公式字符串，并将其转换为特征和标签。它通常用于处理结构化数据，并可以自动处理分类特征，适用于需要将多个列组成一个特征向量，并且可能需要一些复杂的转换（如交互项、多项式项等）。

（3）ChiSqSelector。ChiSqSelector 又称卡方选择器，是一种基于卡方检验的特征选择方法，通过计算每个特征与标签之间的卡方统计量，用于选择与目标变量最相关的特征，适用于分类问题。

（4）UnivariateFeatureSelector。UnivariateFeatureSelector 又称单变量特征选择器，使用单变量统计测试（如方差分析 F 值、卡方检验等）选择特征，通过评估每个特征与目标变量的关系，并选择最相关的特征。适用于分类和回归问题。

（5）VarianceThresholdSelector。VarianceThresholdSelector 又称方差阈值选择器，是一种简单的特征选择方法，因为低方差的特征通常包含的信息较少，它选择方差超过某个阈值的特征，通过移除方差低于某个阈值的特征进行特征选择，有助于去除变化不大的特征，减小数据的噪声。

6.5 常用机器学习算法

ML 提供一系列常用机器学习算法，包括回归算法、分类算法、聚类算法等，适用于不同领域的不同场景。

6.5.1 回归算法

1. 概念

回归（Regression）算法是一种机器学习算法，用于根据输入数据预测数值。回归算法试图通过对数据拟合数学模型找到输入变量与输出变量的关系。

回归算法的目的是找到输入特征与目标变量的数学关系，可用于准确预测新的数据。

2. 回归算法的类型

在 ML 中，Spark 官方给出以下带有案例的回归算法。

（1）线性回归。线性回归（Linear Regression）用于建立一个或多个自变量与因变量的线性关系。线性回归模型的目的是找到一条直线（在二维空间中）或一个平面（在三维空间中），最好地拟合数据点，用以预测连续型的目标变量。

线性回归模型通常可以表示为

$$y = \beta_0 + \beta_1 x_1 + \beta_2 x_2 + \cdots + \beta_n x_n + \in \tag{6-1}$$

式中，y 是因变量；$x_1, x_2, \cdots, x_n$ 是自变量；β_0是截距项；$\beta_0, \beta_1, \cdots, \beta_n$是系数；$\in$是误差项。

（2）决策树回归。决策树回归（Decision Tree Regression）是一种用于预测连续值输出的机器学习方法。它与决策树分类相似，但后者用于预测离散类别标签。在决策树回归中，树的叶子节点不表示一个类别，而表示一个数值，通常是该节点下所有训练样本目标值的平均数。

决策树通过递归地将数据集分割成子集构建，每个内部节点都对应数据的一个属性测试，而每个分支代表一个测试结果，最终的叶子节点包含预测的输出值。决策树试图找到最佳分裂点来最小化某种误差度量（如均方误差），从而使得同一叶子节点内的数据尽可能相似。

（3）随机森林回归。随机森林回归（Random Forest Regression）通过构建多个决策树并对其预测结果进行平均来提高预测性能。在回归任务中，随机森林通过组合多棵决策树的结果预测连续数值。

（4）梯度提升树回归。梯度提升树回归（Gradient-Boosted Tree Regression）通过逐步添加新的模型纠正之前模型的错误，从而构建一个预测性能更强的整体模型。与随机森林不同，梯度提升树中的每个新模型都是基于前一个模型的残差训练的，因此这些模型是顺序依赖的，并且通常以决策树为基学习器。

（5）生存回归。生存回归（Survival Regression）又称生存分析，用于分析直到某个事件（如生物医学研究中的死亡、工程中的设备故障、社会学中的失业等）发生的时间。生存回归特别适用于处理删失数据，即在观察结束时尚未发生目标事件的数据点。

（6）单调回归。单调回归（Isotonic Regression）是一种回归分析方法，用于在保持预测值的单调性的同时拟合数据。也就是说，如果数据点 $x_1<x_2$，那么对应的预测值 $y_1 \leqslant y_2$（对于非递减的情况）或者 $y_1 \geqslant y_2$（对于非递增的情况）。这种方法适用于已知或假设目标变量与特征存在某种单调关系的情况。

（7）因子分解机回归。因子分解机回归（Factorization Machines Regressor）可以直接输出连续型预测变量。其目标是优化回归损失函数，如最小二乘误差（Mean Squared Error，MSE）。模型的参数更新可以通过梯度下降法实现，算法的复杂度可以降低到线性时间复杂度，因此在处理大规模数据时非常有效。

3. 线性回归实例程序

程序选用官方数据集（data/mllib/sample_linear_regression_data.txt），数据格式如图 6.9 所示，每行数据表示一个训练样本，其中第一列是目标变量（标签），后面的列是特征，格式为“数字 : 特征值”。例如，在第一行中，-9.490009878824548 是目标变量，表示样本的标签；后面的数字（如 1:0.4551273600657362）表示特征索引和对应的特征值。在该例子中有 10 个特征（索引 1 ～ 10）

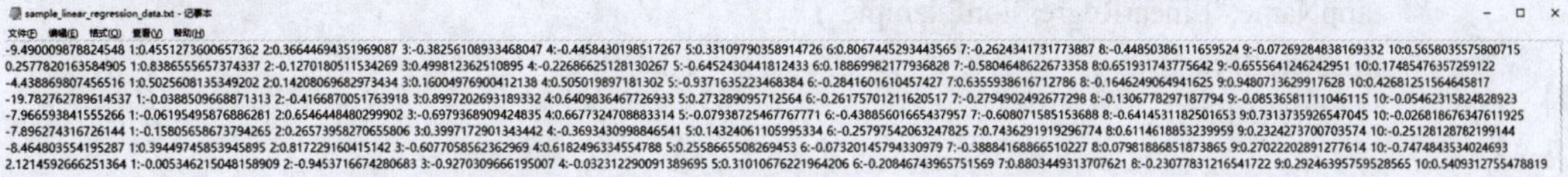

```
sample_linear_regression_data.txt - 记事本
文件(F) 编辑(E) 格式(O) 查看(V) 帮助(H)
-9.490009878824548 1:0.4551273600657362 2:0.36644694351969087 3:-0.38256108933468047 4:-0.4458430198517267 5:0.33109790358914726 6:0.8067445293443565 7:-0.2624341731773887 8:-0.44850386111659524 9:-0.07269284838169332 10:0.5658035575800715
0.2577820163584905 1:0.8386555657374337 2:-0.1270180511534269 3:0.499812362510895 4:-0.22686625128130267 5:-0.6452430441812433 6:0.18869982177936828 7:-0.5804648622673358 8:0.651931743775642 9:-0.6555641246242951 10:0.17485476357259122
-4.438869807456516 1:0.5025608135349202 2:0.14208069682973434 3:0.16004976900412138 4:0.505019897181302 5:-0.9371635223468384 6:-0.2841601610457427 7:0.6355938616712786 8:-0.1646249064941625 9:0.9480713629917628 10:0.42681251564645817
-19.782762789614537 1:-0.0388509668871313 2:-0.4166870051763918 3:0.8997202693189332 4:0.6409836467726933 5:0.273289095712564 6:-0.26175701211620517 7:-0.2794902492677298 8:-0.1306778297187794 9:-0.08536581111046115 10:-0.05462315824828923
-7.966593841555266 1:-0.06195495876886281 2:0.6546448480299902 3:-0.6979368909424835 4:0.6677324708883314 5:-0.07938725467767771 6:-0.43885601665437957 7:-0.6080715851536888 8:-0.6414531182501653 9:0.7313735926547045 10:-0.026818676347611925
-7.896274316726144 1:-0.15805658673794265 2:0.26573958270655806 3:0.3997172901343442 4:-0.3693430998846541 5:0.14324061105995334 6:-0.2579754206324782 5 7:0.7436291919296774 8:0.6114618853239959 9:0.2324273700703574 10:-0.25128128782199144
-8.464803554195287 1:0.39449745853945895 2:0.817229160415142 3:-0.6077058562362969 4:0.6182496334554788 5:0.2558665508269453 6:-0.07320145794330979 7:-0.38884168866510227 8:0.07981886851873865 9:0.27022202891277614 10:-0.7474843534024693
2.1214592666251364 1:-0.005346215048158909 2:-0.9453716674280683 3:-0.9270309666195007 4:-0.03231229009138969 5:0.31010676221964206 6:-0.20846743965751569 7:0.8803449313707621 8:-0.23077831216541722 9:0.29246395759528565 10:0.5409312755478819
```

图 6.9　sample_linear_regression_data.txt 数据（部分）格式

Scala 语言代码如下：

```scala
import org.apache.spark.sql.SparkSession // 导入 SparkSession，用于创建一个 Spark 应用的入口点
import org.apache.spark.ml.regression.LinearRegression // 导入 LinearRegression，用于创建线性回归模型

object LinearRegressionExample {
  def main(args: Array[String]): Unit = { // 定义程序的主入口
    val spark = SparkSession // 创建一个 SparkSession 对象
      .builder // 进入 SparkSession 的构建器模式
      .appName("LinearRegressionExample") // 设置应用名称
      .master("local") // 设置运行模式为本地模式
      .getOrCreate() // 创建或获取一个 SparkSession 实例

    // 加载训练数据
    val training = spark.read.format("libsvm") // 指定数据格式为 LIBSVM
      .load("data/mllib/sample_linear_regression_data.txt") // 加载数据文件

    val lr = new LinearRegression() // 创建线性回归模型实例
      .setMaxIter(10) // 设置最大迭代次数为 10
      .setRegParam(0.3) // 设置正则化参数为 0.3
      .setElasticNetParam(0.8) // 设置弹性网络混合参数为 0.8

    // 拟合模型
    val lrModel = lr.fit(training) // 使用训练数据拟合模型

    // 打印线性回归模型的系数和截距
    println(s"Coefficients: ${lrModel.coefficients} Intercept: ${lrModel.intercept}")

    // 汇总模型在训练集上的统计信息，并打印一些指标
    val trainingSummary = lrModel.summary                                  // 获取模型摘要
    println(s"numIterations: ${trainingSummary.totalIterations}")          // 打印总迭代次数
    println(s"objectiveHistory: [${trainingSummary.objectiveHistory.mkString(",")}]")
                                                                           // 打印目标函数历史记录
    trainingSummary.residuals.show()     // 显示模型残差
    println(s"RMSE: ${trainingSummary.rootMeanSquaredError}")         // 打印均方根误差
println(s"r2: ${trainingSummary.r2}")        // 打印 R 平方值

spark.stop() // 停止 SparkSession
  }
}
```

Python 语言代码如下：

```
from pyspark.sql import SparkSession                    # 导入 SparkSession 类
from pyspark.ml.regression import LinearRegression # 导入 LinearRegression 类

def main():  # 定义主函数
    # 创建 SparkSession 对象
    spark = SparkSession \
        .builder \
        .appName("LinearRegressionExample") \
        .master("local") \
        .getOrCreate()

    # 读取训练数据，使用 LIBSVM 格式
    training = spark.read.format("libsvm") \
        .load("data/mllib/sample_linear_regression_data.txt")

    # 创建 LinearRegression 对象，设置最大迭代次数为 10, 正则化参数为 0.3, 弹性网络混合参数为 0.8
    lr = LinearRegression(maxIter=10, regParam=0.3, elasticNetParam=0.8)

    # 使用训练数据拟合模型
    lrModel = lr.fit(training)

    # 打印线性回归模型的系数
    print("Coefficients: %s" % str(lrModel.coefficients))
    # 打印线性回归模型的截距
    print("Intercept: %s" % str(lrModel.intercept))

    # 获取模型摘要对象
    trainingSummary = lrModel.summary
    # 打印模型训练的迭代次数
    print("numIterations: %d" % trainingSummary.totalIterations)
    # 打印目标函数的历史记录
    print("objectiveHistory: %s" % str(trainingSummary.objectiveHistory))
    # 显示模型残差
    trainingSummary.residuals.show()
    # 打印模型的均方根误差（RMSE）
    print("RMSE: %f" % trainingSummary.rootMeanSquaredError)
    # 打印模型的 R 平方值
    print("r2: %f" % trainingSummary.r2)

    # 停止 SparkSession
    spark.stop()

if __name__ == "__main__":
main()
```

程序运行结果如图 6.10 所示。

```
Coefficients: [0.0,0.3229251667740594,-0.3438548034562219,1.915601702345841,0.05288058680386255,0.765962720459771,0.0,-0.15105392669186676,-0.21587930360904645,0.2202536918881343]
Intercept: 0.15989368442397356
numIterations: 6
objectiveHistory: [0.49999999999999994, 0.4967620357443381, 0.49363616643404634, 0.4936351537897608, 0.4936351214177871, 0.49363512062528014, 0.4936351206216114]
+--------------------+
|           residuals|
+--------------------+
|  -9.889232683103197|
|  0.5533794340053553|
|  -5.204019455758822|
| -20.566686715507508|
|    -9.4497405180564|
|  -6.909112502719487|
|  -10.00431602969873|
|  2.0623978070504845|
|  3.1117508432954772|
|  -15.89360822941938|
|  -5.036284254673026|
|  6.4832158769943335|
|  12.429497299109002|
|  -20.32003219007654|
|    -2.0049838218725|
| -17.867901734183793|
|   7.646455887420495|
| -2.2653482182417406|
|-0.10308920436195645|
|  -1.380034070385301|
+--------------------+
only showing top 20 rows

RMSE: 10.189077
r2: 0.022861
```

图 6.10　程序运行结果

具体分析如下：

Coefficients：该行显示线性回归模型中每个特征的系数。系数列表 [0.0, 0.3229251667740594, -0.3438548034562219, ...] 表示每个特征在模型中的权重。第一个特征的系数是 0，意味着该特征在模型中不重要或者在数据预处理时该特征的均值为 0。

Intercept：该行显示线性回归模型的截距，即当所有特征都为 0 时的预测值。在该例子中，截距是 0.15989368442397356。

numIterations：该行显示模型训练时的迭代次数。在该例子中，模型在 6 次迭代后收敛。

objectiveHistory：该行显示目标函数（通常是损失函数）在每次迭代中的值。列表 [0.49999999999999994, 0.4967620357443381, ...] 显示了随着迭代次数的增加，目标函数值逐渐减小，表明模型正在改进。

Residuals：显示模型残差，即实际值与模型预测值的差异。残差是衡量模型预测准确性的一个指标。这里只显示前 20 行，但实际数据可能更多。

RMSE：表示模型的均方根误差（Root Mean Squared Error，RMSE），它是衡量模型预测准确性的一个指标。在该例子中，RMSE=10.189077，表示模型预测的标准偏差。

r2：表示模型的 R 平方值，它是衡量模型拟合优度的一个指标。在这个例子中，R 平方值 =0.022861，接近 0，表明模型的拟合效果不是很好。

总的来说，这个模型的拟合效果可能不是很好，因为 R 平方值接近 0，而均方根误差较大，意味着模型没有很好地捕捉到数据中的模式，或者可能需要进一步调整模型超参数如最大迭代次数、正则化参数、弹性网络混合参数等或者更换其他模型。

6.5.2　分类算法

1．概念

分类（Classification）算法是一种对离散型随机变量建模或预测的监督学习方法，反映找出同类事物之间具有共同性质的特征和不同事物之间的差异特征的方法。

分类算法的目的是从给定的人工标注的分类训练样本数据集中学习一个分类函数或者分类模型，也称分类器。当有新增的未分类的数据时，可以根据分类器预测，并将新数据映射至给定类别中的某个类。

2. 常用分类算法

在 ML 中，Spark 官方给出了以下带有案例的分类算法。

（1）逻辑回归。逻辑回归（Logistic Regression）是一种广泛应用于分类问题的统计方法，尤其是二分类问题。尽管名字中有“回归”二字，但它实际上是一个分类算法，用于预测离散的类别标签。逻辑回归的核心是 S 型函数，该函数的形式如下：

$$\text{Sigmoid}(z)=\frac{1}{1+e^{-z}} \tag{6-2}$$

式中，S 型的函数的输入 z 是一组权重 w 和偏置项 b 计算一个线性组合的输出，该线性组合的公式如下：

$$z=w^{T}x+b \tag{6-3}$$

通过 S 型函数，可以将任意实数值映射到 (0, 1)，可以用来表示事件发生的概率。如果将概率设为正例的概率$P(y=1|x)$，那么负的概率是$1-P(y=1|x)$。

（2）决策树分类器。决策树分类器（Decision Tree Classifier）简单来说就是带有判决规则的树，可以依据树中的判决规则预测未知样本的类别和值。决策树就是通过树结构表示可能的决策路径以及每条路径的结果。一棵决策树一般包含一个根节点、若干内部节点和若干叶子节点。

1）叶子节点对应决策结果。

2）每个内部节点都对应一个属性测试，每个内部节点包含的样本集合根据属性测试的结果被划分到其子节点中。

3）根节点包含全部训练样本。

4）从根节点到每个叶子节点的路径都对应一条决策规则。

（3）随机森林分类器。随机森林分类器（Random Forest Classifier）基于决策树构建多个模型，并通过这些模型的投票决定最终预测类别结果，尤其适合处理复杂的分类问题。

（4）梯度提升树分类器。梯度提升树分类器（Gradient-Boosted Tree Classifier）通过迭代地构建一系列弱学习器（通常是决策树），并将其组成一个强学习器来提高模型的预测能力。与随机森林不同的是，梯度提升树中的每棵树都是基于前一棵树的残差训练的，以逐步提高整个模型的性能。

（5）多层感知器分类器。多层感知器分类器（Multilayer Perceptron Classifier）是一种前馈人工神经网络。它由多个层组成，包括输入层、隐藏层和输出层。每层都由多个神经元组成，神经元之间通过权重连接。多层感知器通过这些权重的线性组合和非线性激活函数学习数据中的模式，从而分类。

（6）线性支持向量机。线性支持向量机（Linear Support Vector Machine）是一种二分类模型，它基于最大间隔原则，可以表示为在特征空间中寻找一个超平面，该超平面能够将不同类别的数据点以最大间隔分开。

（7）一对多分类器。一对多分类器（One-vs-Rest Classifier）是一种处理多类别分类问题的策略。当一个机器学习模型原本是为二分类设计的，但需要扩展到多类别分类时，可以采用一对分类器，其核心思想是将一个多类问题分解成多个二分类问题。

（8）朴素贝叶斯。朴素贝叶斯（Naive Bayes）是一种基于贝叶斯定理的简单概率分类器，它假设特征之间相互独立（“朴素”假设）。尽管该假设在现实世界中往往不成立，但朴素贝叶斯分类器在许多实际应用中仍然表现出色，并且计算效率高。它特别适用于文本分类、垃圾邮件过滤等场景。

（9）因子分解机分类器。因子分解机分类器（Factorization Machines Classifier）特别适合处理高维稀疏数据，它通过将特征向量分解为多个隐向量的内积，有效地捕捉特征之间的交互作用。因子分解机分类器特别适用于智能推荐系统、点击率预测等场景。

3. 决策树分类器实例程序

程序选用官方数据集（data/mllib/sample_libsvm_data.txt），每行都代表一个数据实例，其中第一个元素是标签（0 或 1），后面跟着特征索引和特征值的对。

Scala 语言代码如下：

```
import org.apache.spark.sql.SparkSession    // 导入 SparkSession 类
import org.apache.spark.ml.Pipeline    // 导入 Pipeline 类，用于构建机器学习流程
import org.apache.spark.ml.classification.DecisionTreeClassificationModel    // 导入决策树分类模型类
import org.apache.spark.ml.classification.DecisionTreeClassifier    // 导入决策树分类器类
import org.apache.spark.ml.evaluation.MulticlassClassificationEvaluator    // 导入多分类评估器类
import org.apache.spark.ml.feature.{IndexToString, StringIndexer, VectorIndexer}    // 导入特征转换器类

object DecisionTreeExample {
  def main(args: Array[String]): Unit = {   // 主函数，程序的入口点
    val spark = SparkSession                  // 创建 SparkSession 实例
      .builder                                // 获取 SparkSession 的构建器
      .appName("DecisionTreeExample")         // 设置应用程序名称
      .master("local")                        // 设置运行模式为本地
      .getOrCreate()                          // 获取或创建 SparkSession 实例

    val data = spark.read.format("libsvm").load("data/mllib/sample_libsvm_data.txt")
// 读取数据集，使用 libsvm 格式

    val labelIndexer = new StringIndexer()  // 创建 StringIndexer 实例，用于将标签列转换为数值索引
      .setInputCol("label")                 // 设置输入列名为 label
      .setOutputCol("indexedLabel")         // 设置输出列名为 indexedLabel
      .fit(data)                            // 拟合数据

    val featureIndexer = new VectorIndexer() // 创建 VectorIndexer 实例，用于将特征列转换为数值索引
      .setInputCol("features")              // 设置输入列名为 features
      .setOutputCol("indexedFeatures")      // 设置输出列名为 indexedFeatures
      .setMaxCategories(4)                  // 设置最大类别数，用于处理分类特征
      .fit(data) // 对数据进行拟合

    val Array(trainingData, testData) = data.randomSplit(Array(0.7, 0.3))
    // 将数据集随机分割为训练集和测试集，比例为 7:3

    val dt = new DecisionTreeClassifier()  // 创建决策树分类器实例
      .setLabelCol("indexedLabel")          // 设置标签列为 indexedLabel
      .setFeaturesCol("indexedFeatures")  // 设置特征列为 indexedFeatures

    val labelConverter = new IndexToString()
    // 创建 IndexToString 实例，用于将预测结果的数值索引转换回原始标签
      .setInputCol("prediction")            // 设置输入列名为 prediction
      .setOutputCol("predictedLabel")       // 设置输出列名为 predictedLabel
```

```
      .setLabels(labelIndexer.labelsArray(0)) // 设置标签数组，从 labelIndexer 中获取

    val pipeline = new Pipeline() // 创建 Pipeline 实例，用于构建机器学习流程
      .setStages(Array(labelIndexer, featureIndexer, dt, labelConverter)) // 设置 Pipeline 的各个阶段

    val model = pipeline.fit(trainingData) // 使用训练数据拟合 Pipeline 模型

    val predictions = model.transform(testData) // 使用模型预测测试数据

    predictions.select("predictedLabel", "label", "features").show(5) // 显示预测结果的前 5 条记录

    val evaluator = new MulticlassClassificationEvaluator() // 创建多分类评估器实例
      .setLabelCol("indexedLabel") // 设置标签列为 indexedLabel
      .setPredictionCol("prediction") // 设置预测列为 prediction
      .setMetricName("accuracy") // 设置评估指标为准确率

    val accuracy = evaluator.evaluate(predictions) // 评估模型的准确率
    println(s"Test Error = ${(1.0 - accuracy)}") // 打印测试错误率，即 1 减去准确率

    val treeModel = model.stages(2).asInstanceOf[DecisionTreeClassificationModel]
        // 获取 Pipeline 中的决策树模型
    println(s"Learned classification tree model:\n ${treeModel.toDebugString}")
        // 打印决策树模型的详细信息

    spark.stop() // 停止 SparkSession，释放资源
  }
}
```

Python 语言代码如下：

```
from pyspark.sql import SparkSession  # 导入 SparkSession 类
from pyspark.ml import Pipeline  # 导入 Pipeline 类
from pyspark.ml.classification import DecisionTreeClassifier  # 导入决策树分类器
from pyspark.ml.feature import StringIndexer, VectorIndexer  # 导入特征转换器
from pyspark.ml.evaluation import MulticlassClassificationEvaluator  # 导入分类评估器

def main():
    # 创建一个 SparkSession 对象
    spark = SparkSession \
        .builder \
        .appName("DecisionTreeExample") \
        .master("local") \
        .getOrCreate()

    # 读取 LIBSVM 格式的数据
    data = spark.read.format("libsvm").load("data/mllib/sample_libsvm_data.txt")

    # 使用 StringIndexer 将标签列转换为数值索引
    labelIndexer = StringIndexer(inputCol="label", outputCol="indexedLabel").fit(data)

    # 使用 VectorIndexer 将特征列转换为数值向量，设置最大类别数为 4
    featureIndexer = \
        VectorIndexer(inputCol="features", outputCol="indexedFeatures", maxCategories=4).fit(data)
```

```
    # 将数据集随机分为训练集和测试集，比例为 7:3
    (trainingData, testData) = data.randomSplit([0.7, 0.3])

    # 创建决策树分类器实例，指定标签列和特征列
    dt = DecisionTreeClassifier(labelCol="indexedLabel", featuresCol="indexedFeatures")

    # 创建 Pipeline，包含标签索引器、特征索引器和决策树分类器
    pipeline = Pipeline(stages=[labelIndexer, featureIndexer, dt])

    # 使用训练数据拟合模型
    model = pipeline.fit(trainingData)

    # 使用拟合后的模型预测测试数据
    predictions = model.transform(testData)

    # 显示预测结果的前 5 行
    predictions.select("prediction", "indexedLabel", "features").show(5)

    # 创建多分类评估器，计算模型的准确率
    evaluator = MulticlassClassificationEvaluator(
        labelCol="indexedLabel", predictionCol="prediction", metricName="accuracy")
    accuracy = evaluator.evaluate(predictions)
    print("Test Error = %g " % (1.0 - accuracy)) # 打印测试误差

    # 获取决策树模型，并打印决策树信息
    treeModel = model.stages[2]
    print(treeModel)

    # 停止 SparkSession
    spark.stop()

if __name__ == "__main__":
    main()
```

程序运行结果如图 6.11 所示。

```
+--------------+-----+--------------------+
|predictedLabel|label|            features|
+--------------+-----+--------------------+
|           0.0|  0.0|(692,[100,101,102...|
|           0.0|  0.0|(692,[124,125,126...|
|           0.0|  0.0|(692,[124,125,126...|
|           0.0|  0.0|(692,[124,125,126...|
|           0.0|  0.0|(692,[125,126,127...|
+--------------+-----+--------------------+
only showing top 5 rows

Test Error = 0.0555555555555558
Learned classification tree model:
 DecisionTreeClassificationModel: uid=dtc_1ddad4f59c9f, depth=1, numNodes=3, numClasses=2, numFeatures=692
  If (feature 406 <= 9.5)
   Predict: 1.0
  Else (feature 406 > 9.5)
   Predict: 0.0
```

图 6.11　程序运行结果

具体分析如下：

观察表格，前 5 个预测都是正确的，预测值 predictedLabel 和实际值 label 都是 0.0，

意味着模型在这些样本上的预测是准确的。特征向量 features 表示为一个包含 692 个特征的稀疏向量，因过长而未完整显示。

测试误差（Test Error）为 0.05555555555555558，意味着模型在测试集上的准确率为 94.44444444444442%。这是一个较高的准确率，表明模型在该数据集上表现良好。

输出的决策树模型深度（depth）为 1，意味着它只分裂一次；决策树中的节点总数（numNodes）为 3，包括根节点和两个叶子节点，意味着它只根据一个特征分类；识别的类别数（numClasses）为 2，意味着只分为两类。模型使用特征 numFeatures406 分类。如果特征 406 的值小于或等于 9.5，则预测结果为 1.0；如果大于 9.5，则预测结果为 0.0。

对数据集进行随机抽样或随机排序，以避免对某些特定样本的过度拟合。这种数据集的随机性会导致对于相同代码，每次训练结果可能不同。

6.5.3 聚类算法

1. 概念

聚类（Clustering）算法是一种无监督学习方法，用于将数据集中的对象分组到不同的簇中，使得同一簇内的对象相似度较高，而不同簇之间的对象相似度较低。

聚类算法的主要目的是在没有标签和先验知识的情况下，实现将数据集中的对象分组，揭示数据内在的结构和模式，帮助理解数据的分布和特征；也可以帮助识别与大多数数据点显著不同的异常值或离群点。

2. 常用聚类算法

在 ML 中，Spark 官方给出了以下带有案例的聚类算法。

（1）K 均值。K 均值（K-Means）用质心表示一个簇，质心（簇的中心）就是一组数据对象点的平均值。目标是将数据点分成 K 个簇，使得每个点与质心的距离之和最小化。K-Means 聚类的算法思想可以总结为以下步骤。

1）从包含 N 个数据对象的数据集中随机的选择 K 个对象，每个对象都代表一个簇的平均值或质心或中心，其中 K 是用户指定的参数，即期望的要划分成的簇数。

2）对剩余的每个数据对象点根据其与各簇中心的距离，将它指派到最近的簇。

3）根据指派到簇的数据对象点，更新每个簇的中心。

4）重复第 2）步和第 3）步，直到簇不变化、中心不变化或度量聚类质量的目标函数收敛。

（2）潜在狄利克雷分布。潜在狄利克雷分布（Latent Dirichlet allocation, LDA）是一种文本挖掘中的主题模型，常用于文本挖掘和自然语言处理中，可以在没有预先标签的情况下以发现文档集合中的隐藏主题结构。

（3）二分 K 均值。二分 K 均值（Bisecting K-Means）是一种基于 K 均值聚类算法的变体，二分 K 均值采用了一种自顶向下的分裂策略来递增地增加簇的数量，直到达到预设的簇数 K。这种方法通常能够产生更稳定的聚类结果，并且在某些情况下比直接运行 K 均值算法聚类效果好。

（4）高斯混合模型。高斯混合模型（Gaussian Mixture Model，GMM）是一种概率模型，它假设所有数据点都是从多个高斯正态分布的混合中生成的。每个高斯分布都代表一个潜在的类别或簇，而整个数据集是这些高斯分布按一定比例混合的结果。高斯混合模型可以看作 K 均值算法的软分配版本，因为它为每个数据点都分配一个属于各组件的概率分布，而不是硬分配。

（5）幂迭代聚类。幂迭代聚类（Power Iteration Clustering, PIC）又称快速迭代聚类，是一种基于图的聚类方法，它不需要预先指定聚类的数量。幂迭代聚类的核心思想是将数据点嵌入由相似矩阵推导出的低维子空间，然后通过迭代优化模型使之达到最优状态。这种方法在处理大规模数据集时具有较高的效率和稳定性，并且具有良好的可解释性和可视化效果。

3. K-Means 实例程序

程序选用官方数据集（data/mllib/sample_kmeans_data.txt），如图 6.12 所示，每行都代表一个样本，每行的第一个数字是标签（在这个无监督学习任务中可以忽略），之后跟着特征索引和对应的值，格式为 <index>:<value>。

```
0 1:0.0 2:0.0 3:0.0
1 1:0.1 2:0.1 3:0.1
2 1:0.2 2:0.2 3:0.2
3 1:9.0 2:9.0 3:9.0
4 1:9.1 2:9.1 3:9.1
5 1:9.2 2:9.2 3:9.2
```

图 6.12　sample_kmeans_data.txt 数据

Scala 语言代码如下：

```
import org.apache.spark.sql.SparkSession // 导入 SparkSession 类
import org.apache.spark.ml.clustering.KMeans // 导入 KMeans 类
import org.apache.spark.ml.evaluation.ClusteringEvaluator // 导入 ClusteringEvaluator 类

object KmeansExample {
  def main(args: Array[String]): Unit = {
    // 创建 SparkSession 实例
    val spark = SparkSession
      .builder
      .appName("KmeansExample") // 设置应用程序名称
      .master("local") // 设置运行模式为本地
      .getOrCreate()

    // 读取数据集
    val dataset = spark.read.format("libsvm").load("data/mllib/sample_kmeans_data.txt")

    // 创建 K-Means 实例，设置簇数为 2，设置随机种子以确保结果可复现
    val kmeans = new KMeans().setK(2).setSeed(1L)

    // 使用数据集训练 K-Means 模型
    val model = kmeans.fit(dataset)

    // 使用模型预测数据集，得到聚类结果
    val predictions = model.transform(dataset)

    // 创建 ClusteringEvaluator 实例，用于评估聚类模型
    val evaluator = new ClusteringEvaluator()

    // 计算聚类结果的轮廓系数
    val silhouette = evaluator.evaluate(predictions)
```

```
    println(s"Silhouette with squared euclidean distance = $silhouette") // 打印轮廓系数

    // 打印簇中心
    println("Cluster Centers: ")
    model.clusterCenters.foreach(println) // 遍历并打印每个簇的中心点

    // 停止 SparkSession
    spark.stop()
  }
}
```

Python 语言代码如下：

```
from pyspark.sql import SparkSession  # 导入 SparkSession 类
from pyspark.ml.clustering import KMeans  # 导入 KMeans 类
from pyspark.ml.evaluation import ClusteringEvaluator  # 导入 ClusteringEvaluator 类

def main():
    # 创建 SparkSession 实例
    spark = SparkSession \
        .builder \
        .appName("KmeansExample") \
        .master("local") \
        .getOrCreate()

    # 读取数据集
    dataset = spark.read.format("libsvm").load("data/mllib/sample_kmeans_data.txt")

    # 创建 K-Means 实例，设置簇数为 2，设置随机种子以确保结果可复现
    kmeans = KMeans().setK(2).setSeed(1)
    # 使用数据集训练 K-Means 模型
    model = kmeans.fit(dataset)

    # 使用模型预测数据集，得到聚类结果
    predictions = model.transform(dataset)

    # 创建 ClusteringEvaluator 实例，用于评估聚类模型
    evaluator = ClusteringEvaluator()

    # 计算聚类结果的轮廓系数
    silhouette = evaluator.evaluate(predictions)
    print("Silhouette with squared euclidean distance = " + str(silhouette))  # 打印轮廓系数

    # 获取簇中心
    centers = model.clusterCenters()
    print("Cluster Centers: ")
    for center in centers:
        print(center)  # 打印每个簇的中心点

    # 停止 SparkSession
    spark.stop()

if __name__ == "__main__":
    main()
```

程序运行结果如图 6.13 所示。

```
Silhouette with squared euclidean distance = 0.9997530305375207
Cluster Centers:
[9.1 9.1 9.1]
[0.1 0.1 0.1]
```

图 6.13　程序运行结果

具体分析如下：

轮廓系数（Silhouette with squared euclidean distance）为 0.9997530305375207，轮廓系数是一个衡量样本被分配到其所属簇的好坏程度的指标，其值范围为 -1 ～ 1。值接近 1 表示样本很好地匹配到自己的簇，并且与其他簇分离得很好。在本例中，轮廓系数非常接近 1，表明聚类效果非常好，每个点都被正确地分配到相应的簇。

簇中心（Cluster Centers）[9.1 9.1 9.1]，对应于第二个簇，包含特征值接近 9 的样本点（样本 3,4,5）；[0.1 0.1 0.1] 对应于第一个簇，包含特征值接近 0 的样本点（样本 0,1,2）。

综合来看，K-Means 算法能够很好地识别两个不同的簇，并且每个簇的中心都准确反映原始数据的分布情况。这个高轮廓系数也进一步确认了聚类的质量很高。

6.5.4　推荐算法

1. 协同过滤算法

推荐算法是信息检索领域中的一种算法，用于预测和推荐用户可能感兴趣的物品或内容。协同过滤（Collaborative Filtering）是常用推荐算法，该算法利用某兴趣相投、拥有共同经验的群体的喜好推荐用户感兴趣的信息。

协同过滤推荐算法主要分为基于用户（User-Based）的协同过滤推荐和基于物品（Item-Based）的协同过滤推荐。基于用户的协同过滤推荐通过不同用户对物品的相似评分发现在某方面相似的用户组，然后根据相似用户组的喜好产生向目标用户推荐的内容。基于物品的协同过滤推荐根据用户对物品的评分评测物品之间的相似性，然后根据物品的相似性向目标用户推荐感兴趣的物品。

在推荐过程中，用户的反馈分为显性和隐性。显性反馈是用户明确表达对物品喜好程度的信息，这种反馈通常是直接的、量化的，比如评分、评论、收藏、点赞或打分。用户进行显性反馈时，知道自己的反馈会被系统用来提高推荐的准确性。隐性反馈是通过用户的行为间接推断的喜好信息。这种反馈不是直接表达的，而是通过用户的行为推断的，比如浏览历史、购买记录、观看视频的时长、搜索查询等。

Spark ML 协同过滤技术适用于隐式反馈和显式反馈数据集，特别在隐式反馈数据集上也能产生不错的推荐效果。ML 支持基于矩阵分解的协同过滤，spark.ml 使用交替最小二乘（Altemating Lecut SQuares，ALS）算法学习这些潜在因素。

2. ALS 算法

ALS 算法通常用来解决矩阵分解问题，特别是用户 - 物品交互矩阵非常大且稀疏的情况，用户 - 物品交互矩阵被 ALS 算法分解为两个低秩矩阵：一个是用户特征矩阵，另一个是物品特征矩阵。通过这种方式，可以预测用户对未评分物品的偏好，并据此作推荐。ALS 算法的基本原理如下：

在 ALS 中，用户 - 物品交互矩阵 $\boldsymbol{R}$ 被分解为两个低秩矩阵：用户特征矩阵 $\boldsymbol{U}$ 和物品

特征矩阵 $\boldsymbol{V}$。

$\boldsymbol{U}$ 是一个 $m \times k$ 矩阵，每行都代表一个用户的隐含特征向量。

$\boldsymbol{V}$ 是一个 $n \times k$ 矩阵，每行都代表一个物品的隐含特征向量。

k 是潜在因子的数量，通常远小于用户数 m 和物品数 n。

ALS 的目标是最小化以下损失函数：

$$\min_{U,V} \sum_{(u,i)\in\mathcal{D}} (r_{ui} - \boldsymbol{u}_u^T \boldsymbol{v}_i)^2 + \lambda(\| \boldsymbol{u}_u \|^2 + \| \boldsymbol{v}_i \|^2) \tag{6-4}$$

式中，r_{ui} 是用户 u 对物品 i 的评分或互动程度；$\boldsymbol{u}_u$ 和 $\boldsymbol{v}_i$ 分别是用户 u 和物品 i 的隐含特征向量；$\boldsymbol{u}_u^T \boldsymbol{v}_i$ 是用户 u 的隐含特征向量与物品 i 的隐含特征向量的点积，表示预测评分；λ 是正则化参数，用于防止过拟合；D 是所有已知用户—物品交互的数据集。

以下是 ALS 算法的具体流程：

（1）初始化：随机初始化用户和物品的隐含特征向量 $\boldsymbol{u}_u$ 和 $\boldsymbol{v}_i$；

（2）交替更新，轮流固定一类参数，使其变为单类变量优化问题。

1）固定 $\boldsymbol{V}$ 更新 $\boldsymbol{U}$：对于每个用户 u，根据每个用户与所有物品的评分或互动程度以及当前的 $\boldsymbol{V}$ 求解 $\boldsymbol{u}_u$。

2）固定 $\boldsymbol{U}$ 更新 $\boldsymbol{V}$：对于每个物品 i，根据所有用户对该物品的评分或互动程度以及当前的 $\boldsymbol{U}$ 求解 $\boldsymbol{v}_i$。

3）重复上述步骤 1）与步骤 2），直到收敛或达到最大迭代次数。

（3）使用最终得到的 $\boldsymbol{U}$ 和 $\boldsymbol{V}$ 预测用户对未评分物品的偏好，并据此作出推荐。

3. ALS 实例程序

程序选用官方数据集（data/mllib/als/sample_movielens_ratings.txt），共计 1501 条数据，如图 6.14 所示，格式为 userId::movieId::rating::timestamp。每行都代表一个用户对某部电影的评分。其中，userId 表示用户的 ID；movieId 表示电影的 ID；rating 表示用户对电影的评分，取值范围是 1 ～ 5；timestamp 表示评分的时间戳。

```
0::2::3::1424380312
0::3::1::1424380312
0::5::2::1424380312
0::9::4::1424380312
0::11::1::1424380312
```

图 6.14 sample_movielens_ratings.txt 数据（部分）

Scala 语言代码如下：

```
import org.apache.spark.sql.SparkSession // 导入 SparkSession，用于创建 Spark 应用的入口点
import org.apache.spark.ml.evaluation.RegressionEvaluator // 导入用于评估回归模型的评估器
import org.apache.spark.ml.recommendation.ALS // 导入 ALS 算法

// 定义一个案例类，用于存储用户评分信息
case class Rating(userId: Int, movieId: Int, rating: Float, timestamp: Long)

object ALSExample {
  def main(args: Array[String]): Unit = {
    val spark = SparkSession      // 创建 SparkSession 实例
      .builder
```

```
    .appName("ALSExample")          // 设置应用名称
    .master("local")                // 设置运行模式为本地模式
    .getOrCreate()                  // 获取或创建 SparkSession 实例

  import spark.implicits._          // 导入隐式转换

  // 定义一个函数，用于解析评分数据
  def parseRating(str: String): Rating = {
    val fields = str.split("::")    // 使用 :: 分隔数据
    assert(fields.size == 4)        // 确保数据有四个字段
    Rating(fields(0).toInt, fields(1).toInt, fields(2).toFloat, fields(3).toLong) // 创建 Rating 对象
  }

  // 读取评分数据文件，并将每行数据都转换为 Rating 对象，然后转换为 DataFrame
  val ratings = spark.read.textFile("data/mllib/als/sample_movielens_ratings.txt")
    .map(parseRating)
    .toDF()
  // 将数据集随机划分为训练集和测试集，比例为 80% 和 20%
  val Array(training, test) = ratings.randomSplit(Array(0.8, 0.2))

  // 创建 ALS 算法实例，并配置参数
  val als = new ALS()
    .setMaxIter(5)                  // 设置最大迭代次数 5
    .setRegParam(0.01)              // 设置正则化参数 0.01
    .setUserCol("userId")           // 设置用户列
    .setItemCol("movieId")          // 设置项目列
    .setRatingCol("rating")         // 设置评分列
  // 使用训练集数据训练 ALS 模型
  val model = als.fit(training)

  // 设置冷启动策略为 drop，忽略没有评分信息的用户或项目
  model.setColdStartStrategy("drop")
  // 使用训练好的模型预测测试集
  val predictions = model.transform(test)

  // 创建回归评估器实例，用于计算 RMSE
  val evaluator = new RegressionEvaluator()
    .setMetricName("rmse")          // 设置评估指标为 RMSE
    .setLabelCol("rating")          // 设置标签列
    .setPredictionCol("prediction") // 设置预测列
  // 评估预测结果的 RMSE
  val rmse = evaluator.evaluate(predictions)
  println(s"Root-mean-square error = $rmse") // 打印 RMSE

  // 为所有用户生成 10 部电影推荐
  val userRecs = model.recommendForAllUsers(10)
  // 为所有电影生成 10 个用户推荐
  val movieRecs = model.recommendForAllItems(10)

  // 选择前 3 个用户，为这些用户生成 10 部电影推荐
  val users = ratings.select(als.getUserCol).distinct().limit(3)
  val userSubsetRecs = model.recommendForUserSubset(users, 10)
```

```
        // 选择前 3 部电影，为这些电影生成 10 个用户推荐
        val movies = ratings.select(als.getItemCol).distinct().limit(3)
        val movieSubSetRecs = model.recommendForItemSubset(movies, 10)

        // 显示所有生成的推荐，保留所有列
        userRecs.show(truncate = false)
        movieRecs.show(truncate = false)
        userSubsetRecs.show(truncate = false)
        movieSubSetRecs.show(truncate = false)

        // 停止 SparkSession
        spark.stop()
    }
}
```

Python 语言代码如下：

```
# 导入 SparkSession，用于创建 Spark 应用
from pyspark.sql import SparkSession
# 导入 RegressionEvaluator，用于评估回归模型
from pyspark.ml.evaluation import RegressionEvaluator
# 导入 ALS 算法，用于构建推荐系统模型
from pyspark.ml.recommendation import ALS
# 导入 Row，用于创建数据行
from pyspark.sql import Row

# 定义主函数
def main():
    # 创建 SparkSession 对象，设置应用名称为 ALSExample，运行模式为 local
    spark = SparkSession\
        .builder\
        .appName("ALSExample") \
        .master("local") \
        .getOrCreate()

    # 读取数据文件，将其转换为 RDD
    lines = spark.read.text("data/mllib/als/sample_movielens_ratings.txt").rdd
    # 将每行数据分割成用户 ID、电影 ID、评分和时间戳
    parts = lines.map(lambda row: row.value.split("::"))
    # 将分割后的数据转换为 Row 对象，并转换数据类型
    ratingsRDD = parts.map(lambda p: Row(userId=int(p[0]), movieId=int(p[1]),
                                         rating=float(p[2]), timestamp=int(p[3])))
    # 将 RDD 转换为 DataFrame
    ratings = spark.createDataFrame(ratingsRDD)
    # 将数据集随机划分为训练集和测试集，比例为 80% 和 20%
    (training, test) = ratings.randomSplit([0.8, 0.2])

    # 初始化 ALS 模型，设置迭代次数 5、正则化参数 0.01 户列、物品列、评分列和冷启动策略
    als = ALS(maxIter=5, regParam=0.01, userCol="userId", itemCol="movieId", ratingCol="rating",
              coldStartStrategy="drop")
    # 训练模型
    model = als.fit(training)
```

```
    # 使用模型预测测试集
    predictions = model.transform(test)
    # 初始化评估器，设置评估指标为 RMSE
    evaluator = RegressionEvaluator(metricName="rmse", labelCol="rating",
                                    predictionCol="prediction")
    # 计算 RMSE
    rmse = evaluator.evaluate(predictions)
    # 打印 RMSE
    print("Root-mean-square error = " + str(rmse))

    # 为所有用户推荐 10 部电影
    userRecs = model.recommendForAllUsers(10)
    # 为所有电影推荐 10 个用户
    movieRecs = model.recommendForAllItems(10)

    # 选择前 3 个用户，为这些用户生成 10 部电影推荐
    users = ratings.select(als.getUserCol()).distinct().limit(3)
    userSubsetRecs = model.recommendForUserSubset(users, 10)
    # 选择前 3 部电影，为这些电影生成 10 个用户推荐
    movies = ratings.select(als.getItemCol()).distinct().limit(3)
    movieSubSetRecs = model.recommendForItemSubset(movies, 10)

    # 显示所有生成的推荐，保留所有列
    userRecs.show(truncate=False)
    movieRecs.show(truncate=False)
    userSubsetRecs.show(truncate=False)
    movieSubSetRecs.show(truncate=False)

    # 停止 SparkSession
    spark.stop()

if __name__ == "__main__":
    main()
```

程序运行结果如图 6.15 和图 6.16 所示。

```
Root-mean-square error = 1.597689056424579
+------+-----------------------------------------------------------------------------------------------------------------------------------------------------------------------------+
|userId|recommendations                                                                                                                                                              |
+------+-----------------------------------------------------------------------------------------------------------------------------------------------------------------------------+
|20    |[{22, 4.3020916}, {77, 3.8296063}, {68, 3.810191}, {94, 3.566751}, {62, 3.3192863}, {51, 3.233757}, {90, 3.1365592}, {88, 3.093633}, {75, 3.0909903}, {69, 3.0210123}]      |
|10    |[{92, 3.7442284}, {2, 3.7149155}, {62, 3.6914344}, {43, 3.5299704}, {40, 3.3766105}, {49, 3.126989}, {85, 3.0188482}, {89, 2.971188}, {25, 2.925286}, {70, 2.8742158}]      |
|0     |[{62, 4.3296394}, {40, 4.056569}, {92, 3.9661322}, {90, 3.878398}, {9, 3.6642015}, {39, 3.5928812}, {4, 3.4110088}, {70, 3.218182}, {22, 3.1168668}, {68, 3.1104088}]      |
|1     |[{68, 3.9554965}, {62, 3.916421}, {22, 3.60717}, {77, 3.3451195}, {90, 3.2527509}, {53, 3.2150357}, {51, 3.1785607}, {46, 2.9218433}, {9, 2.8395271}, {85, 2.8316743}]      |
|21    |[{53, 4.984833}, {29, 4.948583}, {30, 4.885397}, {2, 4.1753044}, {87, 4.008005}, {74, 3.9894006}, {32, 3.5843}, {63, 3.2923887}, {77, 3.1722307}, {43, 3.1686249}]          |
|11    |[{92, 6.271166}, {27, 5.127002}, {32, 5.084854}, {18, 5.010702}, {23, 5.0102644}, {30, 4.9351726}, {79, 4.7820005}, {48, 4.706504}, {63, 4.550819}, {70, 4.548149}]         |
|12    |[{46, 5.235998}, {17, 5.0163994}, {98, 4.789275}, {27, 4.760369}, {35, 4.7318525}, {94, 4.1290617}, {50, 4.058106}, {51, 3.953073}, {31, 3.8982875}, {16, 3.856584}]       |
|22    |[{22, 5.021359}, {74, 4.951094}, {75, 4.927754}, {88, 4.924603}, {30, 4.8462167}, {51, 4.81723}, {7, 4.7880893}, {24, 4.244958}, {77, 4.137564}, {68, 3.9867961}]           |
|2     |[{83, 5.1024876}, {39, 4.991857}, {93, 4.9860296}, {8, 4.962229}, {37, 4.9565887}, {51, 4.6520686}, {53, 4.3998528}, {89, 4.0004296}, {92, 3.959021}, {48, 3.8764274}]      |
|13    |[{93, 3.7576804}, {51, 3.3632987}, {18, 3.0695553}, {29, 3.0004382}, {53, 2.8603911}, {72, 2.8456829}, {36, 2.6827643}, {83, 2.4712229}, {52, 2.4655843}, {76, 2.4265087}]|
|3     |[{51, 4.7932963}, {80, 4.0778913}, {18, 3.9282038}, {7, 3.0864313}, {8, 3.071168}, {34, 3.0711155}, {4, 3.0463758}, {24, 3.0327666}, {76, 3.0215385}, {79, 2.991771}]      |
|23    |[{55, 5.12257}, {49, 4.9918847}, {27, 4.9745264}, {32, 4.968367}, {48, 4.8577695}, {65, 4.8529005}, {23, 4.549028}, {13, 4.124985}, {64, 4.028991}, {30, 3.8796635}]        |
|4     |[{62, 4.0985413}, {4, 3.8368657}, {70, 3.83293}, {41, 3.7537036}, {22, 3.6795995}, {81, 3.5193155}, {24, 3.5120225}, {92, 3.4781375}, {82, 3.2669535}, {91, 3.2478964}]     |
|24    |[{30, 5.0747395}, {69, 5.0067935}, {28, 4.759726}, {52, 4.685213}, {90, 4.5998006}, {11, 4.1707187}, {83, 4.1019726}, {59, 4.056036}, {77, 4.0351386}, {72, 3.8700912}]     |
|14    |[{25, 5.228064}, {52, 5.008342}, {76, 4.9343104}, {29, 4.807181}, {63, 4.6409}, {43, 3.9945679}, {72, 3.976809}, {62, 3.972499}, {85, 3.779062}, {2, 3.3344226}]            |
|5     |[{55, 4.6517234}, {46, 4.1852202}, {16, 3.9986408}, {68, 3.9017067}, {90, 3.487132}, {49, 3.279083}, {17, 3.2288048}, {65, 3.1588945}, {23, 3.1411242}, {9, 3.1072671}]     |
|15    |[{46, 5.0441256}, {90, 4.510027}, {62, 4.365526}, {92, 3.95379}, {9, 3.8010118}, {95, 3.7675765}, {1, 3.765305}, {70, 3.6740923}, {85, 3.5531342}, {91, 3.2721572}]         |
|25    |[{90, 8.218211}, {28, 5.7878795}, {46, 5.680847}, {38, 4.183613}, {33, 4.1019816}, {71, 3.9576235}, {44, 3.7723634}, {83, 3.584118}, {27, 3.459167}, {11, 3.2346582}]       |
|26    |[{51, 5.609803}, {75, 5.394975}, {22, 5.2709436}, {88, 5.238027}, {30, 5.038084}, {94, 4.955066}, {24, 4.9536834}, {7, 4.9108872}, {68, 4.1256514}, {98, 4.113778}]         |
|6     |[{25, 4.7120004}, {76, 4.097506}, {52, 3.8879256}, {43, 3.7655566}, {62, 3.7332706}, {63, 3.402152}, {29, 3.3535044}, {72, 3.3021681}, {85, 3.0767763}, {2, 3.0585828}]     |
+------+-----------------------------------------------------------------------------------------------------------------------------------------------------------------------------+
only showing top 20 rows
```

图 6.15　ALS 实例程序运行结果 1

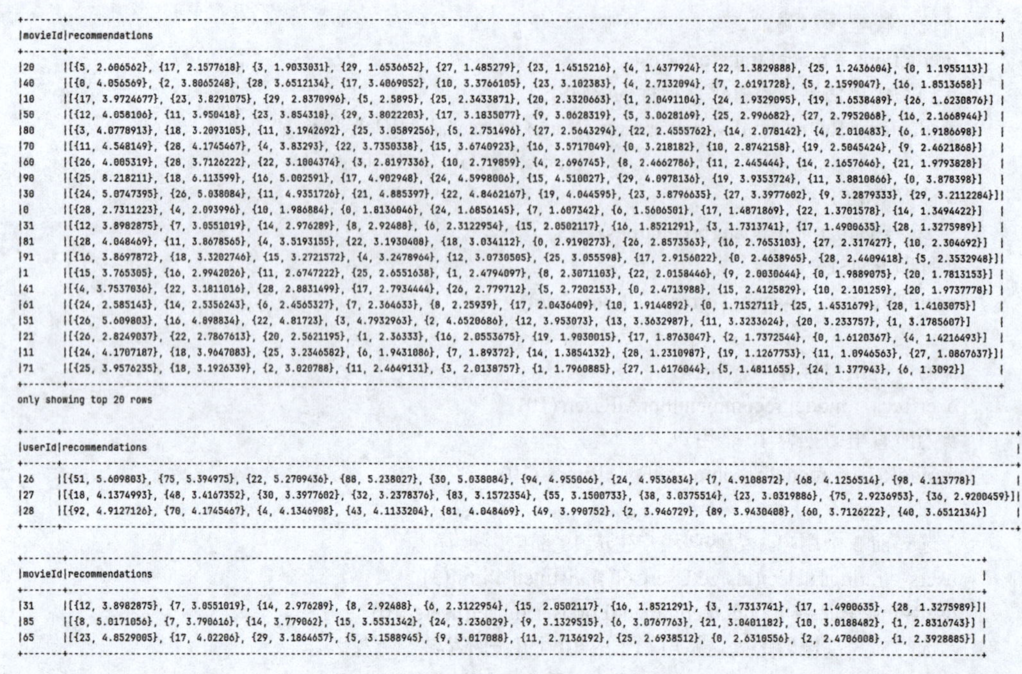

```
+--------+--------------------------------------------------------------------------------------------------------------------------------------------------------------------------------------------------+
|movieId|recommendations                                                                                                                                                                                    |
+--------+--------------------------------------------------------------------------------------------------------------------------------------------------------------------------------------------------+
|20      |[{5, 2.606562}, {17, 2.1577618}, {3, 1.9033031}, {29, 1.6536652}, {27, 1.485279}, {23, 1.4515216}, {4, 1.4377924}, {22, 1.3829888}, {25, 1.2436604}, {0, 1.1955113}]   |
|40      |[{0, 4.056569}, {2, 3.8065248}, {28, 3.6512134}, {17, 3.4069052}, {10, 3.3766105}, {23, 3.102383}, {4, 2.7132094}, {7, 2.6191728}, {5, 2.1599047}, {16, 1.8513658}]   |
|10      |[{17, 3.9724677}, {23, 3.8291075}, {29, 2.8370996}, {5, 2.5895}, {25, 2.3433871}, {20, 2.3320663}, {1, 2.0491104}, {24, 1.9329095}, {19, 1.6538489}, {26, 1.6230876}] |
|50      |[{12, 4.058106}, {11, 3.950418}, {23, 3.854318}, {29, 3.8022203}, {17, 3.1835077}, {9, 3.0628319}, {5, 3.0628169}, {25, 2.996682}, {27, 2.7952068}, {16, 2.1668944}]   |
|80      |[{3, 4.0778913}, {18, 3.2093105}, {11, 3.1942692}, {25, 3.0589256}, {5, 2.751496}, {27, 2.5643294}, {22, 2.4555762}, {14, 2.078142}, {4, 2.010483}, {6, 1.9186698}]    |
|70      |[{11, 4.548149}, {28, 4.1745467}, {4, 3.83293}, {22, 3.7350338}, {15, 3.6740923}, {16, 3.5717049}, {0, 3.218182}, {10, 2.8742158}, {19, 2.5045424}, {9, 2.4621868}]    |
|60      |[{26, 4.005319}, {28, 3.7126222}, {22, 3.1004374}, {3, 2.8197336}, {10, 2.719859}, {4, 2.696745}, {8, 2.4662786}, {11, 2.445444}, {14, 2.1657646}, {21, 1.9793828}]    |
|90      |[{25, 8.218211}, {18, 6.113599}, {16, 5.002591}, {17, 4.902948}, {24, 4.5998006}, {15, 4.510027}, {29, 4.0978136}, {19, 3.9353724}, {11, 3.8810866}, {0, 3.878398}]    |
|30      |[{24, 5.0747395}, {26, 5.038084}, {11, 4.9351726}, {21, 4.885397}, {22, 4.8462167}, {19, 4.044595}, {23, 3.8796635}, {27, 3.3977602}, {9, 3.2879333}, {29, 3.2112284}]|
|0       |[{28, 2.7311223}, {4, 2.093996}, {10, 1.986884}, {0, 1.8136046}, {24, 1.6856145}, {7, 1.607342}, {6, 1.5606501}, {17, 1.4871869}, {22, 1.3701578}, {14, 1.3494422}]    |
|31      |[{12, 3.8982875}, {7, 3.0551019}, {14, 2.976289}, {8, 2.92488}, {6, 2.3122954}, {15, 2.0502117}, {16, 1.8521291}, {3, 1.7313741}, {17, 1.4900635}, {28, 1.3275989}]    |
|81      |[{28, 4.048469}, {11, 3.8678565}, {4, 3.5193155}, {22, 3.1930408}, {18, 3.034112}, {0, 2.9190273}, {26, 2.8573563}, {16, 2.7653103}, {27, 2.317427}, {10, 2.304692}]   |
|91      |[{16, 3.8697872}, {18, 3.3202746}, {15, 3.2721572}, {4, 3.2478964}, {12, 3.0730505}, {25, 3.055598}, {17, 2.9156022}, {0, 2.4638965}, {28, 2.4409418}, {5, 2.3532948}]|
|1       |[{15, 3.765305}, {16, 2.9942026}, {11, 2.6747222}, {25, 2.6551638}, {1, 2.4794097}, {8, 2.3071103}, {22, 2.0158446}, {9, 2.0030644}, {0, 1.9889075}, {20, 1.7813153}] |
|41      |[{4, 3.7537036}, {22, 3.1811016}, {28, 2.8831499}, {17, 2.7934444}, {26, 2.779712}, {5, 2.7202153}, {0, 2.4713988}, {15, 2.4125829}, {10, 2.101259}, {20, 1.9737778}] |
|61      |[{24, 2.585143}, {14, 2.5356243}, {6, 2.4565327}, {7, 2.364633}, {8, 2.25939}, {17, 2.0436409}, {10, 1.9144892}, {0, 1.7152711}, {25, 1.4531679}, {28, 1.4103075}]     |
|51      |[{26, 5.609803}, {16, 4.898834}, {22, 4.81723}, {3, 4.7932963}, {2, 4.6520686}, {12, 3.953073}, {13, 3.3632987}, {11, 3.3233624}, {20, 3.233757}, {1, 3.1785607}]      |
|21      |[{26, 2.8249037}, {22, 2.7867613}, {20, 2.5621195}, {1, 2.36333}, {16, 2.0553675}, {19, 1.9030015}, {17, 1.8763047}, {2, 1.7372544}, {0, 1.6120367}, {4, 1.4216493}]  |
|11      |[{24, 4.1707187}, {18, 3.9647083}, {25, 3.2346582}, {6, 1.9431086}, {7, 1.89372}, {14, 1.3854132}, {28, 1.2310987}, {19, 1.1267753}, {11, 1.0946563}, {27, 1.0867637}]|
|71      |[{25, 3.9576235}, {18, 3.1926339}, {2, 3.020788}, {11, 2.4649131}, {3, 2.0138757}, {1, 1.7960885}, {27, 1.6176044}, {5, 1.4811655}, {24, 1.377943}, {6, 1.3092}]       |
+--------+--------------------------------------------------------------------------------------------------------------------------------------------------------------------------------------------------+
only showing top 20 rows

+------+----------------------------------------------------------------------------------------------------------------------------------------------------------------------------------------------------+
|userId|recommendations                                                                                                                                                                                     |
+------+----------------------------------------------------------------------------------------------------------------------------------------------------------------------------------------------------+
|26    |[{51, 5.609803}, {75, 5.394975}, {22, 5.2709436}, {88, 5.238027}, {30, 5.038084}, {94, 4.955066}, {24, 4.9536834}, {7, 4.9108872}, {68, 4.1256514}, {98, 4.113778}]      |
|27    |[{18, 4.1374993}, {48, 3.4167352}, {30, 3.3977602}, {32, 3.2378376}, {83, 3.1572354}, {55, 3.1500733}, {38, 3.0375514}, {23, 3.0319886}, {75, 2.9236953}, {36, 2.9200459}]|
|28    |[{92, 4.9127126}, {70, 4.1745467}, {4, 4.1346908}, {43, 4.1133204}, {81, 4.048469}, {49, 3.990752}, {2, 3.946729}, {89, 3.9430408}, {60, 3.7126222}, {40, 3.6512134}]   |
+------+----------------------------------------------------------------------------------------------------------------------------------------------------------------------------------------------------+

+-------+-------------------------------------------------------------------------------------------------------------------------------------------------------------------------------------------+
|movieId|recommendations                                                                                                                                                                            |
+-------+-------------------------------------------------------------------------------------------------------------------------------------------------------------------------------------------+
|31     |[{12, 3.8982875}, {7, 3.0551019}, {14, 2.976289}, {8, 2.92488}, {6, 2.3122954}, {15, 2.0502117}, {16, 1.8521291}, {3, 1.7313741}, {17, 1.4900635}, {28, 1.3275989}]|
|85     |[{8, 5.0171056}, {7, 3.790616}, {14, 3.779062}, {15, 3.5531342}, {24, 3.236029}, {9, 3.1329515}, {6, 3.0767763}, {21, 3.0401182}, {10, 3.0188482}, {1, 2.8316743}] |
|65     |[{23, 4.8529005}, {17, 4.02206}, {29, 3.1864657}, {5, 3.1588945}, {9, 3.017088}, {11, 2.7136192}, {25, 2.6938512}, {0, 2.6310556}, {2, 2.4786008}, {1, 2.3928885}] |
+-------+-------------------------------------------------------------------------------------------------------------------------------------------------------------------------------------------+
```

图 6.16　ALS 实例程序运行结果 2

模型的均方根误差（RMSE）为 1.597689056424579，该值是回归模型性能的常用评价指标，用于衡量预测值与实际值的偏差。RMSE 越低，表示模型的预测越准确。

第一张表格为所有用户推荐列表，为每个用户推荐的前 10 部电影，每行代表一个用户的推荐，包含电影 ID 和预测评分；第二张表格为所有电影推荐列表，为每部电影推荐的前 10 个用户，每行代表一个电影的推荐，包含用户 ID 和预测评分；第三张表格为数据集中的前 3 个不同用户的电影推荐列表，为这些用户推荐的前 10 部电影；第四张表格为数据集中的前 3 部不同电影的用户推荐列表，为这些电影推荐的前 10 个用户。

如果评分矩阵是一个隐性反馈数据集，初始化 ALS 模型时将参数 implicitPrefs 设置为 True 可以获得更好的结果，模型能够更准确地捕捉用户的潜在偏好。

对数据集进行随机抽样或随机排序，以避免对某些特定样本的过度拟合。这种数据集的随机性会导致对于相同代码，每次训练的结果可能不同。

6.5.5　模型选择

1. 模型选择工具

机器学习中的一个重要任务是模型选择，即使用数据找到给定任务的最佳模型或参数，该过程也称调优。可以针对单个评估器（如逻辑回归）调优，也可以针对包含多个算法、特征工程和其他步骤的整个流水线调优。用户可以一次性调优整个流水线，而不需要分别调优流水线中的每个阶段。

ML 支持交叉验证（CrossValidator）和训练 - 验证分割（Train-ValidationSplit）两个模型选择工具。使用这些工具要求包含以下对象。

（1）评估器（Estimator）：要调优的算法或流水线。

（2）一系列参数表（ParamMap）：可选参数，也称参数网格搜索空间。

（3）验证器（Evaluator）：评估模型拟合程度的准则或方法。

模型选择工具的工作原理如下：

（1）将输入数据分成独立的训练集和测试集。

（2）对于每对训练集和测试集，它遍历参数映射集 ParamMap，对于每个 ParamMap 参数映射以拟合评估器，获取拟合后的模型，并使用验证器来验收模型的表现。

（3）选择性能表现更优的模型所对应的 ParamMap。

2. 交叉验证

交叉验证将数据集切分成 k 折叠数据集合，并被分别用于训练和测试。例如，当 k=3 时，交叉验证会生成 3 个（训练数据，测试数据）对，每个数据对的训练数据占 2/3，测试数据占 1/3。为了评估一个 ParamMap，交叉验证会计算 3 个（训练，测试）数据集对在评估器拟合模型上的平均评估指标。找出最好的 ParamMap 后，交叉验证使用 ParamMap 和整个数据集重新拟合评估器。也就是说，通过交叉验证找到最佳 ParamMap，利用此 ParamMap 可以在整个训练集上训练出一个泛化能力强、误差相对小的最佳模型，从而有效地防止过拟合。

3. 训练 - 验证切分

由于交叉验证的代价比较高昂，因此 Spark 为超参数调优提供训练 - 验证切分。训练 - 验证切分创建单一（训练，测试）数据集对。它使用 trainRatio 参数将数据集切分成两部分。例如，当设置 trainRatio=0.75 时，训练 - 验证切分将数据切分 75% 作为数据集、25% 作为验证集来生成训练 - 测试集对，并最终使用最佳 ParamMap 和完整的数据集拟合评估器。相对于交叉验证对每个参数进行 k 次评估，训练 - 验证切分只对每个参数组合评估 1 次。因此，它的评估代价没有这么高，但是当训练数据集不够大时其结果不够可信。

模型选择和参数调整

实　验

一、实验目的

1. 掌握流水线的设置。
2. 熟悉模型选择和参数调优。
3. 理解逻辑回归算法。
4. 了解交叉验证和训练。

二、实验内容

鸢尾花是一种常见的植物，由于其花朵形态具有多样性，因为成为许多植物分类学研究的对象。本实验旨在通过机器学习算法对鸢尾花的特征分类，以提高对鸢尾花分类的准确性和效率。

本实验使用鸢尾花开源数据集，数据集来源于 UCI 机器学习库，该数据集包含 150 个样本，每个样本都具有花萼长度、花萼宽度、花瓣长度和花瓣宽度四个特征。同时，每个样本还有一个类别标签，分别对应山鸢尾（setosa）、变色鸢尾（versicolor）和维吉尼亚鸢

尾（virginica）三种鸢尾花。

三、实验思路与步骤

1．导入项目所需的所有包，包括创建 SparkSession、构建向量、特征转换、交叉验证、逻辑回归、设置流水线和隐式转换等所需包。

2．读取 Iris 数据集，分别获取标签列和特征列，进行索引、重命名，并设置机器学习流水线；数据集包含 150 个数据集，数据包含 5 个属性，分别是花萼长度、花萼宽度、花瓣长度、花萼宽度、花的类别。

```
5.1,3.5,1.4,0.2,Iris-setosa
4.9,3.0,1.4,0.2,Iris-setosa
4.7,3.2,1.3,0.2,Iris-setosa
4.6,3.1,1.5,0.2,Iris-setosa
```

3．使用 ParamGridBuilder 方便构造参数网格。

4．构建针对整个机器学习工作流的交叉验证类，定义验证模型、参数网格，以及数据集的折叠数，并调用 fit() 方法训练模型。

5．结果预测，调动 transform() 方法预测测试数据。

习　题

1．Spark ML 是 Apache Spark 的（　　）组件。

A．数据处理框架　　B．机器学习库

C．图形计算框架　　D．流计算框架

2．下列关于 Spark ML 基本数据类型描述错误的是（　　）。

A．本地向量包括稠密向量和稀疏向量两种

B．标签点是一种带有标签的本地向量

C．稠密矩阵将所有元素的值存储在一个行优先的 Double 类数组中

D．稀疏矩阵将非零元素以列优先的压缩稀疏列

3．在 Spark ML 中，用于构建机器学习流水线的关键概念是（　　）。

A．转换器和评估器　　B．算法和模型

C．特征工程　　D．数据源

4．下面关于机器学习流水线的描述错误的是（　　）。

A．将多个转换器和评估器连接成机器学习的流水线

B．要构建一个机器学习流水线，首先需要定义流水线中的各流水线阶段

C．流水线阶段包括转换器和评估器，比如指标提取和转换模型训练等

D．流水线构建好后本身就是一个转换器

5．下面关于转换器的描述错误的是（　　）。

A．转换器是一种可以将一个 DataFrame 转换为另一个 DataFrame 的算法

B．在技术上，转换器实现了 fit() 方法，它通过附加一个或多个列将一个 DataFrame 转换为另一个 DataFrame

C．一个模型就是一个转换器，它把一个不包含预测标签的测试数据集 DataFrame

打上标签，并转化成另一个包含预测标签的 DataFrame

D．技术上，转换器实现了 transform() 方法，它通过附加一个或多个列将一个 DataFrame 转换为另一个 DataFrame

6．下面关于评估器的描述错误的是（　　）。

A．评估器是学习算法或在训练数据上的训练方法的概念抽象

B．在机器学习流水线里，评估器通常被用来操作 DataFrame 数据并生成一个转换器

C．评估器实现了 transfrom() 方法，它接收一个 DataFrame 并产生一个转换器

D．评估器实现了 fit() 方法，它接收一个 DataFrame 并产生一个转换器

7．在 Spark ML 中，转换器的主要功能是（　　）。

A．对数据进行预处理　　B．评估模型性能

C．训练新的机器学习模型　　D．预测新数据点

8．评估器在 Spark ML 流水线中的作用是（　　）。

A．将数据转换成另一种格式　　B．拟合数据并生成一个模型

C．评估模型性能　　D．选择最佳的特征集

9．以下（　　）不属于特征工程的范畴。

A．特征提取　　B．特征转换　　C．特征选择　　D．模型训练

10．以下（　　）不属于 ML 中的特征提取。

A．TF-IDF　　B．Word2Vec　　C．MinMaxScaler　　D．FeatureHasher

11．以下（　　）不属于 ML 中的特征转换。

A．Tokenizer　　B．LIBSVM　　C．MinMaxScaler　　D．StandardScaler

12．以下（　　）算法通常用来解决回归问题。

A．K-Means　　B．决策树　　C．线性回归　　D．逻辑回归

13．以下算法中（　　）不属于分类算法。

A．K-Means　　B．逻辑回归

C．决策树　　D．随机森林

14．K-Means 聚类算法的主要目标是（　　）。

A．找到数据点的最佳分类

B．将数据点最小化地映射到新的特征空间

C．细分出更多簇

D．最小化簇内的数据点距离

15．Spark ML 在模型选择中可以使用（　　）技术防止过拟合。

A．正则化　　B．交叉验证

C．训练 - 验证切分　　D．缩小数据集

课程思政案例

在数字经济蓬勃发展的今天，数据成为新的生产要素，算力被视为新的生产力。然而，我国东、西部地区的算力资源分布不均衡，东部地区算力需求大但资源相对匮乏，西部地区算力资源充裕但需求不足。为了优化算力资源布局，促进东、西部地区的协同发展，我国推出“东数西算”工程。

“东数西算”工程是一项重大国家战略，旨在通过构建新型算力网络体系，实现东、西部算力资源的优化配置。该工程规划了多个数据中心集群和算力枢纽节点，这些节点分布在京津冀、长三角、粤港澳大湾区、成渝、内蒙古、贵州、甘肃、宁夏八大区域，形成了覆盖全国的一体化算力网络。

在“东数西算”工程的推动下，西部地区将建设数据中心，引导东部数据到西部运算，不仅可以缓解东部地区的算力供需矛盾、提升整体算力水平，还可以促进西部地区的绿色能源消纳和经济发展。同时，该工程推动数据中心合理有序布局、优化数据中心建设布局，促进东、西部协同联动。

在实施过程中，“东数西算”工程面临网络传输、数据安全、能源管理等方面的挑战。为了应对这些挑战，我国不断加强技术创新和标准体系建设，完善相关政策法规，加强人才培养和引进。同时，各地政府积极推动数据中心建设和算力枢纽节点的落地实施，形成了良好的发展态势。

“东数西算”工程的实施对我国数字经济发展产生了深远影响。一方面，它推动了西部地区的数字经济发展和绿色能源消纳，为西部地区带来了前所未有的发展机遇；另一方面，它促进了东部地区的算力资源优化和产业升级，提升了东部地区的数字经济发展水平。

展望未来，“东数西算”工程将继续发挥重要作用，推动我国数字经济的持续健康发展。随着技术的不断进步和政策的持续完善，该工程将不断优化算力资源布局，提升整体算力水平，促进东、西部地区的协同联动发展。同时，它将为数字经济的创新发展提供有力支撑，推动数字经济与实体经济深度融合，为我国经济的高质量发展注入新的动力。

第 7 章　Spark 图计算

本章将主要介绍 Spark 生态系统中的两个重要图处理库：GraphX 和 GraphFrames。GraphX 基于 Spark RDD，提供了高性能、可伸缩的图计算能力和丰富的图算法。GraphFrames 基于 Spark DataFrame，为图数据提供了更直观、更简洁的查询方式。本章将详细解释两个库的基本概念、图数据结构、图算法以及 API 使用方法，并讨论其在不同场景下的适用性和优缺点。通过学习本章内容，读者将能够深入了解 GraphX 和 GraphFrames，并根据实际需求选择合适的图处理库。

学习目标

1. 理解 GraphX 和 GraphFrames 的基本概念。
2. 熟悉 Spark 图数据结构。
3. 理解 Spark 图算法和分析技术。
4. 掌握 GraphX 和 GraphFrames 的 API 使用。
5. 了解 GraphX 和 GraphFrames 的适用场景。

7.1 GraphX 简介

随着互联网和人工智能技术的飞速发展，传统的数据处理方法难以有效处理和分析大规模、复杂的数据，尤其是具有复杂关联关系的图数据。图数据作为一种重要的数据结构，能够有效地表示现实世界中复杂的关系和结构，如社交网络、交通网络、生物网络等。计算和分析这些图数据对揭示数据背后的规律和模式有重要意义。因此，基于 Spark 平台，GraphX 应运而生，成为 Spark 中用于图计算的专用组件。

Spark 中的图计算库 GraphX 是一个用于处理大规模图数据的分布式计算框架。它基于 Spark 的分布式计算引擎，提供了高性能、具有可伸缩性的图计算功能。GraphX 支持图的创建、转换、操作和分析，可以用于解决图数据分析和挖掘问题。

GraphX 的主要作用是处理大规模图数据，并计算和分析图。图数据通常由节点和边组成，节点表示实体或对象，边表示节点之间的关系或连接。图数据可以用于表示社交网络、知识图谱、网络拓扑等实际场景。GraphX 提供一套丰富的图算法和操作，可以对图数据进行计算和分析，如图搜索、图聚类、图剪枝、图遍历等。

作为 Apache Spark 生态系统的一部分，GraphX 是 Spark 的官方图处理系统。GraphX 基于 RDD 技术，每条边和每个节点均由一个 RDD 表示。GraphX 的核心数据结构是图（Graph），由顶点（Vertex）和边（Edge）组成。每个顶点和边都可以附带任意的属性信息。GraphX 基于 Spark 的 RDD 实现，能够自动地进行数据的分区和并行化，从而在大规模图数据上实现高效计算。

GraphX 的主要特性和优点可以概括如下：

（1）基于 Spark RDD：由于 GraphX 的图数据结构是基于 Spark 的 RDD 构建的，因此 GraphX 能够充分利用 Spark 的分布式计算能力，实现高效的图数据处理和分析。

（2）丰富的图算法和操作：GraphX 提供一套丰富的图算法和操作，如 PageRank、最短路径、图聚类等，使得开发者能够轻松地计算和分析任务复杂的图。

（3）灵活的图操作：GraphX 支持图的创建、转换和修改，允许开发者根据具体需求灵活地操作和处理对图数据。

（4）高度可扩展：由于 GraphX 是基于 Spark 构建的，因此具有 Spark 的高可扩展性。通过添加更多计算节点，GraphX 可以处理更大规模的图数据。

（5）容错性：Spark 本身具有容错性，GraphX 继承了该特性。即使在某些节点出现故障的情况下，GraphX 也能够自动恢复计算过程，保证数据的一致性和完整性。

7.2 GraphX 基本操作

GraphX 可以通过定义顶点和边的 RDD 构建图，并使用提供的 API 访问图中的顶点和边。此外，GraphX 还支持图的转换操作，如修改顶点或边的属性，以及根据特定条件提取子图。GraphX 内置多种常用的图算法，如最短路径计算和网页排名等，为复杂的图分析任务提供有力支持。这些基础操作不仅使 GraphX 能够高效处理图数据，还为用户提供灵活且强大的工具以探索和分析图数据的结构与关系。

7.2.1 创建图

在 GraphX 中，图是由顶点（Vertex）和边（Edge）构成的数据结构，创建图的操作主要通过 Graph 类的工厂方法实现，常用的方法有 Graph.apply 和 Graph.fromEdges。两种方法分别允许用户从顶点集合和边集合，或者直接从边集合开始构建图。

1. 使用顶点和边集合创建图

当用户同时拥有明确的顶点集合和边集合时，可以使用 Graph.apply 方法，要求顶点有唯一的 ID，并且边定义连接的顶点。

例如，假设要创建一个简单的社交网络图，其中有两个用户 Alice 和 Bob，他们之间有一条双向的朋友关系。使用 Graph.apply 方法创建图[1]。

Scala 语言代码如下：

```
import org.apache.spark.graphx.{Graph, VertexRDD, Edge}

// 定义顶点集合，包含顶点 ID 和属性（简化为姓名）
val vertices: RDD[(Long,String)] =
  sc.parallelize(Array((1L, "Alice"), (2L, "Bob")))

// 定义边集合，包含起始顶点 ID、目标顶点 ID 和属性（简化为关系类型）
val edges: RDD[Edge[String]] =
  sc.parallelize(Array(Edge(1L, 2L, "friend"), Edge(2L, 1L, "friend")))
```

[1] 由于 Spark 官方未提供 Python 语言的 GraphX 的 API，且 Spark 3.0 后更推荐使用 GraphFrames，GraphX 部分只提供 Scala 语言代码。

```
// 使用顶点和边集合创建图
val socialNetwork = Graph(vertices, edges)
```

在上述代码中，当调用 Graph(vertices, edges) 时，实际上 Spark 内部通过 Graph.apply 方法创建图。Graph(vertices, edges) 是 Graph.apply 的一个简写形式，它接收一个顶点的 RDD 和一个边的 RDD 并作为参数，然后返回一个 Graph 对象。

2. 使用 Graph.fromEdges 方法创建图

如果边数据已经隐含所有顶点的信息，就可以只提供边集合。这种方法不会自动去除重复的顶点定义或处理缺失的顶点信息。

```
// 假设边数据已经足以描述顶点
val edgesOnly: RDD[Edge[String]] =
  sc.parallelize(Array(Edge(1L, 2L, "friend")))

// 仅从边集合创建图，GraphX 自动推断顶点
val socialNetworkFromEdges = Graph.fromEdges(edgesOnly)
```

7.2.2 图操作

1. 图的构造

图是由若干顶点和边构成的，Spark GraphX 中的图也是这样的。在初始图之前，首先定义若干的顶点和边，然后利用点和边生成各自的 RDD，最后利用两个 RDD 生成图。社交关系图如图 7.1 所示。

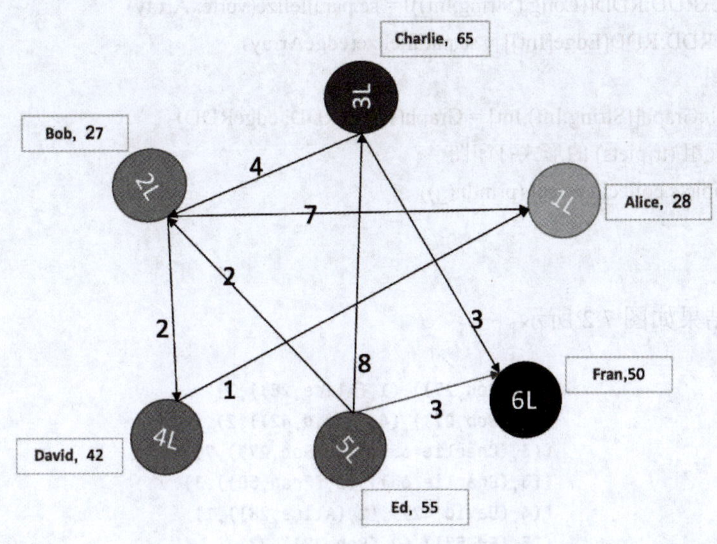

图 7.1 社交关系图

```
import org.apache.spark.graphx.{Edge, Graph}
import org.apache.spark.rdd.RDD
import org.apache.spark.sql.SparkSession

object GraphX_Build {
  def main(args: Array[String]): Unit = {
    val spark = SparkSession.builder()
      .appName("GraphX_Build")
```

```
        .master("local[2]")
        .getOrCreate()
    val sc = spark.sparkContext
    // 顶点
    val vertexArray = Array(
      (1L,("Alice", 28)),
      (2L,("Bob", 27)),
      (3L,("Charlie", 65)),
      (4L,("David", 42)),
      (5L,("Ed", 55)),
      (6L,("Fran", 50))
    )
    // 边
    val edgeArray = Array(
      Edge(2L, 1L, 7),
      Edge(2L, 4L, 2),
      Edge(3L, 2L, 7),
      Edge(3L, 6L, 3),
      Edge(4L, 1L, 1),
      Edge(5L, 2L, 2),
      Edge(5L, 3L, 8),
      Edge(5L, 6L, 3)
    )
    // 构造 vertexRDD 和 edgeRDD
    val vertexRDD:RDD[(Long,(String,Int))] = sc.parallelize(vertexArray)
    val edgeRDD:RDD[Edge[Int]] = sc.parallelize(edgeArray)
    // 构造图
    val graph:Graph[(String,Int),Int] = Graph(vertexRDD, edgeRDD)
    // 按三元组 (triplets) 的形式打印图
    graph.triplets.collect.foreach(println(_))
  }
}
```

程序运行结果如图 7.2 所示。

```
((2,(Bob,27)),(1,(Alice,28)),7)
((2,(Bob,27)),(4,(David,42)),2)
((3,(Charlie,65)),(2,(Bob,27)),7)
((3,(Charlie,65)),(6,(Fran,50)),3)
((4,(David,42)),(1,(Alice,28)),1)
((5,(Ed,55)),(2,(Bob,27)),2)
((5,(Ed,55)),(3,(Charlie,65)),8)
((5,(Ed,55)),(6,(Fran,50)),3)
```

图 7.2　程序运行结果

2. 图的属性操作

Spark GraphX 图的属性见表 7.1。

表 7.1　GraphX 图的属性

属性名	作用
graph.vertices	图中所有顶点
graph.edges	图中所有边
graph.triplets	由源顶点、目的顶点以及两个顶点之间的边三部分组成
graph.degrees	图中所有顶点的度
graph.inDegrees	图中所有顶点的入度
graph.outDegrees	图中所有顶点的出度

下面对图的属性进行操作。

```
// 图的属性操作
println("**********************************************************")
    println(" 属性演示 ")
println("**********************************************************")
    // 方法一
    println(" 找出图中年龄大于 20 的顶点方法之一 :")
    graph.vertices.filter{case(id,(name,age)) => age>20}.collect.foreach {
      case(id,(name,age)) => println(s"$name is $age")
    }
    // 方法二
    println(" 找出图中年龄大于 20 的顶点方法之二 :")
    graph.vertices.filter(v => v._2._2>20).collect.foreach {
      v => println(s"${v._2._1} is ${v._2._2}")
    }
    // 边的操作
    println(" 找出图中属性大于 3 的边 :")
    graph.edges.filter(e => e.attr>3).collect.foreach(e => println(s"${e.srcId} to ${e.dstId} att ${e.attr}"))
    println
    //Triplet 操作
    println(" 列出所有的 Triples:")
    for(triplet <- graph.triplets.collect){
      println(s"${triplet.srcAttr._1} likes ${triplet.dstAttr._1}")
    }
    println
    println(" 列出边属性 >3 的 Triples:")
    for(triplet <- graph.triplets.filter(t => t.attr > 3).collect){
      println(s"${triplet.srcAttr._1} likes ${triplet.dstAttr._1}")
    }
    println
    //Degree 操作
    println(" 找出图中最大的出度 , 入度 , 度数 :")
    def max(a:(VertexId,Int), b:(VertexId,Int)):(VertexId,Int) = {
      if (a._2>b._2) a else b
    }
    println("Max of OutDegrees:" + graph.outDegrees.reduce(max))
    println("Max of InDegrees:" + graph.inDegrees.reduce(max))
    println("Max of Degrees:" + graph.degrees.reduce(max))
    println
  }
```

程序运行结果如图 7.3 所示。

```
****************************************************************
属性演示
****************************************************************
找出图中年龄大于20的顶点方法之一：
David is 42
Fran is 50
Bob is 27
Alice is 28
Charlie is 65
Ed is 55
找出图中年龄大于20的顶点方法之二：
David is 42
Fran is 50
Bob is 27
Alice is 28
Charlie is 65
Ed is 55
找出图中属性大于3的边：
 2 to 1 att 7
 3 to 2 att 7
 5 to 3 att 8

 列出所有的Triples：
Bob likes Alice
Bob likes David
Charlie likes Bob
Charlie likes Fran
David likes Alice
 Ed likes Bob
 Ed likes Charlie
 Ed likes Fran

 列出边属性>3的Triples：
Bob likes Alice
Charlie likes Bob
Ed likes Charlie

找出图中最大的出度，入度，度数：
Max of OutDegrees:(5,3)
Max of InDegrees:(2,2)
Max of Degrees:(2,4)
```

图 7.3 程序运行结果

3. 图的转换操作

图的转换操作见表 7.2。

表 7.2 图的转换操作

操作名	作用
Graph.mapVertices()	对图的顶点进行转换，返回一张新图
Graph.mapEdges()	对图的边进行转换，返回一张新图

下面对图进行转换操作。

```
import org.apache.spark.graphx.{Edge, Graph, VertexId}
import org.apache.spark.rdd.RDD
import org.apache.spark.sql.SparkSession

object GraphX_Build {
```

```
def main(args: Array[String]): Unit = {
  val spark = SparkSession.builder()
    .appName("GraphX_Build")
    .master("local[2]")
    .getOrCreate()
  val sc = spark.sparkContext
  // 顶点
  val vertexArray = Array(
    (1L, ("Alice", 28)),
    (2L, ("Bob", 27)),
    (3L, ("Charlie", 65)),
    (4L, ("David", 42)),
    (5L, ("Ed", 55)),
    (6L, ("Fran", 50))
  )
  // 边
  val edgeArray = Array(
    Edge(2L, 1L, 7),
    Edge(2L, 4L, 2),
    Edge(3L, 2L, 7),
    Edge(3L, 6L, 3),
    Edge(4L, 1L, 1),
    Edge(5L, 2L, 2),
    Edge(5L, 3L, 8),
    Edge(5L, 6L, 3)
  )
  // 构造 vertexRDD 和 edgeRDD
  val vertexRDD: RDD[(Long, (String, Int))] = sc.parallelize(vertexArray)
  val edgeRDD: RDD[Edge[Int]] = sc.parallelize(edgeArray)
  // 构造图
  val graph: Graph[(String, Int), Int] = Graph(vertexRDD, edgeRDD)
  // 转换操作
  println("*****************************************************************")
  println(" 转换操作 ")
  println("*****************************************************************")
  println(" 顶点的转换操作 , 顶点 age+10:")
  graph.mapVertices { case (id, (name, age)) => (id, (name, age + 10)) }.vertices.collect.foreach(v
      => println(s"${v._2._1} is${v._2._2}"))
  println(" 边的转换操作 , 边的属性 *2:")
  graph.mapEdges(e => e.attr * 2).edges.collect.foreach(e => println(s"${e.srcId} to ${e.dstId} att ${e.attr}"))
 }
}
```

程序运行结果如图 7.4 所示。

4. 图的结构操作

图的结构操作见表 7.3。

```
************************************************************
转换操作
************************************************************
顶点的转换操作，顶点age+10:
4 is(David,52)
6 is(Fran,60)
2 is(Bob,37)
1 is(Alice,38)
3 is(Charlie,75)
5 is(Ed,65)
边的转换操作，边的属性*2:
2 to 1 att 14
2 to 4 att 4
3 to 2 att 14
3 to 6 att 6
4 to 1 att 2
5 to 2 att 4
5 to 3 att 16
5 to 6 att 6
```

图 7.4　程序运行结果

表 7.3　图的结构操作

操作名	作用
Graph.subgraph()	求图的子图，从图中选出一些顶点，这些顶点以及相应的边构成张子图
Graph.reverse()	返回一个所有边方向都反转的新图
Graph.mask()	对图中的节点或边应用布尔掩码（True/False），保留或删除符合条件的部分
Graph.groupEdges	合并多重图中的平行边（顶点对之间的重复边）

下面以 subgraph 为例，说明图的结构操作的用法。

假设已经构建前述图。

```
println("******************************************************")
    println(" 结构操作 ")      println("******************************************************")
    println(" 顶点年纪 >25 的子图 :")
    /**
     * 构建一个子图，包含所有年龄大于等于 25 的节点。      *
     * 此操作针对一个图形数据结构，提取出满足特定条件（年龄大于等于 25）的节点及其连接边，
      生成一个新的子图。这样做可能用于特定的图形分析或处理任务，例如研究年龄较大人群的
      社交网络。
     * @param graph 原始图形数据结构，包含所有节点和边的信息。
     * @return 返回一个新的子图，该子图只包含年龄大于等于 25 的节点及其连接边。
     */
    val subGraph = graph.subgraph(vpred = (id,vd) => vd._2 >= 25)
    println(" 子图所有顶点 :")
    subGraph.vertices.collect.foreach(v => println(s"${v._2._1} is ${v._2._2}"))
    println
    println(" 子图所有边 :")
    subGraph.edges.collect.foreach(e => println(s"${e.srcId} to ${e.dstId} att ${e.attr}"))
```

程序运行结果如图 7.5 所示。

5. 图的连接操作

图的连接操作见表 7.4。

```
****************************************************************
结构操作
****************************************************************
顶点年纪>25的子图:
子图所有顶点:
David is 42
Fran is 50
Bob is 27
Alice is 28
Charlie is 65
Ed is 55

子图所有边:
 2 to 1 att 7
 2 to 4 att 2
 3 to 2 att 7
 3 to 6 att 3
 4 to 1 att 1
 5 to 2 att 2
 5 to 3 att 8
 5 to 6 att 3
```

图 7.5 程序运行结果

表 7.4 图的连接操作主要方法

操作名	作用
Graph.joinVertices(Graph)	对两张图中都存在的顶点进行转换
Graph.outerJoinVertices(Graph)	与 Graph.joinVertices 类似，区别在于当一个顶点只在前一张图中有而后一张图里面没有时，将该顶点的属性设为 Null

在 Spark GraphX 中，joinVertices 和 outerJoinVertices 方法分别用于根据顶点 ID 将顶点数据与外部数据连接或外连接。

下面假设有两张图——A 图（graph_a）和 B 图（graph_b）。两个图的构图代码如下。

```
val sc = spark.sparkContext
//A 图
val vertexArray_a = Array(
(1L, ("Alice", 28)),
(2L, ("Bob", 27)),
(3L, ("Charlie", 65)),
(4L, ("David", 42)),
(5L, ("Ed", 55)),
(6L, ("Fran", 50))
)
val edgeArray_a= Array(
Edge(2L, 1L, 7),
Edge(2L, 4L, 2),
Edge(3L, 2L, 7),
Edge(3L, 6L, 3),
Edge(4L, 1L, 1),
Edge(5L, 2L, 2),
Edge(5L, 3L, 8),
Edge(5L, 6L, 3)
)
//B 图
val vertexArray_b = Array(
```

```
(1L, "Alice"),
(2L, "Bob"),
(3L, "Charlie"),
)
// 边
val edgeArray_b = Array(
Edge(2L, 1L, "friend"),
Edge(2L, 3L, "follow"),
Edge(3L, 2L, "follow"),
)
val vertexRDD_a = sc.parallelize(vertexArray_a)
val edgeRDD_a = sc.parallelize(edgeArray_a)
val graph_a = Graph(vertexRDD_a, edgeRDD_a)
val vertexRDD_b = sc.parallelize(vertexArray_b)
val edgeRDD_b = sc.parallelize(edgeArray_b)
val graph_b = Graph(vertexRDD_b, edgeRDD_b)
```

（1）使用 joinVertices 示例。joinVertices 方法允许将顶点的数据与一个由顶点 ID 映射到新属性值的 RDD 连接。如果某个顶点 ID 在外部 RDD 中不存在，则其属性保持不变。下面演示使用 joinVertices 将 graph_a 的顶点属性与 graph_b 中的标签信息连接的方法。

```
import org.apache.spark.graphx._

// 假设 graph_b 的第二个属性是标签信息，想将其添加到 graph_a 的顶点属性中
val vertexUpdates = graph_b.vertices
  .map{ case (id, label) => (id, label) } // 保持 id 和标签作为更新值

// 使用 joinVertices 将 graph_b 的标签信息加入 graph_a 的顶点
val graph_a_updated = graph_a.joinVertices(vertexUpdates)(
  (currentVertexAttr: (String, Int), newVertexAttr: String) =>
    (currentVertexAttr._1, currentVertexAttr._2, newVertexAttr)
)

//graph_a_updated 现在包含来自 graph_a 的姓名和年龄以及来自 graph_b 的标签信息
```

（2）使用 outerJoinVertices 示例。如果希望在 graph_b 中没有找到匹配的顶点 ID 时也能为 graph_a 的每个顶点提供默认的标签信息，就可以使用 outerJoinVertices。

```
val defaultLabel = "Unknown"
val graph_a_updated_outer = graph_a.outerJoinVertices(vertexUpdates)(
  (currentVertexAttr: (String, Int), maybeNewVertexAttr: Option[String]) =>
    maybeNewVertexAttr match {
      case Some(newVertexAttr) => (currentVertexAttr._1, currentVertexAttr._2, newVertexAttr)
      case None => (currentVertexAttr._1, currentVertexAttr._2, defaultLabel)
    }
)

//graph_a_updated_outer 现在不仅包含与 graph_b 匹配的顶点的标签信息，还为 graph_b 中
 没有的顶点提供默认标签 Unknown
```

7.2.3 图算法

GraphX 自带一系列图算法以简化分析任务。这些算法存在于 org.apache.spark.graphx.lib 包中，Graph 可以通过 GraphOps 直接访问。

（1）PageRank 算法。PageRank（网页排名）又称网页级别、Google 左侧排名或佩奇排名，是 Google 创始人拉里·佩奇和谢尔盖·布林于 1997 年构建早期的搜索系统原型时提出的链接分析算法。自从 Google 在商业上获得空前的成功后，该算法成为其他搜索引擎和学术界十分关注的计算模型。很多重要的链接分析算法都是在 PageRank 算法的基础上衍生的。

PageRank 通过网络的超链接关系确定网页的等级好坏，在搜索引擎优化操作中常用于评估网页的相关性和重要性。PageRank 可以在图中测量每个顶点的重要性，假设存在一条从顶点 u 到顶点 v 的边，就代表顶点 u 对顶点 v 的支持。例如，在微博中，如果一个用户被其他很多用户关注，那么该用户的排名很高。

GraphX 自带静态和动态的 PageRank 算法实现。静态的 PageRank 算法运行到固定的迭代次数，动态的 PageRank 算法运行到整个排名收敛（例如，通过限定可容忍的值来停止迭代）。

利用 GraphX 自带的社会网络数据集实例，用户集合数据集存在 $Spark_Home/data/graphx/users.txt，用户关系数据集存在 $Spark_Home /data/graphx/followers.txt。下面计算每个用户的 PageRank。

```
import org.apache.log4j.{Level,Logger}
import org.apache.spark._
import org.apache.spark.graphx.GraphLoader
object SimpleGraphX {
  def main(args: Array[String]) {
    // 屏蔽日志
    Logger.getLogger("org.apache.spark").setLevel(Level.WARN)
    Logger.getLogger("org.eclipse.jetty.server").setLevel(Level.OFF)
    // 设置运行环境
    val conf = new SparkConf().setAppName("SimpleGraphX").setMaster("local")
    val sc = new SparkContext(conf)
    //Load the edges as a graph
    val graph = GraphLoader.edgeListFile(sc, "file:///usr/local/Spark/data/graphx/followers.txt")
     /**
     * 计算图的页面排名
     * 使用图论中的页面排名算法，该算法基于图中节点之间的链接关系确定各节点的重要性排名
     * 这里的图被用于模拟网络中的页面链接，排名越高表示该页面被其他页面引用的次数或
       重要性越大
     * @param epsilon 用于控制排名计算的收敛精度，表示排名更新的阈值。当页面排名的变化
       小于该值时，认为排名计算已经收敛
     * @return 返回一个 VertexRDD，其中包含每个顶点（页面）的最终排名。VertexRDD 是
       一个分布式数据集，包含图中每个顶点及其属性（在这里是排名）
     */
    val ranks = graph.pageRank(0.0001).vertices
    //Join the ranks with the usernames
    val users = sc.textFile("file:///usr/local/Spark/data/graphx/users.txt").map { line =>
      val fields = line.split(",")
      (fields(0).toLong, fields(1))
    }
    val ranksByUsername = users.join(ranks).map {
      case (id, (username, rank)) => (username, rank)
    }
    //Print the result
```

```
    println(ranksByUsername.collect().mkString("\n"))
  }
}
```

（2）连通分支算法。连通分支算法使用最小编号的顶点标记每个连通分支。在一个社会网络中，连通图近似簇。下面计算一个连通分支实例，使用的数据集与 PageRank 的数据集相同。

```
import org.apache.log4j.{Level,Logger}
import org.apache.spark._
import org.apache.spark.graphx.GraphLoader
object GraphX_Connected_Branch {
  def main(args: Array[String]) {
    // 屏蔽日志
    Logger.getLogger("org.apache.spark").setLevel(Level.WARN)
    Logger.getLogger("org.eclipse.jetty.server").setLevel(Level.OFF)
    // 设置运行环境
    val conf = new SparkConf().setAppName("SimpleGraphX").setMaster("local")
    val sc = new SparkContext(conf)
    // 创建图
    val graph = GraphLoader.edgeListFile(sc, "file:///usr/local/Spark/data/graphx/followers.txt")
    /**
     * 计算图的连通分量
     * 连通分量是指图中任意两个顶点之间都存在路径的顶点集合
     * 该操作用于识别图中各顶点所属的连通分量，帮助理解图的结构与顶点的连接关系
     *
     * @return 返回一个 RDD，其中每个元素都是一个顶点及其所属连通分量 ID 的二元组
     */
    val cc = graph.connectedComponents().vertices
    val users = sc.textFile("file:///usr/local/Spark/data/graphx/users.txt").map { line =>
      val fields = line.split(",")
      (fields(0).toLong, fields(1))
    }
    /**
     * 将用户数据与社区分解结果进行连接，以获取每个用户所属的社区
     * 该操作用于将用户信息与社区信息关联，以便后续分析用户的社区分布
     */
    val ccByUsername = users.join(cc).map {
      case (id, (username, cc)) => (username, cc)
    }
    // 将元素收集到一个数组中，并以 "\n" 为分隔符将数组中的元素连接成一个字符串
    println(ccByUsername.collect().mkString("\n"))
  }
}
```

（3）三角形计算算法。在图中，如果一个顶点有两个邻接顶点且顶点与顶点之间由边相连，那么可以把三个顶点归于一个三角形。

下面通过该算法计算社交网络图中的三角形数量，采用的数据集与 PageRank 的数据集相同。

```
import org.apache.log4j.{Level,Logger}
import org.apache.spark._
import org.apache.spark.graphx.{GraphLoader,PartitionStrategy}
```

```
object GraphX_Triangle {
  def main(args: Array[String]) {
    // 屏蔽日志
    Logger.getLogger("org.apache.spark").setLevel(Level.WARN)
    Logger.getLogger("org.eclipse.jetty.server").setLevel(Level.OFF)
    // 设置运行环境
    val conf = new SparkConf().setAppName("SimpleGraphX").setMaster("local")
    val sc = new SparkContext(conf)
    /**
     * 从指定的文件路径加载边列表，并使用 PartitionStrategy.RandomVertexCut 策略对图对象分区
     * 该策略根据顶点的属性随机将其分配到不同分区，以提高计算效率
     */
    val graph = GraphLoader.edgeListFile(sc, "file:///usr/local/Spark/data/graphx/followers.txt", true)
      .partitionBy(PartitionStrategy.RandomVertexCut)
    /**
     * 计算图对象的三角形计数
     * 三角形计数是指图中每个顶点与两个相邻顶点之间存在路径的顶点数
     * 该操作用于计算每个顶点所属的社区，并帮助理解图的结构与顶点的连接关系
     *
     * @return 返回一个 RDD，其中每个元素是一个顶点及其三角形计数的二元组
     */
    val triCounts = graph.triangleCount().vertices
    val users = sc.textFile("file:///usr/local/Spark/data/graphx/users.txt").map { line =>
      val fields = line.split(",")
      (fields(0).toLong, fields(1))
    }
    // 对用户数据与三角形计数结果进行 JOIN 操作，获取每个用户的三角形计数
    val triCountByUsername = users.join(triCounts).map { case (id, (username, tc)) =>
      // 提取 username 和三角形计数 tc，作为结果输出
      (username, tc)
    }
    println(triCountByUsername.collect().mkString("\n"))
  }
}
```

7.3 GraphX 编程实例

GraphX 计算邻接点平均年龄

以下代码使用 Apache Spark GraphX 库计算图 7.1 中每个顶点的邻接点的平均年龄。为简化计算，在代码中将图作为无向图处理，即不考虑边的方向。首先通过 mapVertices 操作，提取代码中顶点的属性，只保留顶点的标签和年龄；然后使用 collectNeighbors 操作收集每个顶点的邻近顶点；最后对邻近顶点的年龄求和，并计算平均年龄，同时打印计算结果。

代码中的 collectNeighbors 方法允许用户收集给定顶点的所有邻近顶点的信息，并可以指定收集的方向。当调用 collectNeighbors 时，对于图中的每个顶点，它返回一个数组或集合，包含该顶点的所有邻近顶点及其关联属性。

collectNeighbors 方法的 EdgeDirection 参数是一个枚举类型，用于指定图中边的方向，有以下三个取值。

（1）EdgeDirection.Out：表示只关注从当前顶点出发的边，即出边。当对问题的定义要求只考虑能直接到达其他顶点的路径或关系时使用此选项。

（2）EdgeDirection.In：表示只关注指向当前顶点的边，即入边。当分析或计算逻辑基于哪些顶点能够影响到当前顶点时选择此选项。

（3）EdgeDirection.Either 或 EdgeDirection.Both：二者是等价的，表示同时考虑出入边，即不区分边的方向。在许多需要考虑与当前顶点直接相连的所有其他顶点，而不在乎边的具体指向的情况下使用此选项。

```
import org.apache.spark.graphx._
import org.apache.spark.rdd.RDD
import org.apache.spark.sql.SparkSession

object AverageNeighborAge {
  def main(args: Array[String]): Unit = {
    // 初始化 SparkSession
    val spark = SparkSession.builder.appName("Average Neighbor Age").master("local[2]").getOrCreate()

    // 顶点数据
    val vertexArray = Array(
      (1L, ("Alice", 28)),
      (2L, ("Bob", 27)),
      (3L, ("Charlie", 65)),
      (4L, ("David", 42)),
      (5L, ("Ed", 55)),
      (6L, ("Fran", 50))
    )
    // 边数据
    val edgeArray = Array(
      Edge(2L, 1L, 7),
      Edge(2L, 4L, 2),
      Edge(3L, 2L, 7),
      Edge(3L, 6L, 3),
      Edge(4L, 1L, 1),
      Edge(5L, 2L, 2),
      Edge(5L, 3L, 8),
      Edge(5L, 6L, 3)
    )
    // 构建顶点和边的 RDD
    val vertexRDD: RDD[(Long, (String, Int))] = spark.sparkContext.parallelize(vertexArray)
    val edgeRDD: RDD[Edge[Int]] = spark.sparkContext.parallelize(edgeArray)
    // 创建图
    val graph: Graph[(String, Int), Int] = Graph(vertexRDD, edgeRDD)

    val neighborVertexs = graph.mapVertices {
      case (id, (label, age)) => (label, age)
    }.collectNeighbors(EdgeDirection.Either)
    neighborVertexs.coalesce(1).foreach(x => {
      print(" 顶点 :" + x._1 + " 关联的邻近顶点集合 ->{" )
      var str = "";
      x._2.foreach(y => {
       str += y + ","})
```

```
      print(str.substring(0, str.length - 1 ) +"}")
      println()
    })
    // 该函数接收一个邻近顶点的集合 neighborVertexs，并返回一个新的集合，构成每个顶点的 ID
    // 与该顶点邻居的年龄之和及年龄数量的元组
    val neighborAgesSum = neighborVertexs.map {
      case (id, neighbors) =>
        val ages = neighbors.map(_._2._2).filter(_ != null)
        (id, (ages.sum, ages.size))
    }
    // 该函数用于计算邻近年龄的平均值。它接收 (id,( 年龄和，年龄数量 )) 为键值对的映射，
    // 并返回一个新的映射 Map[NeighborIdentifier, Double]
    val neighborAgesAverage = neighborAgesSum.mapValues {
      case (totalAge, count) => if (count > 0) totalAge.toDouble / count else 0.0
    }

    neighborAgesAverage.collect.foreach { case (id, avgAge) =>
      println(s" 顶点 $id 的邻近节点的平均年龄是 : $avgAge")
    }
  }
}
```

程序运行结果如图 7.6 所示。

```
顶点: 4关联的邻居顶点集合->{(2,(Bob,27)),(1,(Alice,28))}
顶点: 6关联的邻居顶点集合->{(3,(Charlie,65)),(5,(Ed,55))}
顶点: 2关联的邻居顶点集合->{(1,(Alice,28)),(4,(David,42)),(3,(Charlie,65)),(5,(Ed,55))}
顶点: 1关联的邻居顶点集合->{(2,(Bob,27)),(4,(David,42))}
顶点: 3关联的邻居顶点集合->{(2,(Bob,27)),(6,(Fran,50)),(5,(Ed,55))}
顶点: 5关联的邻居顶点集合->{(2,(Bob,27)),(3,(Charlie,65)),(6,(Fran,50))}
顶点 4 的邻居节点的平均年龄是: 27.5
顶点 6 的邻居节点的平均年龄是: 60.0
顶点 2 的邻居节点的平均年龄是: 47.5
顶点 1 的邻居节点的平均年龄是: 34.5
顶点 3 的邻居节点的平均年龄是: 44.0
顶点 5 的邻居节点的平均年龄是: 47.333333333333336
```

图 7.6 程序运行结果

7.4 Spark GraphFrames 库的使用

GraphFrames 是由 Databricks 公司、加利福尼亚大学伯克利分校、麻省理工学院联合为 Apache Spark 开发的一款图像处理类库。该类库构建在 DataFrame 之上，既能利用 DataFrame 良好的扩展性和强大的性能，又为 Scala、Java 和 Python 提供统一的图处理 API。

7.4.1 GraphFrames 简介

与 Apache Spark 的 GraphX 类似，GraphFrames 具有多种图处理功能，但由于得益于 DataFrame，因此 GraphFrames 与 GraphX 库相比具有下面三方面优势。

（1）统一的 API：为 Python、Java 和 Scala 三种语言提供统一接口，这是 Python 和 Java 首次能够使用 GraphX 的全部算法。

（2）强大的查询功能：GraphFrames 使得用户可以构建与 Spark SQL 及 DataFrame 类似的查询语句。

（3）图的存储和读取：GraphFrames 与 DataFrame 的数据源完全兼容，支持以 Parquet、JSON 及 CSV 等格式完成图的储存或读取。

因为在 GraphFrames 中图的顶点（Vertex）和边（edge）都是以 DataFrame 形式存储的，所以一张图的所有信息都能够完整保存。

GraphFrames 安装的方法如下。

（1）根据 Spark 版本下载对应的 Jar 包。本书版本的下载地址为 https://spark-packages.org/package/graphframes/graphframes。Jar 包的名称分为三个部分：Jar 包版本号、Spark 版本号和 Scala 版本号。例如本书下载的 Jar 包名称为 graphframes-0.8.0-spark3.0-s_2.12.jar。

（2）将 Jar 包复制到 Spark 安装目录下的 Jars 目录中。

（3）Python 环境中使用 pip 命令安装 graphframes 包。

```
pip install graphframes
```

（4）在 PySpark 环境中，将 Jar 包复制到 Python 安装目录下的 /site-packages/pyspark/jars 中。

7.4.2 GraphFrames 的基本数据结构

在 GraphFrames 中，图由两个 DataFrame 组成：一个表示顶点（Vertices），另一个表示边（Edges）。

（1）顶点（Vertices）：顶点是一个 DataFrame，其中包含两列。第一列是 ID，它是顶点的唯一标识符；第二列是属性，它可以是任何数据类型，包括复杂的数据类型，如列表、字典等。

（2）边（Edges）：边是一个 DataFrame，其中包含三列。第一列和第二列分别是起点和终点的 ID，表示边连接的顶点；第三列是属性，它可以是任何数据类型，包括复杂的数据类型，如列表、字典等。

一旦有顶点和边的 DataFrame，就可以构造一个 GraphFrame 图。图 7.7 所示为一个简单的构建图示例。

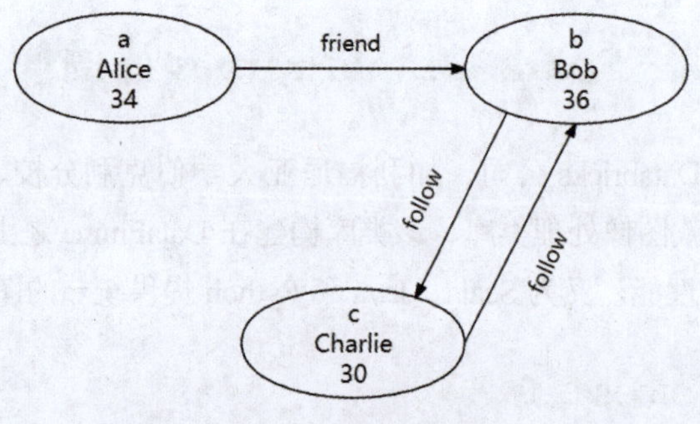

图 7.7 构建图示例

Scala 语言代码如下：

```
import org.apache.spark.sql.SparkSession
import org.graphframes._
```

```
object GraphFrameExample {
  def main(args: Array[String]): Unit = {
    // 初始化 SparkSession
    val spark = SparkSession.builder()
      .appName("Scala_Spark_GraphFrame_Example")
      .master("local[2]")
      .getOrCreate()

    // 定义顶点 DataFrame
    val vertices = spark.createDataFrame(Seq(
      ("a", "Alice", 34),
      ("b", "Bob", 36),
      ("c", "Charlie", 30)
    )).toDF("id", "name", "age")

    // 定义边 DataFrame
    val edges = spark.createDataFrame(Seq(
      ("a", "b", "friend"),
      ("b", "c", "follow"),
      ("c", "b", "follow")
    )).toDF("src", "dst", "relationship")

    // 创建 GraphFrame
    val graph = GraphFrame(vertices, edges)

    // 显示顶点和边
    graph.vertices.show()
    graph.edges.show()
  }
}
```

Scala 程序运行结果如图 7.8 所示。

Python 语言代码如下：

```
from pyspark.sql import SparkSession
from pyspark import SparkContext, SparkConf
from graphframes import GraphFrame

spark_conf = SparkConf().setAppName(' GraphFrameTest').setMaster('local[2]')
sc = SparkContext(conf=spark_conf)
spark=SparkSession.builder.appName("graph").getOrCreate()
# 建立顶点 DataFrame
v = spark.createDataFrame([
  ("a", "Alice", 34),
  ("b", "Bob", 36),
  ("c", "Charlie", 30),
], ["id", "name", "age"])

# 建立边的 DataFrame
e = spark.createDataFrame([
  ("a", "b", "friend"),
  ("b", "c", "follow"),
```

```
    ("c", "b", "follow"),
], ["src", "dst", "relationship"])
# 创建 GraphFrame
g = GraphFrame(v, e)
print(g.vertices.show())
print(g.edges.show())
```

Python 程序运行结果如图 7.9 所示。

```
+---+-------+---+
| id|   name|age|
+---+-------+---+
|  a|  Alice| 34|
|  b|    Bob| 36|
|  c|Charlie| 30|
+---+-------+---+
+---+---+------------+
|src|dst|relationship|
+---+---+------------+
|  a|  b|      friend|
|  b|  c|      follow|
|  c|  b|      follow|
+---+---+------------+
```

图 7.8 Scala 程序运行结果

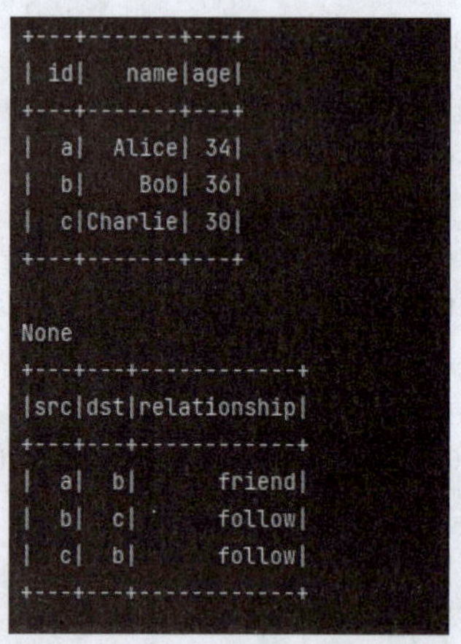

```
+---+-------+---+
| id|   name|age|
+---+-------+---+
|  a|  Alice| 34|
|  b|    Bob| 36|
|  c|Charlie| 30|
+---+-------+---+

None
+---+---+------------+
|src|dst|relationship|
+---+---+------------+
|  a|  b|      friend|
|  b|  c|      follow|
|  c|  b|      follow|
+---+---+------------+
```

图 7.9 Python 程序运行结果

7.4.3 使用 GraphFrames 进行图查询和操作

1. 创建 GraphFrames

建立的顶点和边的 DataFrame 后，可以建立 GraphFrames。具体参考前述代码。两个 DataFrame 都可以有任意其他列，这些列可以表示顶点和边属性。

注意：

（1）GraphFrames(v,e) 中的顶点 v 和边 e 必须都是 DataFrame。

（2）代表节点，其对应的 DataFrame 中必须有名为“id”的列。

（3）代表边，其对应的 DataFrame 中必须有名为“src”和“dst”的列。

2. 针对点、边的操作

（1）节点的度、入度和出度（返回结果都是 DataFrame）。关于度、入度和出度，GraphFrames 节点可调用的方法接口见表 7.5。

表 7.5 GraphFrames 节点可调用的方法接口

方法接口	作用
outDegree()	所有节点的出度
inDegree()	所有节点的入度
vertices	打印出顶点
edges	打印出边

例如，根据图 7.7 所示的图执行以下操作。

```
g.degrees.show()
g.inDegrees.show()
g.outDegrees.show()
```

程序运行结果如图 7.10 所示。

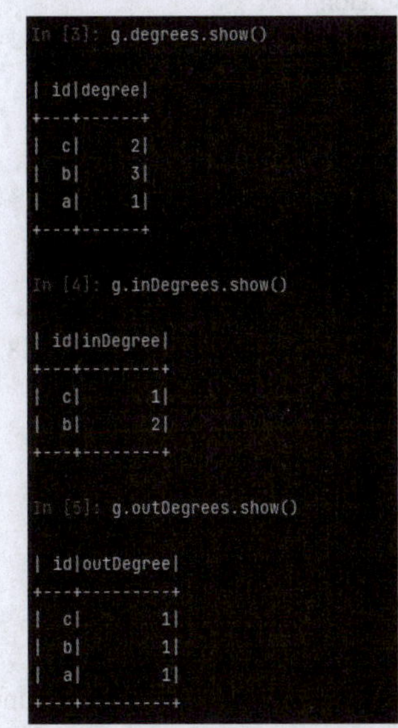

图 7.10　程序运行结果

（2）GraphFrames 的其他常用操作：GraphFrames 对点、边的其他操作见表 7.6。

表 7.6　GraphFrames 的其他常用操作

操作	作用
g1=g.filterEdges("src = 'c' ")	过滤图中 src 为 c 的边，返回一张子图
g1=g.filterVertices("id='c' ")	过滤图中 id 为 c 的点，返回一张子图
g1=g.dropIsolatedVertices()	删除图中的孤立节点，返回一张子图

3. 常用算法

（1）广度优先搜索（Breadth First Search，BFS）算法。以下示例实现了基于 GraphFrame 库的广度优先搜索算法。首先创建一个包含顶点和边的数据集；然后构建一张图；最后从顶点 1 开始进行 BFS 搜索，直到到达顶点 4 为止，并显示搜索结果。构建图如图 7.11 所示。

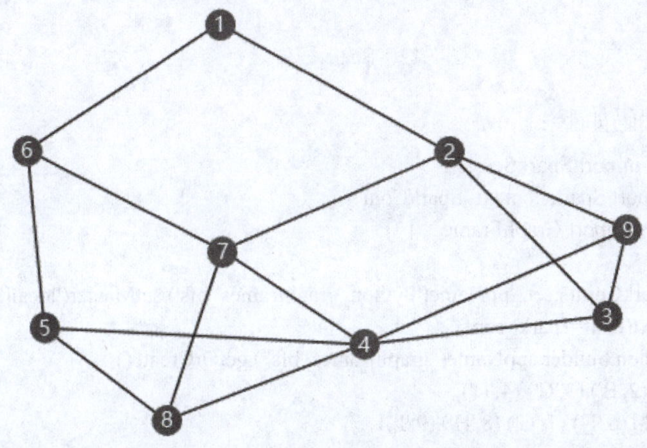

图 7.11　采用 BFS 算法构建图

Scala 语言代码如下：

```
import org.apache.spark.sql.SparkSession
import org.graphframes.GraphFrame

object ScalaGraphFramesBFS {
  def main(args: Array[String]): Unit = {
    val spark = SparkSession.builder()
      .appName("Scala_GraphFrames_BFS")
      .master("local[2]")
      .config("spark.jars.packages", "graphframes:graphframes:0.8.1-spark3.1-s_2.12")
    // 添加 GraphFrames 依赖
      .getOrCreate()

    import spark.implicits._

    // 定义顶点 DataFrame
    val vertices = Seq((1, "A"), (2, "B"), (3, "C"), (4, "D"),
      (5, "E"), (6, "F"), (7, "G"), (8, "H"), (9, "I")).toDF("id", "name")

    // 定义边 DataFrame
    val edges = Seq((1, 2), (1, 6), (2, 3), (2, 7), (2, 9),
      (3, 4), (3, 9), (4, 5), (4, 7), (4, 8), (4, 9),
      (5, 6), (5, 8), (7, 6), (7, 8)).toDF("src", "dst")

    val graph = GraphFrame(vertices, edges)
    // 定义 root 为从表达式 id = 1 开始，到表达式 id = 4 结束的 BFS 搜索路径
    val root=graph.bfs.fromExpr("id = 1").toExpr("id = 4")
    // 执行搜索路径并显示结果
    root.run().show()
  }
}
```

Scala 程序运行结果如图 7.12 所示。

```
+------+------+------+------+------+------+------+
|  from|    e0|    v1|    e1|    v2|    e2|    to|
+------+------+------+------+------+------+------+
|[1, A]|[1, 2]|[2, B]|[2, 3]|[3, C]|[3, 4]|[4, D]|
+------+------+------+------+------+------+------+
```

图 7.12　Scala 程序运行结果

Python 语言代码如下：

```
from pyspark.sql import SparkSession
from pyspark import SparkContext, SparkConf
from graphframes import GraphFrame

spark_conf = SparkConf().setAppName('Python_graphframes_bfs').setMaster('local[2]')
sc = SparkContext(conf=spark_conf)
spark=SparkSession.builder.appName("graphframes_bfs").getOrCreate()
vertices=[(1,'A'),(2,'B'),(3,'C'),(4,'D'),
          (5,'E'),(6,'F'),(7,'G'),(8,'H'),(9,'I')]
# 定义边的列表
#edges 是一个包含多个边的列表，每条边都由两个节点构成的元组表示
```

```
edges=[(1,2),(1,6),(2,3),(2,7),(2,9),(3,4),(3,9),
        (4,5),(4,7),(4,8),(4,9),(5,6),(5,8),(7,6),(7,8)]
vertices=spark.createDataFrame(vertices,['id','name'])
edges=spark.createDataFrame(edges,['src','dst'])
graph=GraphFrame(vertices, edges)
# 根据给定的起点和终点，在图中进行广度优先搜索，并返回根节点
# 参数说明
#- 'id=1'：指定搜索的起点
#- 'id=4'：指定搜索的终点
# 返回值说明
#- root：搜索树的根节点
root=graph.bfs('id=1','id=4')
# 展示搜索树的根节点信息
root.show()
```

Python 程序运行结果如图 7.13 所示。

```
+------+------+------+------+------+------+------+
|  from|    e0|    v1|    e1|    v2|    e2|    to|
+------+------+------+------+------+------+------+
|[1, A]|[1, 2]|[2, B]|[2, 3]|[3, C]|[3, 4]|[4, D]|
+------+------+------+------+------+------+------+
```

图 7.13　Python 程序运行结果

（2）模式发现（Motif finding）。Graph motif 是在图中重复出现的子图或模式，表示顶点之间的交互或关系。图查询在图中搜索符合 motif 模式的结构，找到 motif 可以帮助用户执行查询来发现图中的结构模式。

Motif 的语法形式如下：

```
g.find("(start)-[pass]->(end)")
```

其中，g 为图对象，start 为起点，pass 为经过的边，end 为目标点，顶点用括号 () 表示，边用方括号 [] 表示。

例如，基于图 7.7 所示的图，发现两个顶点互有指向对方的有向边的子图，可以在构建图 7.7 后，输入以下语句：

```
motifs = g.find("(a)-[e]->(b); (b)-[e2]->(a)")
motifs.show()
```

程序运行结果如图 7.14 所示。

```
+---------------+--------------+---------------+--------------+
|              a|             e|              b|            e2|
+---------------+--------------+---------------+--------------+
|[c, Charlie, 30]|[c, b, follow]|    [b, Bob, 36]|[b, c, follow]|
|    [b, Bob, 36]|[b, c, follow]|[c, Charlie, 30]|[c, b, follow]|
+---------------+--------------+---------------+--------------+
```

图 7.14　程序运行结果

7.5　Spark GraphFrames（Python）编程实例

GraphFrames 构建 DAG 图

有向无环图是一种在图论中常见的数据结构。它由一组顶点（或节点）和有向边组成，其中每个边都从一个顶点指向另一个顶点，且整张图中不存在任何环路，即从任一顶点出

发无法通过一系列边回到自身。

以下代码使用 GraphFrame 库创建和操作有向无环图。具体步骤如下：①初始化一个 SparkSession 对象；②定义顶点 DataFrame 和边 DataFrame，分别表示有向无环图中的任务之间的依赖关系；③使用 DataFrame 创建一个 GraphFrame 对象；④展示顶点和边的信息，并计算每个任务的入度；⑤使用广度优先搜索算法找出从 Task1 开始，所有可以直接或间接到达的任务，并停止 SparkSession。有向无环图如图 7.15 所示。

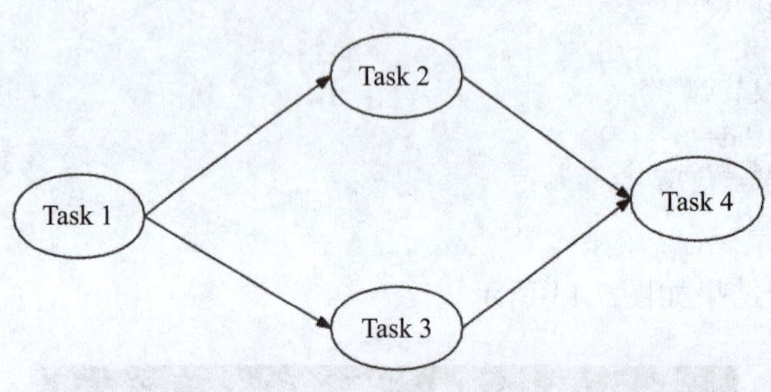

图 7.15　有向无环图

Python 语言代码如下：

```
from graphframes import GraphFrame
from pyspark.sql import SparkSession

# 初始化 SparkSession
spark = SparkSession.builder.appName("DAG Example with GraphFrames").getOrCreate()

# 定义顶点 DataFrame：每个任务都作为一个顶点
vertices = spark.createDataFrame([
    ("Task1", "First Task"),
    ("Task2", "Second Task"),
    ("Task3", "Third Task"),
    ("Task4", "Fourth Task")
], ["id", "description"])

# 定义边 DataFrame：表示任务之间的依赖关系，构成有向无环图
edges = spark.createDataFrame([
    ("Task1", "Task2"), # 任务 1 完成后才能开始任务 2
    ("Task1", "Task3"), # 任务 1 也完成后开始任务 3
    ("Task2", "Task4"), # 任务 2 完成后开始任务 4
    ("Task3", "Task4")  # 任务 3 完成后也能开始任务 4
], ["src", "dst"])

# 使用顶点和边 DataFrame 创建 GraphFrame
dag_graph = GraphFrame(vertices, edges)

# 显示顶点信息
print("Vertices in the DAG:")
dag_graph.vertices.show()

# 显示边信息，即任务之间的依赖关系
print("Edges representing dependencies:")
```

```
dag_graph.edges.show()

# 计算各任务的入度，即依赖它的任务数量
print("In-degree of each task (how many tasks must be completed before it can start):")
dag_graph.inDegrees.show()

# 假设要找出从 Task1 开始，所有可以直接或间接到达的任务
reachable_tasks = dag_graph.bfs("id='Task1'","id='Task4'")
print("Tasks reachable from 'Task1':")
reachable_tasks.show()

# 停止 SparkSession
spark.stop()
```

程序运行结果如图 7.16 所示。

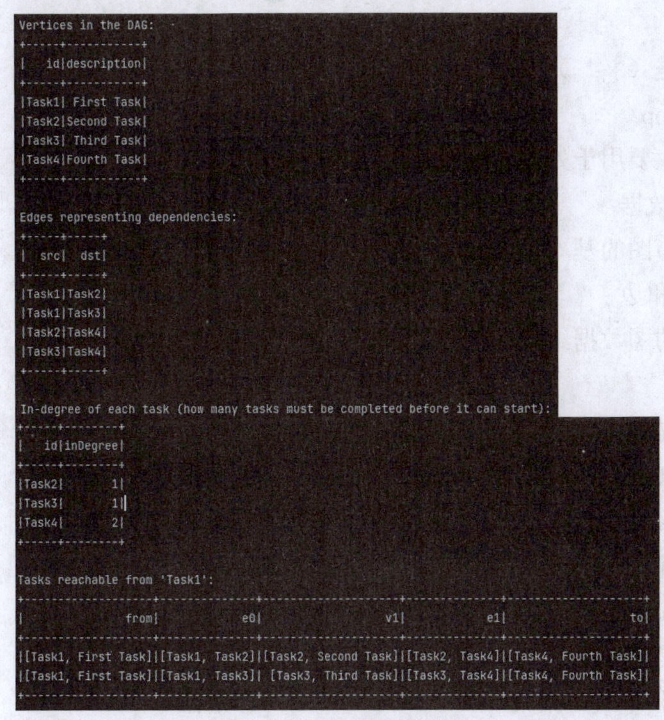

```
Vertices in the DAG:
+-----+-----------+
|   id|description|
+-----+-----------+
|Task1| First Task|
|Task2|Second Task|
|Task3| Third Task|
|Task4|Fourth Task|
+-----+-----------+

Edges representing dependencies:
+-----+-----+
|  src|  dst|
+-----+-----+
|Task1|Task2|
|Task1|Task3|
|Task2|Task4|
|Task3|Task4|
+-----+-----+

In-degree of each task (how many tasks must be completed before it can start):
+-----+--------+
|   id|inDegree|
+-----+--------+
|Task2|       1|
|Task3|       1|
|Task4|       2|
+-----+--------+

Tasks reachable from 'Task1':
+-------------------+--------------+---------------------+--------------+--------------------+
|               from|            e0|                   v1|            e1|                  to|
+-------------------+--------------+---------------------+--------------+--------------------+
|[Task1, First Task]|[Task1, Task2]|[Task2, Second Task]|[Task2, Task4]|[Task4, Fourth Task]|
|[Task1, First Task]|[Task1, Task3]| [Task3, Third Task]|[Task3, Task4]|[Task4, Fourth Task]|
+-------------------+--------------+---------------------+--------------+--------------------+
```

图 7.16　程序运行结果

实　验

一、实验目的

1．理解图计算模型与算法。

2．掌握 Spark 图计算框架的使用。

二、实验内容

根据图 7.7，使用 GraphFrames 计算每个顶点的邻近点的平均年龄。计算时，将图作为无向图处理。

GraphFrames
计算邻接点平均年龄

三、实验思路与步骤

（1）首先，创建一个 SparkSession 对象。

（2）定义顶点数据和边数据。

（3）将顶点数据和边数据各自创建为 DataFrame。

（4）使用 GraphFrame 库，根据顶点和边 DataFrame 创建一个图对象 g。

（5）通过 join 操作分别构建入度和出度的邻近点关系 DataFrame。

（6）对入度和出度的邻近点关系 DataFrame 进行 union 操作，得到完整的邻近点关系 DataFrame。

（7）按照 src 列分组，计算每个节点的平均年龄并显示结果。

习　题

1. GraphX 是（　　）大数据处理框架的图计算库。

A. Hadoop　B. Flink　C. Apache Spark　D. Apache Kafka

2. GraphX 主要用于处理（　　）。

A. 文本数据　B. 结构化数据　C. 图数据　D. 序列数据

3. GraphX 中图的基本组成元素是（　　）。

A. 节点和边　B. 顶点和属性　C. 节点和属性　D. 边和属性

4. GraphX 的图数据结构是基于（　　）技术构建的。

A. RDD　B. DataFrame　C. DataSet　D. DStream

5. GraphX 提供了（　　）图算法。

A. PageRank　B. K-means　C. Bellman-Ford　D. 朴素贝叶斯

6. 在 GraphX 中，（　　）方法可以用于从顶点集合和边集合创建图。

A. Graph.fromEdges　B. Graph.apply

C. Graph.create　D. Graph.build

7. GraphX 提供（　　）特性以保证数据的一致性和完整性。

A. 弹性分布式数据集　B. 容错性

C. 图划分　D. 分布式计算

8. 以下（　　）不是 GraphX 的主要优点。

A. 高性能　B. 可伸缩性　C. 实时处理　D. 丰富的图算法

9. GraphX 的核心数据结构是由（　　）组成的。

A. 顶点（Vertex）和边（Edge）

B. 节点（Node）和关系（Relation）

C. 点（Point）和线（Line）

D. 顶点（Vertex）和关系（Relation）

10. GraphFrames 是基于（　　）大数据处理框架的图计算库。

A. Hadoop　B. Apache Spark　C. Flink　D. Apache Kafka

11. GraphFrames 提供（　　）的类型 API 处理图数据。

A. SQL-like　B. RDD-based

C．DataFrame-based　　　　D．Stream-based

12．GraphFrames 相较于 GraphX 的主要优势是（　　）。

A．更高的性能　　　　B．更丰富的图算法

C．更易用的 API　　　　D．更高的可扩展性

13．在 GraphFrames 中，图的顶点通常使用（　　）数据结构表示。

A．RDD　　B．DataFrame　　C．DataSet　　D．VertexRDD

14．GraphFrames 主要用于解决（　　）问题。

A．实时数据流处理　　　　B．大规模图数据分析和挖掘

C．文本情感分析　　　　D．机器学习模型训练

15．GraphFrames 是从（　　）版本开始被 Apache Spark 官方推荐的。

A．Spark 1.0　　B．Spark 2.0　　C．Spark 3.0　　D．Spark 4.0

课程思政案例

在当今信息化、智能化高速发展的时代，CPU 作为计算机系统的核心，其重要性不言而喻。龙芯系列 CPU 作为我国自主研发的处理器,正以坚实的步伐走向世界科技的前沿。

龙芯 CPU 的研发始于“十五”期间，经历了无数艰难困苦，终于在科技部和中国科学院的坚定支持下取得了突破性进展。2004 年，龙芯 2E 的成功验收标志着我国自主 CPU 研发的重大胜利。龙芯总设计师胡伟武带领团队，在时间紧迫、经费有限的情况下克服重重困难，实现了主频 1GHz、SPECCPU 分值达到 500 分的目标，为后续研发奠定坚实基础。

龙芯 3 号的研发更是一段传奇。在“十五”863 课题结束后经费尚未到位的情况下，中国科学院计算技术研究所给予龙芯团队坚定的支持。龙芯 3A1000 在经历无数个加班加点后，终于在 2010 年成功流片，并于同年 9 月 28 日成功启动操作系统，主频达到 800MHz。这一里程碑式的成就不仅彰显我国科研人员的智慧和毅力，还为我国自主 CPU 的发展开辟了广阔的前景。

龙芯系列 CPU 的研发是我国科技自主创新精神的生动体现。龙芯人秉持“自主创新、安全可靠”的宗旨，致力于打造具有国际竞争力的 CPU 产品。如今，龙芯 CPU 广泛应用于金融、能源、交通等领域，为国家信息安全提供有力保障。

未来，龙芯系列 CPU 将继续砥砺前行，不断突破技术瓶颈，提升产品性能，为推动我国乃至全球科技进步作出更大贡献。让我们共同期待龙芯 CPU 在世界的舞台上绽放更加耀眼的光芒。

第 8 章　视频网站访问量实时分析案例

本章将主要聚焦信息时代下视频网站通过集成大数据与流处理技术，对用户点击偏好进行精细化模拟与分析，进而实现个性化内容推送的方法。项目开发人员需设计并实现一个高效且实时的视频类别分析框架，该框架首先通过 Flume 工具收集用户访问日志，然后利用 Kafka 实现日志数据的高效缓存与流转。在此基础上，采用 Spark Streaming 技术实时处理与统计分析这些日志，并将处理结果存储在 HBase 数据库中。最后，开发人员利用 FineBI 工具从 HBase 中读取数据，完成数据可视化展示，以更直观地洞察用户行为模式。这一系列技术的应用旨在助力视频网站更好地理解用户需求，优化内容推荐策略，进而提升用户的整体观看体验。因篇幅所限，本章将只解读案例实现过程，具体代码请参看本书相关附件。

学习目标

1. 了解视频个性化内容推送的概念。
2. 熟悉视频个性化内容推送的开发流程。
3. 通过实训达到视频个性化内容推送的效果。

8.1　项目介绍

在信息时代蓬勃发展的浪潮下，视频网站一路高歌猛进。如今，观看互联网视频已然成为众多人日常生活中不可或缺的一部分。视频网站之所以能够吸引各行各业的人群，其秘诀在于拥有丰富的视频类型，并且具备强大的宣传推广能力。基于大量的用户数据以及深入的信息分析，本项目应运而生。

当下热门概念——大数据理念为视频网站的发展提供新的思路。本项目旨在模拟分析视频网站中用户点击各类栏目的行为，深入探究用户的喜好与需求。一旦掌握类似于用户“私人订制”的个性化信息，就能够剖析用户的行为习惯，从而视频网站就可以针对用户精准推送，把符合用户兴趣的内容准确地推荐给他们。

8.1.1　项目背景

在这种背景下，视频网站迫切需要构建一个高效、实时且具有多样性的视频类别分析系统。该系统通过分析挖掘用户访问行为以及视频相关信息，为用户打造更优质的观看体验。

本项目模拟用户进入视频网站实时点击网站中的各类栏目，将用户行为产生的数据保存到日志文件中。随后，将实时产生的视频网站访问日志通过 Flume 采集到 Kafka 中，利用 Spark Streaming 技术从 Kafka 获取日志并清洗，完成业务统计后保存到 HBase 数据库中。最后读取 HBase 数据库的数据，使用 FineBI 完成数据可视化展示。

8.1.2 数据说明

编写 Python 脚本模拟产生某视频网站访问日志。数据包含 IP 地址、访问时间、访问类别、响应状态码、搜索方式以及浏览器 User-Agent 六个字段。样例数据如下：

```
143.202.98.187 2023-05-09 13:47:12 "GET list/ 电视剧 HTTP/1.1" 200 - Mozilla/5.0 (Macintosh;
Intel Mac OS X 10_15_7) AppleWebKit/537.36 (KHTML, like Gecko) Chrome/98.0.4758.102 Safari/
537.36 Edg/98.0.1108.62
63.202.87.132 2023-05-09 13:47:12 "GET list/ 综艺 HTTP/1.1" 302 http://www.google.cn/
search?q= 归路 Mozilla/5.0 (Linux; Android 10; HarmonyOS; JEF-AN00; HMSCore 6.2.0.302)
AppleWebKit/537.36 (KHTML, like Gecko) Chrome/92.0.4515.105 HuaweiBrowser/12.0.1.300
Mobile Safari/537.36
72.156.10.132 2023-05-09 13:47:12 "GET list/ 综艺 HTTP/1.1" 500 - Mozilla/5.0 (X11;
Linux x86_64) AppleWebKit/537.36 (KHTML, like Gecko) Chrome/71.0.3578.98 Safari/537.36
......
```

数据格式说明见表 8.1。

表 8.1 数据格式说明

列名	解释	举例
ip	IP 地址	63.202.87.132
accessTime	访问时间	2023-05-09 13:47:12
category	访问类别	“GET list/ 综艺 HTTP/1.1”
statusCode	响应状态码	302
refer	搜索方式	http://www.google.cn/search?q= 归路
user_agent	浏览器 User-Agent	Mozilla/5.0 (Linux; Android 10; HarmonyOS; JEF-AN00; HMSCore 6.2.0.302) AppleWebKit/537.36 (KHTML, like Gecko) Chrome/92.0.4515.105 HuaweiBrowser/12.0.1.300 Mobile Safari/537.36

8.1.3 技术框架

本项目以某视频网站实时数据生产和流向的环节出发，从编写 Python 脚本模拟产生视频网站访问日志、定时任务调度着手，通过集成主流的分布式日志收集框架 Flume、分布式消息队列 Kafka、分布式列式存储数据库 HBase、当前火爆的 Spark Streaming 和新一代自助式 BI 分析工具 FineBI，联手打造实时流处理项目实战。项目的技术框架如图 8.1 所示。

8.1.4 项目任务

在整个项目中，需要完成以下任务。

（1）数据生产模块：编写 Python 脚本模拟产生视频网站访问日志。

（2）数据采集模块：将实时产生的视频网站访问日志通过 Flume 采集到 Kafka 主题实现消息缓冲。

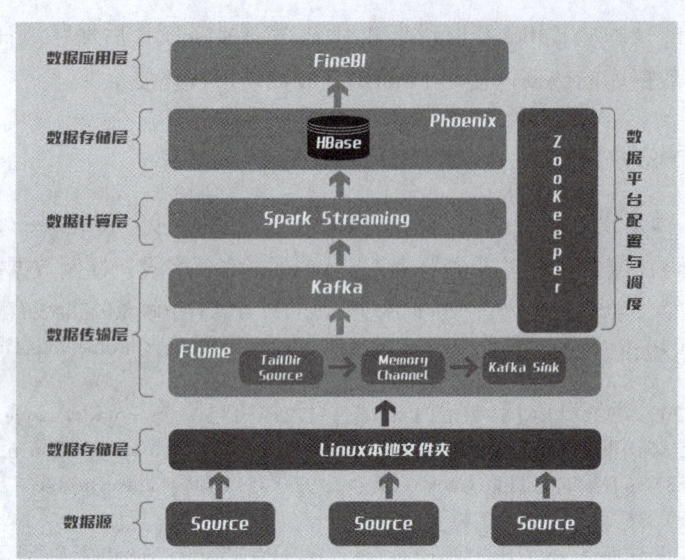

图 8.1　项目的技术框架

（3）数据分析模块：使用 Spark Streaming 流式处理框架每 5s 实时消费 Kafka 中的视频网站访问数据，对数据进行清洗和转换，并完成三项业务指标，最后将分析结果保存到 HBase 数据库中。

（4）数据展示模块：通过 Phoenix 对 HBase 表进行 SQL 化映射，然后使用 FineBI 大数据分析工具连接 Phoenix 数据库实现数据可视化。

8.1.5　最终效果

数据可视化是数据分析和数据挖掘的重要组成部分，通过将数据映射成人们易理解的图形，更加直观地展示数据成果的含义。本项目通过 FineBI 大数据可视化工具，以直观的图形方式展示数据分析成果，使整个数据分析平台更直观、更灵活，增强了用户的交互性。

在整个项目中，项目开发人员通过视频类别点击量统计、不同搜索方式、每个视频类别的点击量统计、百度每天视频类别点击量统计及不同操作系统视频播放量统计，实时统计和分析视频网站访问量。项目最终效果如图 8.2 所示。

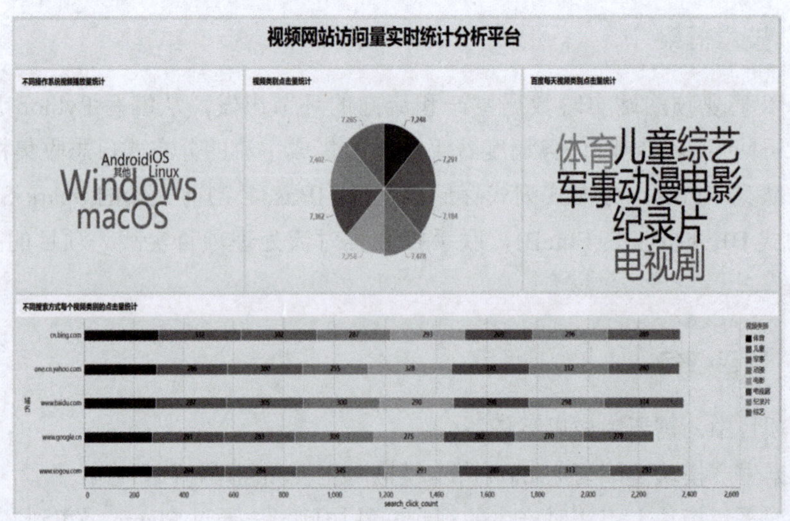

图 8.2　项目最终效果

8.2　项目模块实现

8.2.1　数据生产模块

因为项目开发人员不可能从主站获取要使用的实时数据，所以只能模拟该数据的产生。使用 Python 脚本模拟生成某网站访问数据，并定时执行。

本模块代码文件 generate.py 的主要用途是模拟生成网站访问数据的日志。它通过定义一个名为 WebLogGeneration 的类实现该功能。以下是代码实现的思路。

1. 初始化数据

（1）定义浏览器 User-Agent 列表，其包含多种浏览器类型。

（2）生成一个 IP 地址片段列表，用于随机生成 IP 地址。

（3）定义 URL 路径列表，模拟不同的网站页面。

某视频网站下的视频分类大概的网址后缀类似于“list/ 电影”“list/ 电视剧”等。

https://www.iqiyi.com/list/ 电影——对应的是网站下的电影栏目

https://www.iqiyi.com/list/ 电视剧——对应的是网站下的电视剧栏目

https://www.iqiyi.com/list/ 纪录片——对应的是网站下的纪录片栏目

https://www.iqiyi.com/list/ 动漫——对应的是网站下的动漫栏目

……

（4）定义 HTTP Referer 列表，模拟从不同搜索引擎跳转的来源。

（5）定义响应状态码列表，包括 200、302、404、500 等常见状态码。

（6）定义搜索关键字列表，用于模拟搜索行为。

在 generate.py 文件中定义搜索关键字列表 self.search_keyword 的目的是模拟用户在搜索引擎中输入的查询关键词。这些关键词将被用于生成日志记录中的 Referer 字段，从而模拟用户从搜索引擎跳转到目标网站的行为。

具体来说，sample_referer 方法会以 80% 的概率返回“-”，表示没有 Referer；以 20% 的概率从 self.http_referers 列表中随机选取一个搜索引擎的 URL，并将 self.search_keyword 中的一个随机关键词插入 URL，形成一个完整的 Referer 字符串。生成的日志记录可以模拟用户通过搜索引擎访问网站的行为，提高日志的真实性和多样性。

例如，生成的 Referer 字符串可能如下。

```
http://www.baidu.com/s?wd= 狂飙
```

表示用户通过百度搜索引擎搜索了关键词“狂飙”，然后点击搜索结果中的某个链接跳转到了目标网站。

搜索关键字列表为日志生成提供动态的、随机的搜索查询内容，使得模拟的网站访问数据更加逼真和具有实际意义。

2. 随机生成数据的方法

（1）sample_ip 方法：随机从 IP 地址片段列表中选取四个片段并组成一个 IP 地址。

（2）sample_url 方法：随机从 URL 路径列表中选取一个路径。

（3）sample_status 方法：随机从状态码列表中选取一个状态码。

（4）sample_referer 方法：以 80% 的概率返回“-”，表示没有 Referer；以 20% 的概率从 Referer 列表中随机选取一个，并将搜索关键字随机插入其中。

（5）sample_user_agent 方法：随机生成一个 0 ～ 1 的浮点数，根据该浮点数从 User-Agent 列表中选取一个 User-Agent。

3. 日志生成方法

程序在这里模拟生成用户访问某视频网站的访问日志，并保存到文件，以便后续 Flume 调用。

（1）generate_log 方法：接收一个日志文件路径和要生成的日志条数作为参数。

（2）将当前时间作为文件名的一部分，确保每次生成的日志文件都是唯一的。

（3）打开文件并循环生成指定数量的日志记录，每条记录包含 IP 地址、时间、URL、状态码、Referer 和 User-Agent。

（4）将生成的日志记录打印到控制台并写入文件。

4. 主程序

在主程序代码块中设置日志文件的路径，并创建 WebLogGeneration 类的实例。调用 generate_log 方法，随机生成 100 ～ 500 条日志记录，并将它们写入指定的日志文件。

本模块的最终运行结果如图 8.3 所示。

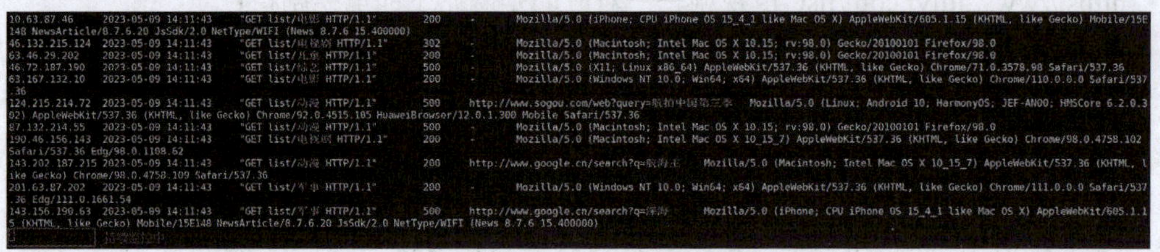

图 8.3　本模块的最终运行结果

8.2.2 数据采集模块

完成数据生产模块后，进入数据采集模块。开发人员需要清楚流式数据采集框架 Flume 和 Kafka 的定位。在此模块项目中，开发人员需要将实时产生的视频网站访问日志通过 Flume 采集到 Kafka 中。

1. 实现思路

本模块实施的基本步骤如下：

（1）创建 Kafka 主题：创建一个名为“weblog”的 Kafka 主题，用于分类和储存消息。

（2）启动测试消费者：为验证配置的正确性，启动 Kafka 控制台消费者测试。

（3）配置 Flume 采集方案：设置 Flume 以监控特定目录下的日志文件，确保所有新加入的数据能够被及时捕捉。

（4）启动 Flume 任务：根据预先配置的方案启动 Flume 执行监控任务。

（5）观察结果：检查 Kafka 消费者端是否接收到预期的日志信息。

2. Kafka 主题创建

Kafka 中的消息是基于主题进行组织的。在本模块中，使用命令行工具 kafka-topics.sh 创建一个具有三个分区、一个副本因子的主题“weblog”。该步骤可以确保即使某些节点出现故障也能维持服务的高可用性和数据的冗余度。

通过相同的命令行工具列出所有已创建主题，确认“weblog”主题已被成功添加。随后，为了测试，启动 Kafka 控制台消费者，准备接收 Flume 的消息，并从最早的记录开始读取。

3. Flume 日志采集处理

（1）将实时监控目录下多个日志追加文件到 Kafka。本模块使用 Flume 监听指定目录的实时追加文件，也就是只要应用程序向该目录的文件中写数据，Source 组件就可以获取该信息，然后写入 Channle，最后写入 Kafka，实现断点续传。

使用 Taildir Source 接收外部数据源，Kafka 作为 Sink。Flume 监听指定目录 /root/bigdata/project4/data 下的实时追加文件，只要有新数据加入文件，Taildir Source 组件就可以根据 positionFile 中保存文件读取的最新位置信息继续读取文件，并将其发送到 Channel 中缓存，最后存入 Kafka。Flume 监听指定目录的实时追加文件过程如图 8.4 所示。

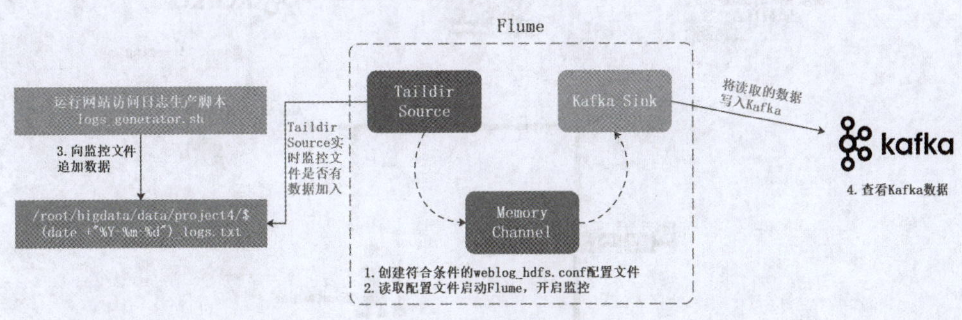

图 8.4　Flume 监听指定目录的实时追加文件过程

（2）配置 Flume 采集方案。本模块详细配置 Flume Agent（命名为 a1），包括定义 Source、Channel 以及 Sink 等组件，并指定其连接关系。具体来说，Taildir Source 负责监听目标文件夹下的日志变动；Memory Channel 作为临时储存介质，快速传递数据；Kafka Sink 负责将收集到的信息发送给 Kafka 集群。具体配置请参看本书附件文档。

此外，还要特别注意配置过程中一些关键参数的选择，例如 Kafka Sink 的批处理大小、生产者确认机制及延迟时间等都直接影响系统性能。

（3）使用指定采集方案启动 Flume。在完成上述准备工作之后，按照既定的命令格式启动 Flume Agent a1。此过程既能以前台模式直接运行，又以后台守护进程的方式执行，以便长时间稳定工作且不受终端关闭的影响。

前台启动命令如下：

```
bin/flume-ng agent -c conf/ -f jobs/weblog_kafka.conf -n a1 -Dflume.root.logger=INFO,console
```

后台启动类似重定向输出，命令如下：

```
nohup bin/flume-ng agent -c conf/ -f jobs/weblog_kafka.conf -n a1 -Dflume.root.logger=INFO,console
>/root/bigdata/project4/logs/weblog_kafka.log 2>&1 &
```

从而按配置监控日志文件的配置采集数据。

（4）观察测试结果。观察 Kafka 控制台消费者是否成功显示产生的数据。若成功显示则出现图 8.5 所示的结果，说明成功将实时产生的视频网站访问日志通过 Flume 采集到 Kafka。

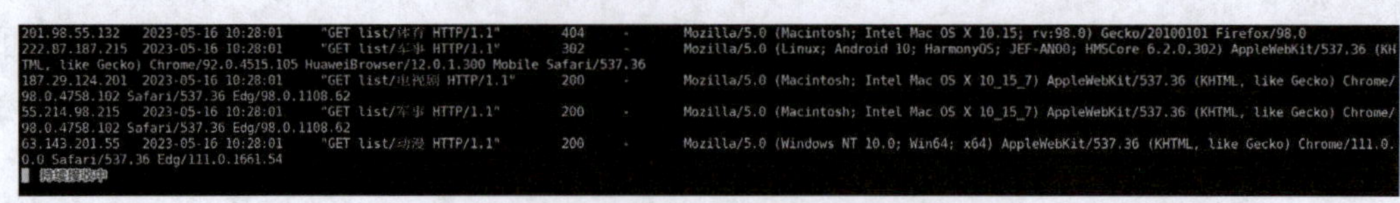

图 8.5 程序执行结果

8.2.3 数据分析模块

若数据采集成功，案例则从这里开始编写 Spark 程序，用于消费并分析数据。在此模块项目中，开发人员利用 Spark Streaming 技术从 Kafka 获取日志并清洗，完成业务统计后保存到 HBase 数据库中。数据分析模块流程图如图 8.16 所示。

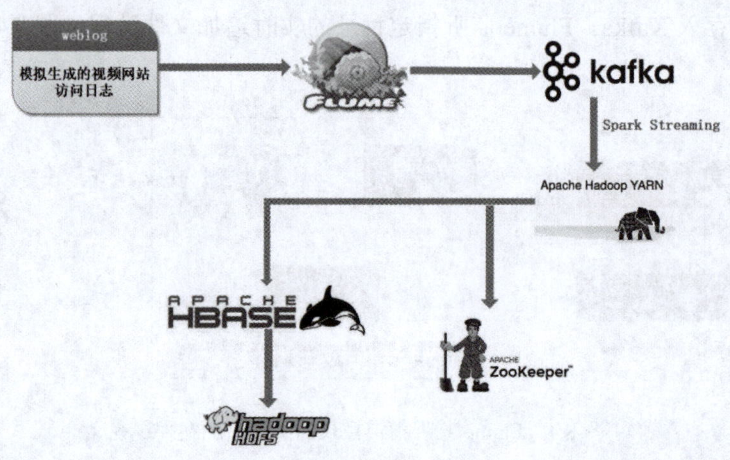

图 8.6 数据分析模块流程

1. 实现思路

使用 Spark Streaming 作为 Kafka 的消费者，读取 Kafka 集群中缓存的消息，并打印到控制台以观察是否成功读取。

利用 Spark Streaming 技术对 Kafka 获取的日志清洗并完成业务统计，将分析结果存入 HBase 数据库。业务指标如下：

需求一：统计每个视频类别每天的点击量。

需求二：统计不同搜索方式每个视频类别每天的点击量。

需求三：统计不同操作系统每天视频播放量。

为达到以上需求，采用 Scala 语言在 IntelliJ IDEA 开发环境中编写 Spark 程序，利用 Maven 管理依赖项，以确保系统的高效性和可维护性。

2. 开发环境搭建

（1）IntelliJ IDEA 配置。由于 Eclipse 不再支持最新的 Spark 插件，因此选择 IntelliJ IDEA 作为主要 IDE。在安装过程中需注意以下四点。

- 安装 Scala 插件。
- 创建一个新的 Maven 项目，设置适当的 JDK 版本（如 JDK 1.8）及 Scala SDK 版本（如 Scala SDK 2.12.17）。
- 添加必要的框架支持，包括 Maven。

- 配置 pom.xml 文件中的 groupId 和 artifactId。

（2）Maven 依赖配置。在 pom.xml 中定义多个关键依赖，涵盖 Scala 库、Kafka 客户端、Spark 核心组件以及 HBase 客户端等，确保所有必要的工具都包含在项目中。特别地，针对 Spark Streaming + Kafka 集成，选择 spark-streaming-kafka-0-10_2.12 特定版本的依赖。依赖配置如下：

```
<dependencies>
    <dependency>
        <groupId>org.scala-lang</groupId>
        <artifactId>scala-library</artifactId>
        <version>${scala.version}</version>
    </dependency>
    <dependency>
        <groupId>org.apache.kafka</groupId>
        <artifactId>kafka_2.12</artifactId>
        <version>${kafka.version}</version>
    </dependency>
    <dependency>
        <groupId>org.apache.spark</groupId>
        <artifactId>spark-core_2.12</artifactId>
        <version>${spark.version}</version>
    </dependency>
    <dependency>
        <groupId>org.apache.spark</groupId>
        <artifactId>spark-sql_2.12</artifactId>
        <version>${spark.version}</version>
    </dependency>
    <dependency>
        <groupId>org.apache.spark</groupId>
        <artifactId>spark-streaming_2.12</artifactId>
        <version>${spark.version}</version>
    </dependency>
    <dependency>
        <groupId>org.apache.spark</groupId>
        <artifactId>spark-streaming-kafka-0-10_2.12</artifactId>
        <version>${spark.version}</version>
    </dependency>
    <dependency>
        <groupId>org.apache.hbase</groupId>
        <artifactId>hbase-client</artifactId>
        <version>${hbase.version}</version>
    </dependency>
    <dependency>
        <groupId>org.apache.hbase</groupId>
        <artifactId>hbase-common</artifactId>
        <version>${hbase.version}</version>
    </dependency>
    <dependency>
        <groupId>org.apache.hbase</groupId>
        <artifactId>hbase-server</artifactId>
        <version>${hbase.version}</version>
    </dependency>
</dependencies>
```

3. 业务逻辑实现

（1）消费 Kafka 数据。首先创建 Spark 流处理应用程序上下文（StreamingContext），然后连接到 Kafka 集群并订阅相关主题。然后通过映射操作提取每条消息的实际内容（日志记录）。此步骤不仅可以验证能否成功读取消息，还为后续的数据处理奠定基础。主要代码如下：

```
val conf = new SparkConf().setMaster("local[*]").setAppName("StatStreamingApp")
val ssc = new StreamingContext(conf, Seconds(5))
val kafkaParams = Map[String, Object](
    "bootstrap.servers" -> "qingjiao:9092",
    "key.deserializer" -> classOf[StringDeserializer],
    "value.deserializer" -> classOf[StringDeserializer],
    "group.id" -> "stat",
    "auto.offset.reset" -> "latest",
    "enable.auto.commit" -> (false: java.lang.Boolean)
)
val topics = Array("weblog")
val stream = KafkaUtils.createDirectStream[String, String](
    ssc,
    PreferConsistent,
    Subscribe[String, String](topics, kafkaParams)
).map(_.value())
stream.print()
```

（2）数据清洗与转换。需要对接收的原始日志进行一系列预处理工作，包括但不限于以下三项工作。

- 提取视频类别信息。
- 分析 User-Agent 字符串确定用户使用的操作系统。
- 将时间戳格式化为易处理的形式。

经过上述步骤后，得到一组结构化的日志对象——CleanClickLog，它包含 IP 地址、日期、视频类别、响应状态码、搜索引擎来源和操作系统等字段。其结构如下：

```
case class CleanClickLog(ip: String, date: String, category: String, status: Int, searchEngine: String, system: String)
```

（3）统计分析与持久化。根据预先设定的需求，对清洗后的日志进行相应的统计计算，并将最终结果保存到 HBase 数据库中。

对于需求一和需求二，分别计算每日各视频类别的总点击数及其来源于特定搜索引擎的点击数。

对于需求三，统计各操作系统上的视频播放情况。

此外，还设计了一些辅助类来简化与 HBase 交互的过程，比如 HBaseUtil 负责建立连接，CategoryClickCountDao 等 DAO 类负责具体的增删改查操作。主要代码如下：

```
// 需求一：每个视频类别每天的点击量
windowDS.map(log => (log.date + "_" + log.category, 1))
    .reduceByKey(_ + _)
    .foreachRDD(rdd => {
        rdd.foreachPartition(partitions => {
            val list = new ListBuffer[CategoryClickCount]
            partitions.foreach(pairs => {
                list.append(CategoryClickCount(pairs._1, pairs._2))
```

```
            })
            CategoryClickCountDao.save(list)
        })
    })

// 需求二：不同搜索方式每个视频类别的点击量
windowDS.map(log => (log.date + "_" + log.searchEngine + "_" + log.category, 1))
    .reduceByKey(_ + _)
    .foreachRDD(rdd => {
        rdd.foreachPartition(partitions => {
            val list = new ListBuffer[CategorySearchClickCount]
            partitions.foreach(pairs => {
                list.append(CategorySearchClickCount(pairs._1, pairs._2))
            })
            CategorySearchClickCountDao.save(list)
        })
    })

// 需求三：不同操作系统每天视频播放量
cleanLog.map(log => (log.date + "_" + log.system, 1))
    .reduceByKey(_ + _)
    .foreachRDD(rdd => {
        rdd.foreachPartition(partitions => {
            val list = new ListBuffer[SystemClickCount]
            partitions.foreach(pairs => {
                list.append(SystemClickCount(pairs._1, pairs._2))
            })
            SystemClickCountDao.save(list)
        })
    })
```

在本模块中，kafka 接收日志至 HBase 存储整个流程的自动化处理。借助 Spark Streaming 的强大功能，可以快速、准确地完成大规模数据集上的复杂查询任务；同时，结合 HBase 的优势，保证高并发场景下的稳定性能。数据分析本模块的最终结果如图 8.7 所示。

```
hbase:012:0> scan 'stat:system_clickcount'
ROW                          COLUMN+CELL
 20230322_Linux              column=info:click_count, timestamp=2023-06-19T13:06:03.580, value=\x00\x00\x00\x00\x00\x00\x01h
 20230322_Windows            column=info:click_count, timestamp=2023-06-19T13:06:03.585, value=\x00\x00\x00\x00\x00\x00\x00d
2 row(s)
Took 0.0330 seconds
hbase:013:0> scan 'stat:system_clickcount' , {COLUMNS=>'info:click_count:toLong'}
ROW                          COLUMN+CELL
 20230322_Linux              column=info:click_count, timestamp=2023-06-19T13:06:03.580, value=360
 20230322_Windows            column=info:click_count, timestamp=2023-06-19T13:06:03.585, value=100
2 row(s)
Took 0.0094 seconds
```


图 8.7　数据分析模块的最终结果

8.2.4　数据展示模块

Phoenix 可以使用 SQL 方便地查询 HBase，但在默认情况下，在 HBase 中已存在的表通过 Phoenix 是不可见的。如果要在 Phoenix 中操作 HBase 中已存在的表，可以在 Phoenix 中对表进行映射。

1. Phoenix 对 HBase 表的映射

映射方式有两种：表映射和视图映射。

（1）表映射：在映射表中可以进行增加、删除、修改、查询操作，如果在 Phoenix 中删除映射表，HBase 中对应的表就会被删除。

（2）视图映射：在映射表中只能进行查询操作，而不可以进行增加、删除、修改操作。如果删除 Phoenix 中的映射表，HBase 中对应的表就不会被删除。因此，如果“只读不写”就使用视图映射，避免误删除数据。

2. 启动 Phoenix 客户端与创建 Schema

开始映射过程之前，需要启动 Phoenix 客户端，通常可以通过 sqlline.py 命令行工具指定 ZooKeeper 集群的主机名称和端口号。在默认情况下，在 Phoenix 中不能直接创建 schema，要求调整 hbase-site.xml 配置文件以启用 schema 到 HBase 命名空间的映射。然后可以使用 SQL 语句创建相应的 schema。

3. FineBI 连接 Apache Phoenix 数据库

（1）准备工作。为了让 FineBI 访问 Phoenix 管理下的 HBase 数据，首先准备必要的驱动程序，即将 Phoenix 的客户端 Jar 包放置到 FineBI 的 lib 目录下。该步骤确保 FineBI 在尝试建立连接时拥有正确的 JDBC 驱动器。

（2）构建连接。在 FineBI 内部配置一个新的数据连接。该步骤涉及选择合适的数据库类型（APACHE Phoenix），填写准确的连接字符串以及指定正确的驱动类名（如 org.apache.phoenix.jdbc.PhoenixDriver）。完成这些设置后，点击“测试连接”按钮，验证是否成功建立通往 Phoenix 的桥梁。

（3）添加表至 FineBI。一旦连接建立完毕，就可以开始将 HBase 中的数据表导入 FineBI，通常涉及新建一个公共文件夹用于存放相关数据集，然后选择刚刚创建的 Phoenix 数据连接，选择需要导入的表，并最终确认操作。此外，对于已经存在于 FineBI 中的表，应当检查它们是否需要更新以反映最新变化。

4. 制作可视化组件

（1）视频类别点击量统计（玫瑰图）。在 FineBI 中，分析主题是一个非常重要的概念，它代表一组具有共同目的的数据集。为了分析视频网站上的用户行为，创建一个名为“视频网站访问量实时统计报表”的分析主题。在该主题中，将整合不同来源的数据，例如视频类别点击次数等。

在实际绘制图表之前，往往需要对原始数据做一些预处理工作。比如，可以利用“拆分行列”功能将复合键（row）按照一定的规则分割成多个独立字段，可以让后续的数据分析更直观、更易懂。同时，可以调整字段名称和类型，使之更符合业务逻辑。

准备好数据后，可以着手制作玫瑰图。玫瑰图是一种特殊的饼图变体，它不仅能展现各部分的比例关系，还能通过半径的变化反映出数值的大小。将“视频类别”作为维度、“click_count”作为半径值，从而生成一张生动形象的玫瑰图。除此之外，还可以自定义颜色方案、标签位置以及其他样式属性，以达到最佳视觉效果。最终效果如图 8.8 所示。

（2）不同搜索方式每个视频类别的点击量统计（堆积柱形图）。类似地，可以为不同的搜索方式制作相应的统计图表。下面选择堆积柱形图表示同一时间点上各搜索引擎带来的流量差异。通过对“域名”“search_click_count”两个关键字段的合理布局，可以清晰地看到各平台的对比情况。堆积柱形图效果如图 8.9 所示。

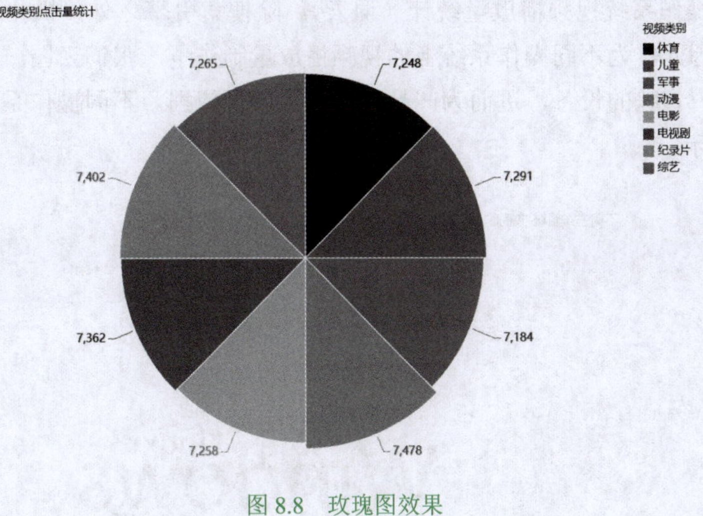

图 8.8 玫瑰图效果

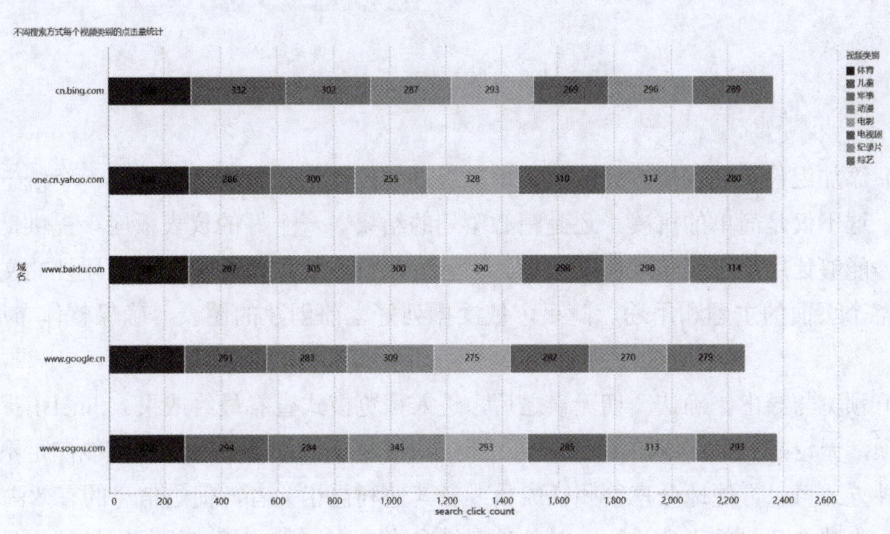

图 8.9 堆积柱形图效果

（3）百度每天视频类别点击量统计（词云）。针对百度搜索引擎特别设计的词云图表，提供另一种观察角度。词云可以根据点击次数动态调整文字尺寸和颜色，使得热门关键词更加突出，适合展示一段时间内用户兴趣点的变化趋势。百度每天视频类别词云效果如图 8.10 所示。

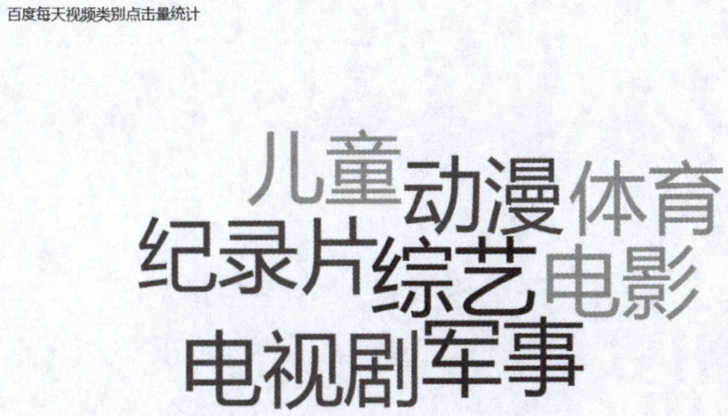

百度每天视频类别点击量统计

儿童动漫体育
纪录片综艺电影
电视剧军事

图 8.10 百度每天视频类别词云效果

（4）不同操作系统视频播放量统计（词云）。除搜索引擎之外，操作系统是一个值得关注的因素。因此，为不同操作系统上的视频播放量制作了一张词云图。这种方式可以帮助了解受到用户青睐的设备，进而为产品优化提供参考依据。不同操作系统词云不同最终效果图 8.11 所示。

图 8.11　不同操作系统词云效果

5. 制作仪表板

（1）添加组件至仪表板。完成所有单独组件的设计后，把它们整合到一个统一的仪表板当中。这不仅是简单的拼凑，还是精心策划的结果。一个好的仪表板应该提供良好的用户体验，能够让用户迅速获取所需信息。因此，在仪表板顶部添加一段描述性的文本，用以说明整个页面的主题和用途。随后，依次排列好之前创建的图表，确保整体布局美观、大方。

（2）预览与导出。确认一切无误之后，进入预览模式查看最终成果。FineBI 提供多种导出选项，无论是 PDF 格式的静态报告还是 Excel 格式的动态数据集，都能满足不同的需求。这种方式可以方便地分享给团队成员或者其他利益相关者，促进信息的有效沟通。

以上为整个项目的大致过程，具体信息请参考本书附件文档“视频网站访问量实时统计分析 .md”。

参考文献

[1] 周党华，魏星，冯欣悦．Spark大数据技术与应用案例教程[M]．北京：航空工业出版社，2023．

[2] ALEXANDER．Scala编程实战：原书第2版[M]．2版．北京：机械工业出版社，2022．

[3] LOZZIA．Apache Spark深度学习实战[M]．尹一凡，译．北京：中国水利水电出版社，2022．

[4] 刘仁山，周洪翠，庄新妍．Spark大数据处理技术[M]．北京：中国水利水电出版社，2022．

[5] 刘春．大数据基本处理框架原理与实践[M]．北京：机械工业出版社，2021．

[6] 杨俊作．实战大数据（Hadoop Spark Flink）从平台构建到交互式数据分析（离线/实时）[M]．北京：机械工业出版社，2021．

[7] 曹洁．Spark大数据分析技术：Scala版[M]．北京：北京航空航天大学出版社，2021．

[8] 艾叔．Spark大数据编程实用教程[M]．北京：机械工业出版社，2020．

[9] 李国辉，时瑞鹏．Spark编程基础及项目实践[M]．北京：北京邮电大学出版社，2020．

[10] GORAKALA．自己动手做推荐引擎[M]．左妍，译．北京：机械工业出版社，2020．

[11] 李静林，袁泉．流数据分析技术[M]．北京：北京邮电大学出版社，2020．

[12] 彼得•泽斯维奇，马可•波纳奇．Spark实战[M]．郑美珠，田华，王佐兵，译．北京：机械工业出版社，2019．

[13] 肖力涛．Spark Streaming实时流式大数据处理实战[M]．北京：机械工业出版社，2019．

[14] KARAU，WARREN．高性能Spark：影印版[M]．南京：东南大学出版社，2018．

[15] 吴茂贵，郁明敏，朱凤元，等．深度实践Spark机器学习[M]．北京：机械工业出版社，2018．

[16] 王家林，段智华，等．Spark内核机制解析及性能调优[M]．北京：机械工业出版社，2017．

[17] DRABAS，LEE．PySpark实战指南：利用Python和Spark构建数据密集型应用并规模化布署[M]．栾云杰，陈瑶，刘旭斌，译．北京：机械工业出版社，2017．

[18] KOZLOV．Scala机器学习[M]．罗棻，刘波，译．北京：机械工业出版社，2017．

[19] 王家林，王雁军，王家虎．Spark核心源码分析与开发实战[M]．北京：机械工业出版社，2016．

[20] 耿嘉安．深入理解Spark核心思想与源码分析[M]．北京：机械工业出版社，2016．